Game Design and Develop
游戏设计与开发技术丛书

精通游戏测试
（第3版）

[美] 查尔斯·P.舒尔茨（Charles P. Schultz）

[美] 罗伯特·登顿·布赖恩特（Robert Denton Bryant）　著

张立华 高鹏 高嵘 陈子昂 译

人民邮电出版社

北　京

图书在版编目（CIP）数据

精通游戏测试：第3版 /（美）查尔斯·P.舒尔茨
(Charles P. Schultz) 著；（美）罗伯特·登顿·布赖
恩特（Robert Denton Bryant）著； 张立华等译. --
北京：人民邮电出版社，2022.10
　（游戏设计与开发技术丛书）
　ISBN 978-7-115-59262-0

Ⅰ. ①精… Ⅱ. ①查… ②罗… ③张… Ⅲ. ①游戏程
序－测试技术 Ⅳ. ①TP311.55

中国版本图书馆CIP数据核字(2022)第078987号

◆ 著　　　[美] 查尔斯·P.舒尔茨（Charles P. Schultz）
　　　　　[美] 罗伯特·登顿·布赖恩特（Robert Denton Bryant）
　译　　　张立华　高　鹏　高　嵘　陈子昂
　责任编辑　李　瑾
　责任印制　王　郁　焦志炜
◆ 人民邮电出版社出版发行　　北京市丰台区成寿寺路 11 号
　邮编　100164　电子邮件　315@ptpress.com.cn
　网址　https://www.ptpress.com.cn
　涿州市京南印刷厂印刷
◆ 开本：800×1000　1/16
　印张：18.5　　　　　　　　2022 年 10 月第 1 版
　字数：395 千字　　　　　　2022 年 10 月河北第 1 次印刷
　著作权合同登记号　图字：01-2017-2301 号

定价：89.80 元
读者服务热线：(010)81055410　印装质量热线：(010)81055316
反盗版热线：(010)81055315
广告经营许可证：京东市监广登字 20170147 号

内容提要

　　本书主要介绍如何将软件测试的专业方法运用到游戏产业中，全面涵盖了游戏测试的基本知识。通过阅读本书，读者将掌握以下知识技能：游戏软件测试的基础理论，游戏测试和测试工程师融入游戏开发流程中的方法，游戏测试中所使用的工具和实用经验，游戏测试工程师这个角色的职责以及决定游戏质量和测试流程的标准。借助真实游戏场景，读者将一步一步地学习游戏测试设计和其他的质量保障手段。

　　本书适合游戏从业者、爱好者及计算机相关专业的师生阅读。

作者简介

查尔斯·P.舒尔茨（Charles P. Schultz），微软认证教师（Microsoft Certified Educator, MCE），国际软件测试认证委员会美国分会（American Software Testing Qualifications Board, ASTQB）认证工程师，在美国拥有 20 多项专利。

罗伯特·登顿·布赖恩特（Robert Denton Bryant），美国圣爱德华大学互动游戏研究课程总监。在 20 多年的职业生涯中，他从一名游戏测试工程师一步步成长为制作出几十部电子游戏的业界高手。他在好莱坞做过营销人员和制片人，也在电子游戏行业做过发行人和开发人员。他是数十款游戏的执行制片人，包括畅销的《世界扑克锦标赛》（*World Series of Poker*）和《弹珠台名人堂》（*Gottlieb Pinball Classics*）Console 系列，涉及的游戏平台非常广泛，例如 CD-ROM、iPad 等。他曾是美国和欧洲几所大学的游戏编剧客座讲师，现在在加利福尼亚大学洛杉矶分校和加利福尼亚州伯班克的伍德伯里大学教授编剧课程。他曾获美国南加利福尼亚大学的电影电视制作艺术硕士学位和华盛顿与李大学的新闻学学士学位。

特别感谢希瑟·马克斯韦尔·钱德勒（Heather Maxwell Chandler），是她帮我们联系了出版社，促成了本书新版的问世。

译者简介

张立华，网名恒温，测试开发专家。目前就职于蚂蚁金服，从事区块链方向测试。毕业于浙江大学计算机科学与技术专业，拥有 10 年测试经验，是 TesterHome 社区联合创始人。联系邮箱：lihuazhang@hotmail.com。

高鹏，网名 026，测试主管。目前就职于字节跳动，从事教育相关产品的测试工作。他是 TesterHome 社区的核心骨干，中国移动互联网测试开发技术大会的核心组织者。联系邮箱：gaopeng8100@gmail.com。

高嵘，测试开发负责人，主攻服务端性能测试、游戏协议测试。目前任职于侑虎科技，从事自动化测试、持续集成和持续测试方向的工作。毕业于同济大学计算机系，在游戏行业从业 10 年。联系邮箱：petitnatuo@gmail.com。

陈子昂，网名陈大猫，工业和信息化部认证高级测试工程师、高级开发工程师和大数据工程师。现任上海莉莉丝游戏测试开发组长，负责工具链和前后端专项自动化开发。联系邮箱：728661182@qq.com。

本书在翻译过程中得到了吴宗非、谢国文、徐士钊等测试行业同人的帮助，他们参与了图书的审核和校对工作，在此一并表示感谢。

关于中文版审稿人

　　冯健，毕业于美国伊利诺伊大学厄巴纳-香槟分校计算机科学与数学专业。他在留美期间曾供职于知名科技企业，目前从事以大数据和预测为主的人工智能相关技术的研究与开发工作，并长期与 K-12 学校合作，积极推动信息科学的教育工作。联系方式：ericstar303（微信号）。

前言

本书英文版的第 1 版出版于 2005 年。在此后的十余年间，电子游戏领域发生了翻天覆地的变化且呈现爆炸式增长。

我们见证了玩家、平台和商业模式的数量的井喷。我们不再从实体零售店购买包装精美的游戏，而是步入了大多数游戏可以被下载到计算机、智能手机和其他终端设备的时代。

资产数十亿美元的全球公司精心制作年度 3A 史诗级游戏，而独立开发者则发布创意手机小游戏。过去的几年中，数百家公司耗资数十亿美元，试图创造虚拟现实游戏的市场，而《精灵宝可梦 Go》（*Pokémon Go*）在短短一周内证明了增强现实游戏的市场。

从未有过那么多游戏为了吸引更多玩家而竞争，以前的游戏开发团队也从未如此看重游戏的质量和稳定性。现在，对于任何规模的开发团队，学习和遵循游戏测试的流程和规范都变得至关重要，尤其是在这个不断发布补丁、更新包、新功能和扩展包的新时代。现如今，虽然已有这么多游戏，但开发从未停止。所以，游戏测试也从未停止。

软件工程师免不了犯错，游戏设计者会引入缺陷，美术工程师未能闭合三维模型。游戏测试工程师的职责就是在真正的玩家开始玩游戏之前发现游戏中存在的问题，避免玩家陷入沮丧、困惑，保证游戏在销量和口碑上获得成功。在电子游戏开发领域，游戏测试工程师是无名英雄，就像《权力的游戏》（*Game of Thrones*）中的守夜人一样。

无论你是测试工程师还是测试经理，我们都希望本书所涵盖的内容能帮助你掌握专业技能，使你保持更高的质量警觉性。也许玩家并不知道游戏测试工程师的存在，但是他们一定会受益于你们的努力工作。

资源与支持

本书由异步社区出品，社区（https://www.epubit.com）为您提供相关资源和后续服务。

配套资源

本书提供如下资源：

- 书中示例所使用的工具及测试表模板和通用流程图等；
- 书中的图片文件；
- 一个 *FIFA* 视频。

要获得以上配套资源，请在异步社区本书页面中单击 配套资源 ，跳转到下载界面，按提示进行操作即可。注意：为保证购书读者的权益，该操作会给出相关提示，要求输入提取码进行验证。

提交勘误

作者和编辑尽最大努力来确保书中内容的准确性，但难免会存在疏漏。欢迎您将发现的问题反馈给我们，帮助我们提升图书的质量。

当您发现错误时，请登录异步社区，按书名搜索，进入本书页面，单击"提交勘误"，输入勘误信息，单击"提交"按钮即可，如下图所示。本书的作者和编辑会对您提交的勘误进行审核，确认并接受后，您将获赠异步社区的 100 积分。积分可用于在异步社区兑换优惠券、样书或奖品。

扫码关注本书

扫描下方二维码，您将会在异步社区微信服务号中看到本书信息及相关的服务提示。

与我们联系

我们的联系邮箱是 contact@epubit.com.cn。

如果您对本书有任何疑问或建议，请您发邮件给我们，并请在邮件标题中注明本书书名，以便我们更高效地做出反馈。

如果您有兴趣出版图书、录制教学视频，或者参与图书翻译、技术审校等工作，可以发邮件给我们；有意出版图书的作者也可以到异步社区在线投稿（直接访问 www.epubit.com/contribute 即可）。

如果您是学校、培训机构或企业用户，想批量购买本书或异步社区出版的其他图书，也可以发邮件给我们。

如果您在网上发现有针对异步社区出品图书的各种形式的盗版行为，包括对图书全部或部分内容的非授权传播，请您将怀疑有侵权行为的链接发邮件给我们。您的这一举动是对作者权益的保护，也是我们持续为您提供有价值的内容的动力之源。

关于异步社区和异步图书

"异步社区"是人民邮电出版社旗下 IT 专业图书社区，致力于出版精品 IT 技术图书和相关学习产品，为作译者提供优质出版服务。异步社区创办于 2015 年 8 月，提供大量精品 IT 技术图书和电子书，以及高品质技术文章和视频课程。更多详情请访问异步社区官网 https://www.epubit.com。

"**异步图书**"是由异步社区编辑团队策划出版的精品 IT 专业图书的品牌，依托于人民邮电出版社数十年的计算机图书出版积累和专业编辑团队，相关图书在封面上印有异步图书的 LOGO。异步图书的出版领域包括软件开发、大数据、人工智能、软件测试、前端、网络技术等。

异步社区

微信服务号

目录

第 *1* 章

游戏测试的两条规则

本章主要内容如下。

每个测试工程师和测试团队都需要知道如下两条规则：

- 规则 1——不要恐慌；
- 规则 2——不要相信任何人。

1.1 不要恐慌

在游戏测试项目中，恐慌是非常糟糕的事情。恐慌的人并非故意如此，他甚至可能没有意识到自己在恐慌。恐慌是对一系列情况的非理性反应，会导致软件测试工程师对项目造成损坏。如果一个测试工程师对某个不合理的需求反应过激，请提醒他不要恐慌，问问他"第一条规则是什么"。

深海潜水者也会置身于和游戏测试工程师类似的境地：有限的资源（随身携带的装备）、时间限制（空气补给）、需要遵循的规则（上浮和下沉速度）和其他意外（深海不速之客）。根据威廉·摩根（William Morgan）博士的理论，持续的恐慌可能是导致娱乐性潜水事故和死亡的原因之一。恐慌来袭往往是因为受到某些事情的刺激，比如被水草纠缠住了、设备工作不正常或者看见了鲨鱼，从而让没有经验的潜水者感到很危险。但是摩根认为，恐慌不仅无法改善任何事情，还会导致产生不理性和更危险的行为。即使是有着多年经验的潜水者，有时也会无缘无故地感到恐慌。

错误地构建测试版本、漏测一个重要的缺陷或者让开发人员追踪一个不存在的缺陷（本来可以避免），这些都不会给你带来身体上的伤害，但是会让你在其他地方付出代价，比如花费额外的时间和金钱，游戏销量下降、口碑下滑等。

在游戏项目中，一旦出现如下情况，你就会感到恐慌：

- 不熟悉；
- 尚未准备好；

- 承受压力;
- 没休息好;
- 短视。

1.1.1　不熟悉

作为游戏团队的一员,你可能会受命完成一些之前不必做的工作,比如你可能需要运行其他人的测试,或者中途加入一个全然不同的游戏项目,抑或在最后一分钟被告知要接替某人的工作并完成用户演示。遇到这些情况时,你需要依靠已有的经验,坚持基本原则,通过观察其他有相关经验的人的做法,习得新的或者不同的方法。

你甚至可能受命完成一些从未做过的工作,比如实现百分之百的安装自动化,或者编写一个工具来验证游戏中的外语测试。可能从来没有人做过这些工作。不要立刻做承诺,不要节外生枝,也不要逞强。如果你对一个场景很陌生,那么即便根据自己的最佳决断去行事,仍然可能出错。你需要有人来指引你什么时候需要帮助,请保持谦逊,不要总想着自己必须承担一切或者对每个需求都说"好的"。你不必丢弃威信或名誉。找一个能引导你提出一些有效的解决方案的"过来人",远离显而易见的失败。你甚至可以在互联网上搜索,看看有没有人已经解决了问题,并且愿意分享经验。

> **注意**
> 　　第 4 章展示了如何定义和遵循一系列测试活动,这些活动能为你提供一致的测试工作量和结果,即使在你不熟悉的领域中也同样适用。

1.1.2　尚未准备好

你的项目可能会发生许多意想不到的事情,请做好突发意外的准备!在一个游戏的生命周期中,游戏的很多部分需要进行不同的测试。在这些场景背后,许多不同的技术——3D 图像、声音、用户界面、多线程和文件系统等一起协同工作。如果你还没有为各种不同的测试任务做好准备,也不具备完成任务所需的技能,就会做得磕磕绊绊。

研究、实践和积累经验是做好充足准备的关键要素。在测试项目的过程中,你应尝试了解更多的游戏代码。和行业保持同步,这样你就知道下一代游戏和技术将会是什么样的,进而成为你负责测试的游戏部分的需求和设计专家,然后熟悉那些你不负责的部分。最意想不到的情况就是你可能调任另一个职位,接替另一个测试工程师,或者承担更多的责任。当这类事情发生时,请做好准备。

> **注意**
> 　　第 2 章为你提供了有关准备成为一名游戏测试工程师的信息,以及你将来可能会遇到的测试环境、项目、角色和工作。

1.1.3 承受压力

压力来自以下 3 个方面：

- 进度（完成项目的规定时间）；
- 预算（项目预算）；
- 人力（游戏项目中所分配的人员数量和人员类型）。

在项目中，随时可能发生一种或多种资源缩减的情况，这是无法避免的。通常，这些因素不在测试工程师的控制之下，而是由业务情况或者项目经理决定的。但是无论如何，测试工程师都会受到影响。图 1.1 显示了项目范围内的资源平衡。

图 1.1 所示的三角形上的任意一点变动都会挤压项目，造成压力。有时，在游戏项目开始时，某个因素就已经非常小了，或者在项目启动之后的任何时候变小。例如，游戏预算会向另一个游戏倾斜，开发者可能离职去创业，或者公司为了和竞品游戏竞争而急于发布。图 1.2 显示了预算缩减给项目的进度和人力带来的压力。

另一种造成三角形内部压力的因素是比原计划添加了更多的需求。这个需求可能是内部产生的，例如添加更多的关卡或者角色，或者为了用上最新发布的硬件，把旧的图像引擎替换成新的。为了支持比原计划更多的游戏平台，或者为了跟上最新发布的游戏而添加关卡、角色、在线玩家支持等，测试工程师需要做很多计划外的改变。图 1.3 描述了在不增加预算和人力的情况下，增加项目需求对预算和人力造成的压力。

图 1.1 项目范围内的资源平衡

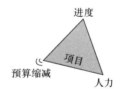
图 1.2 预算缩减带来的压力

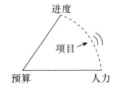
图 1.3 增加项目需求对预算和人力造成的压力

当项目面临压力时，压力会传递到测试工程师身上。有人会用类似以下的短语来提出要求。

- 我（我们）需要立即……
- 我不在乎。
- 那是过去，这是现在。
- 想办法做出来。
- 实现它。
- 处理它。
- 我们负担不起……
- 没什么大不了的，除非……

你很可能会一次从不同的人那里收集到多个需求，这就需要检查进度、可用的预算和人力，通过减少你通常会做的事情来实现这些需求，从而达成新的三角平衡。请尽可能做最能满足需求的事情。如果使用敏捷开发和测试实践，你就可以在一次次迭代中持续交付工作内容，而不是在一个发布中交付所有功能。

> **注意**
> 第 2 章介绍了对测试工程师角色的期待，以及提高游戏质量的方法。
> 第 14 章给出了一些高效测试的技巧，当需要执行更多测试时，当需要快速执行、突发执行更多测试时，以及当需要测试更多游戏时，这些技巧会很有用。

1.1.4 没休息好

连续工作 30 小时或者一周持续工作 100 多小时以进行长时间的测试并不是找到缺陷的最好方法，反而有可能引入缺陷！

如果开发工程师也这样，就会让测试工程师忙碌不堪，但是这样对推进游戏发布毫无帮助。测试工程师犯错对项目同样不利。

报告了一个不存在的问题（例如测错了版本、没有正确地进行测试设置或安装等）将导致开发工程师进行不必要的重新评估，从而浪费宝贵的时间。如果你必须在深夜或者周末进行测试工作，那么要在测试前后制订一个清单。如果身边还有其他测试工程师，不妨和他一起互相检查清单。好记性不如烂笔头，记录下测试进行时的相关信息，这样当你记不清的时候，回顾一下笔记就不容易犯错。这有点像制订卫星发射前的测试清单。如果清单里的某一项有问题，那就停止倒计时，回过头来纠正它，并重新测试。等测试结束后，记录下相关的结果和因素。下面是一个样例清单，你可以从这个清单开始，在此基础上扩展，以适应自己的游戏项目。

深夜测试清单

测试前

测试版本正确吗？

测试版本：_____。

是否使用了正确的编译版本？

编译版本：_____。

是否使用了正确的硬件配置和设置？

描述：_____。

是否使用了正确的游戏控制器和设置？

描述：_____。

使用了什么安装模式（如果有的话）？

描述：_____。

在执行测试前，游戏是否处在正确的初始化状态？

描述：_____。

测试后

是否按顺序完成了所有步骤？

是否记下了完整的测试和测试结果？

是否记下了你发现的所有问题？

在报告问题时，你是否填了所有必选项？

除了使用常规手段来检查错误，你还要从一开始就寻找策略来避免错误。根据游戏平台和测试环境的不同，采用灵活的测试方法（如探索式测试）可能是一个切实可行的方法，你可以把它作为测试策略中的某些或所有部分的方法。

注意

第 15 章描述了在项目各个阶段使缺陷暴露的灵活技术手段。

1.1.5 短视

过多关注短期内的事项也是导致恐慌的因素之一。很多游戏项目耗时数月，项目进度是决定今天做什么、怎么做的主要因素。"今天是不是我们最后的测试机会？"对测试工程师来说，这是一个非常好的问题，它提醒我们当前处于哪个阶段。如果回答"否"的话，那么我们将讨论在反复测试的总体策略、测试结果反馈、预算资源等背景下完成现阶段目标的方法。

成功的团队知道如何避免恐慌。处于落后状态时，他们有信心能后来居上，并赢得比赛。因为他们：

（1）熟悉现状；

（2）通过日常训练、比赛录像研究和在比赛中获得的经验准备好了应对方法；

（3）休息充分；

（4）对立刻追上没有压力。

那些有失败记录的团队通常缺失一个或者多个以上因素。

注意

第 5 章展示了随着项目开发的成熟，该采取哪种类型的测试。这有助于针对特定场景进行适当的测试，并让你知道可以依赖于之后将要进行的其他测试。

1.2 不要相信任何人

表面上看，这是有点怀疑一切的态度。事实上，在项目里引入测试，就意味着有些东西是不能相信的（详细内容见第 3 章）。游戏项目中测试工程师的存在就是信任问题的结果，例如：

- 发行商不相信游戏会按时发布并具有所承诺的功能，所以他们会根据演示和开发进度来支付报酬，并将其写入合同；
- 媒体和公众不相信游戏会如你许诺的那样好、有趣和令人兴奋，所以他们要求查看屏幕截图和观看试玩演示视频，然后在网上写评论，讨论你的作品；
- 项目经理不相信游戏代码没有缺陷，所以会安排测试，给测试提供资金，并雇用测试人员，包括来自第三方质量保证机构或者团队内部测试部门的测试工程师；
- 发行商不相信开发公司的测试工程师能发现所有缺陷，所以他们可能会雇用自己的测试工程师或者发布一个测试版本供公众试玩并报告他们发现的缺陷。

不要把这当作个人问题，这关系到商业、技术和竞争。投资者投了一大笔钱，势必不想在项目上血本无归。当开发工作开始时，所需的开发技术甚至可能还没有出来，这就给你的团队一个开发史无前例的游戏的机会。通过测试找到游戏缺陷，树立游戏能正常工作的信心。如果发布了有问题的游戏，玩家会抱怨甚至发怒，这会让所有人看到。不要让这种情况在你身上发生。

1.2.1 平衡法

请评估你的测试计划和测试决策的基础。道听途说、他人的意见和情绪都会使你分神，让你无法专注于你真正应该做的事情。使用测试方法，记录你的工作和结果，这样有助于建立一个客观的游戏测试环境。

评估和分析测试结果（甚至是以前的游戏）将为你提供与游戏相关的优势和劣势的数据。而你最不信任的部分，即劣势部分，在测试、反复测试和分析方面是最需要关注的。图 1.4 描述了这个关系。

你最信任的那部分，即优势部分，将需要你最少的关注，如图 1.5 所示。当然，这些部分还是需要时不时地重新测试，来巩固你的信任度。

图 1.4　信任度越低，需要做的测试工作越多　　　图 1.5　信任度越高，需要做的测试工作越少

注意

第 4 章介绍了一些关于评估游戏代码可信性的基本原则。

第 7 章描述了用平常收集的测试数据来制定评估方法，并介绍如何分析这些评估方法，使其应用到具体的问题领域。

1.2.2 文字游戏

对来自测试团队外部的意见保持警惕。有些人出于善意会提一些走捷径的建议，这样游戏的开发进度可以更快。但是发现不了缺陷并不代表缺陷已被清除，所以不要相信这些人告诉你的话。同时，注意不要越过不信任和有敌意的中间线。整个团队都在努力提供最好的游戏，即使在测试工程师看来不是这样。

要注意这样的陈述："X 发生了，所以 Y 也会发生/只有 Y 发生/Y 不会发生。"下面是一些例子。

- "只有几行代码发生了变化，所以不需要检查其他地方。"
- "新的音频子系统和旧的工作方式一致，所以你只需要运行旧的测试。"
- "我们为对话框添加了多种语言，所以只需在其中一种语言中检查一部分字符，其余的应该也正确。"

还有如下一些与此大同小异的例子。

- "改动很小，不用担心测试某个功能。"
- "你只要在这里运行 1～2 个测试，然后告诉我是否正常工作即可。"
- "我们今天就能完成这个，所以……"

小贴士

其他人会建议你应该测试什么和不应该测试什么，如果你做的和这些建议不同，就会发现缺陷的数量非常多。

不要把"不要相信任何人"和"不做任何你被要求做的事情"的态度混为一谈。如果测试主管或者项目经理需要你完成某些功能的测试，请确保自己先尽责完成任务，然后再去关注你不信任的问题。成功者和失败者的不同在于，成功者会说"我已经完成了你的测试任务，并且开始着手锦标赛模式（这里指游戏的另一个功能），在这里发现了一些问题"，而失败者会说"我没时间完成你的测试任务，因为我正在对锦标赛模式进行一些新的测试"。

1.2.3 最后的机会

请检验自己的测试工作，并寻找可以改进的方法，以便对自己寻找缺陷的能力更加自信。永远不要让自信成为自负，更不要盲目相信自己是完美的。请留下一点怀疑自己的空间。对主管、开发人员、其他测试工程师和自己的意见保持开放态度。例如，你正在运行一个测试，不确定使用的是否是正确的版本，就应该去检查一下！有可能你需要重新开始，但是总比报告一个错误的结果，浪费其他人的时间要好。

随着游戏开发的进行，管理层和开发人员希望能对游戏质量满意，从而准备迎接下一个里程碑或者游戏的最终发布。作为一个测试工程师，你不能自鸣得意。请定期激励你的团队，告诉他们"将此版本视为我们发现问题的最后机会"。在是否需要新的测试方面会发生冲突，你会经常听到"重要的问题怎么这么晚才发现"的抱怨。出现这种情况通常有多方面原因，但是和测试是否做得称职无关。以下是你可能会遇到的问题：

- 缺陷是在你发现之前被引入的；
- 早期测试中的缺陷使你无法进入后期缺陷隐藏的游戏部分；
- 随着花费更多的时间测试游戏，你会越来越熟悉缺陷的来源，所以一些难以发现的问题在项目的后期才能发现，这很正常。

不管怎样，即使缺陷从第一个版本开始就存在，那也不是测试工程师故意放在那里的。

> **注意**
> 第 10 章和第 12 章会告诉你凭测试直觉和洞察力测试游戏的方法。

1.2.4   信任储备

你可以通过一些方法提前了解什么是不可信任的。有时候，只要你提问，开发工程师就会告诉你。

测试工程师："嗨，比尔，有什么你特别担心的，需要我在测试过程中关注的问题吗？"

比尔："嗯，我们重新设计了 Fuzzy Sword 任务的逻辑，我希望你们能关注一下这一块。"

你可以通过提到系统的某些部分并观察开发工程师的反应来获得更多的线索。开发工程师转动的眼睛和迟疑的回答会让真相暴露，例如他们有可能怀疑新武器是否会正常工作或者新的多人模式是否像最近一次更改之前那样正常工作。

> **注意**
> 在第 3 章中，你会发现为什么测试对游戏的牢靠性如此重要。第 3 章涵盖了很多导致事情出错的因素，以及作为游戏测试工程师处理这些问题的方法。

1.3   取舍

如果你一直密切关注这一点，作为一名胸怀远大抱负或者努力工作的游戏测试工程师，你应该会注意到抵抗恐慌的测试方法（不要将这次发布当作最后一次发布）和"不要相信任何人"的方法（把每次发布当作最后一次发布）之间存在明显的矛盾。我们用一种体育运动来类比说明这些概念是如何共存的。

在棒球比赛中，一名击球手不可能在没有一个跑垒手的时候直接得 6 分。相反，击球手一个接一个上场，一局一局地进行，团队成员根据形势来击球，尽可能打出最高分。击球手和跑垒手保持耐心和善用技巧，严格执行教练的策略，才能获得成功。如果每个击球手都想打出一个本垒打，由于本垒打很难打出，击球手很容易三振出局，而对方投手则精神奕奕地进入下一场。

同时，当每一个成员在击球或者在垒的时候，他都在积极努力地取得最好的结果。击球手需要充分考虑每次投球的类型和位置，正确执行挥杆动作，一旦球被击出，尽可能快地跑垒。他明白这会让团队赶超比分。一分或者打点（打击所得分数，安打、本垒打、牺牲打都可以出打点，打点多少代表对胜利贡献的大小）可能意味着输或赢。

所以作为一名测试工程师，遵从以下的建议，你可以做到两者（这里指的是不要恐慌和不要相信任何人的两条规则）兼备：

- 根据分配给你的职责了解你在团队中的角色；
- 积极准确地执行你的任务；
- 先做最重要的事情；
- 做最有可能发现缺陷的测试；
- 尽可能做理性客观的决定。

> **注意**
>
> 第 13 章描述了如何测试才能让缺陷显现，以便在你的测试中覆盖这些可能性。这也可以帮助你决定哪些测试是很重要的，哪些测试需要频繁运行。

1.4　本书其余章节内容概述

本书的其余章节将指导你在游戏测试中应用这两条规则。不要认为必须把所有事情都结合在一起才能成功。你可能已经是一个非常高效的测试工程师，但你仍可以使用本书中的新见解来改进你的测试技能，并将你从本书第 8 章～第 15 章学习到的技术最合理地运用到项目中去。

将这两条规则应用于你在本书中读到的内容。不要过于相信你在本书中读到的内容会对你每一次做的任何事情都起作用。如果你得到的结果完全不合理，请找出原因。尝试使用一些新方法，然后评估效果以决定是继续使用该方法还是改进它，或者是否要尝试其他方法，或者使用最初的方法。但是通过评估之前一定要先尝试。需要提醒的是：在确保合理使用书中的一些技巧之前，不要过于自信。然后你就能够判断这些技巧是否适合你。你会发现这本书里建议的方法很好用。

记住，作为一名游戏测试工程师，每个人都相信你会在游戏发布之前发现问题，所以不要给他们恐慌的理由。

> **注意**
>
> 　　第 8 章、第 9 章和第 11 章会介绍 3 种重要的游戏测试方法。在开发早期可以使用这些方法来了解游戏软件，并在整个项目中系统地探索游戏的特性和功能。

1.5　总结

在本章中，你学习了游戏测试的两条重要规则，了解了它们和本书其余章节的关系。恐慌和信任对成功的游戏测试是不利的。你可以通过记住和应用这两条规则来获得最好的结果。

恐慌会导致如下问题：

- 判断力和决策力下降；
- 不可靠的测试结果；
- 过于强调短期。

恐慌会给项目造成如下损失：

- 不必要的返工；
- 浪费精力；
- 信心和信誉损失。

可通过以下方式避免恐慌：

- 意识到你需要帮助的时候，去寻求帮助；
- 为不可预料的事情做准备；
- 依靠工作流程；
- 充分休息。

不要信任的有：

- 道听途说的事情；
- 某些意见；
- 主观情感。

你可以依赖的有：

- 事实；
- 结果；
- 经验。

测试每个游戏版本，就好像：

- 这不是最后一个版本；
- 这是最后一个版本。

第 *2* 章

成为一名游戏测试工程师

本章主要内容如下。

- 测试游戏和玩游戏；
- 识别缺陷；
- 报告缺陷；
- 验证修复。

　　想要成为一名游戏测试工程师，首先要成为一名游戏玩家。这似乎也是大多数人被吸引到这个行业中的理由。想象一下，有人付钱让你来玩游戏！但是在大多数情况下，你没有机会在任意一天测试（玩）任何你喜欢的游戏。你被分配了任务，并需要按时彻底地完成，即便熬通宵。每当临近一个主要版本发布的时候，测试工作就会堆积如山。

　　当然，仅仅玩游戏还不足以让你成为一名优秀的测试工程师。你需要有发现问题的能力，同时在其他方面你也得有出色表现，例如记录和报告缺陷、报告测试进度，以及帮助开发工程师找到和修复缺陷。你需要不断地去做这些重复性的工作，直到游戏发布，就如这个缩写"PIANO TV"：玩游戏（**Play**）、识别问题（**Identify**）、放大问题（**Amplify**）、通报问题（**Notify**）、选择性地（**Optionally**）进行测试（**Testify**）和验证（**Verify**）。

2.1　玩游戏

　　在家的时候，玩游戏是为了开心。你可以选择玩什么、什么时候玩，以及怎么玩。游戏测试也可以很有趣，但是在玩什么、什么时候玩、怎么玩方面的选择就少了很多。作为游戏测试工程师，当你在玩游戏的时候，做任何事情都是有目的的，例如探索游戏的某个领域、检查某个规则是否在执行，或者寻找特定的问题。

你的工作从运行一系列分配给你的测试开始。一些测试非常具体，执行步骤写得非常清晰。这些就需要你具有敏锐的观察力和对细节的较高关注程度。这是一种良好的用户界面（User Interface，UI）测试的方式。

在《诗歌召唤者：无名英雄》[①]（*Song Summoner: The Unsung Heroes-Encore*）（角色栏见图 2.1）这款游戏中，测试编辑骑兵界面的角色选择部分的简单示例如下。

图 2.1   编辑骑兵的选择界面显示了角色栏的初始状态

（1）进入游戏，单击 Edit Trooper 按钮进入编辑骑兵界面。

- 检查主要角色的图片是否出现在列表中，其名字（Ziggy）是否出现在其图片上方。同时也检查图片框和背景是否反映该角色在游戏中的状态［本示例中是"金"（Gold）］。
- 检查导航条里的圆形控制器是否在最左边，数字 1 是否显示在导航条的左侧，导航条右侧的数字是否等于玩家在游戏里获得的角色的数量（本示例中是 83）。
- 检查 Ziggy 的角色类别"Capable Conductor"是否出现在屏幕的左下角方格的左上角。
- 检查 Ziggy 的数据是否正确，如"行动力"（Move）、"攻击范围"（Range）、"血量"（Hit Point，HP）、"技能点"（Skill Point，SP）。
- 检查 Ziggy 的缩略图是否出现在其统计数据的右侧，同时检查是否有一个小音符图标在其缩略图的右下角。

（2）从右往左滑动屏幕，滑动一个角色。

- 检查当前焦点是否在第二个角色上；第二个角色的图片是否在屏幕上水平居中，且高于左右两边相邻的角色；图片上方是否有角色的名字。同时检查图片框和背景是否反映当前角色在游戏中的状态。

---

① 《诗歌召唤者：无名英雄》是 Square Enix 公司在东京电玩展上发布的一款史诗级策略大作，该游戏曾在 2008 年登陆 iPod Nano 系列机型，其最大的特点就是能够根据玩家 iPod 内的音乐召唤出不同的兵种进行作战，做到了游戏与音乐的完美结合。如今重制版的容量翻了一倍，高达 252MB，不仅增加了全新的音符士兵，还将故事内容进行了扩展，成为近期策略游戏的一道"必尝大菜"。——译者注

- 检查导航条里的圆形控制器是否往右移动了一点点，以及最左边的数字是否发生变化。
- 检查第二个角色的类型是否出现在屏幕的左下角方格的左上角。
- 检查第二个角色的行动力、攻击范围、血量、技能点的数据是否都正确。
- 检查第二个角色的缩略图是否出现在其状态条右侧，同时检查是否有一个小音符图标在这个缩略图的右下角。

（3）用你的手指按住导航条里的圆形控制器，往右稍稍拖动，直到第三个角色的图片出现在屏幕中间。

- 重复第（2）步的检查，当然，这次需要核对的数据是第三个角色的信息。

（4）从右往左滑动到下一个角色。

- 同样执行第（2）步的检查。

（5）用你的手指按住导航条里的圆形控制器，往右稍稍拖动，直到下一个角色的图片处于焦点位置。

- 执行与第（1）步相同的检查。

（6）从右往左滑动骑兵列表（可能需要滑动多次），直到列表最后一个角色，如图 2.2 所示。

- 检查当前焦点是否在最后一个角色上；最后一个角色的图片是否在屏幕上水平居中，且高于左边的相邻角色；图片上方是否有角色的名字。同时检查图片框和背景是否反映了当前角色在游戏中的状态。
- 检查圆形控制器是否在导航条里的最右边，数字 1 是否在导航条左侧，导航条右侧的数字和玩家在游戏中获得的角色数量是否相等。
- 检查最后一个角色的类型是否出现在屏幕的左下角方格的左上角。
- 检查最后一个角色的行动力、攻击范围、血量、技能点的数据是否都正确。
- 检查最后一个角色的缩略图是否出现在其状态条右侧，同时检查是否有一个小音符图标在这个缩略图的右下角。

图 2.2　编辑骑兵的选择界面显示了角色栏的末尾

（7）按住圆形控制器一直往左滑动，直到第一个角色的图片成为当前焦点。

（8）执行第（1）步中所做的检查。

（9）按住圆形控制器一直往右滑动，直到最后一个角色的图片成为当前焦点。

（10）执行第（6）步中所做的检查。

（11）再从左往右滑动骑兵列表（可能需要滑动多次），回到列表起始处。

（12）执行第（1）步中所做的检查。

可以看到，这里提供了每一步执行操作和需要检查的细节。在一个长的测试过程中这会变得非常冗长，尤其是一个接一个地执行类似的测试。为了避免一些微小的问题被遗漏，你需要保持专注，将每一件事都当作你第一次看到它。

其他的测试工作在方向上会更加开放，可能会以清单或者大纲的形式给出。这些测试更多地依赖于你自身的游戏知识、经验和技巧。

在一个格斗游戏中，测试特殊攻击是一个典型的场景，这时候你可能会需要一个清单。例如，使用以下来自 CAPCOM 公司出品的《街头霸王》（*Street Fighter*）系列应用（Android 和 iOS）的清单来测试《终极街头霸王 4》（*Ultra Street Fighter IV*）中春丽的特殊攻击。为了成功且高效地完成这个测试，你必须能在恰当的战斗场景中正确操控游戏摇杆动作，正确单击按钮来触发每个特殊攻击：

- 气功拳［Kikouken（火球）］；
- 霸山蹴［Hazan Shuu（空翻加劈叉）］；
- 神鹰旋踢（Spinning Bird Kick）；
- 千裂脚（Senretsu Kyaku）；
- 凤扇翼［Housenka（终极街头霸王 1）］；
- 气功掌［Kikoshou（终极街头霸王 2）］。

但是一张清单往往侧重于验证少数的游戏行为，而一个大纲则可以用来测试验证更广泛的结果，而且不需要担心具体的细节步骤。根据 Mafia Wars Wiki 截至 2015 年 12 月份的统计，Facebook 上的一款由 Zynga 公司出品的《黑手党战争》（*Mafia Wars*）游戏有 199 项成就。想象一下，为了完成测试工作，在不同的位置攻击，赚足够的钱，达到解锁每个成就和取得每个成就的等级，必须定义一系列步骤。作为一名游戏测试工程师，你需要对游戏了如指掌，才能采取正确的策略，把你的积分都用在"刀刃"上。同时，你必须玩得足够好才能取得每个成就。为了达到这个目的，我们可以使用表 2.1 所示的通用大纲模板，观察这 17 个关于纽约的成就。

除了编写和执行自己的测试用例，你还需要编写测试用例，供其他测试工程师运行。在本书的后面部分，你将学习一些正式的测试设计方法，不过该选择对你来说可能总是有效的。在非正式的测试场景中，选择按照步骤、清单或者大纲的形式来描述你想要完成的测试，或者记录下你已经完成的任何非正式测试。

表 2.1 　《黑手党战争》——纽约成就的大纲

成就	需求
第一次	将一个纽约阶段任务完成
你还有什么	将所有纽约阶段任务完成
武装和危险	拥有 10 支汤普森冲锋枪
个人舰队	拥有 500 辆豪华车
第一桶金	在纽约地区一次存入 100 万美元到银行（扣除银行手续费）
个人救助金	在纽约地区一次存入 10 亿美元到银行（扣除银行手续费）
1 万亿美元	在纽约地区一次存入 1 万亿美元到银行（扣除银行手续费）
养老金	在纽约地区一次存入 10 万亿美元到银行 （扣除银行手续费）
万亿美元之后是什么	在纽约地区存入 999 万亿美元到银行
收藏家	完成一项收藏品的收集
策展人	完成纽约地区 9 项收藏品的收集
贫民窟房东	拥有 30 个房屋的产权
飞刀投手	抢 10 把蝴蝶刀
Sam 叔叔	收买 50 个联邦探员
土地持有人	拥有纽约的一栋楼
地产商	升级名下纽约的楼到 25 层或者更高
房地产大亨	升级名下纽约的楼到 100 层或者更高

2.2　识别缺陷

　　游戏测试有两个目的：第一个是找到游戏设计和代码的缺陷，第二个是测试游戏的哪些部分可以正常工作。如果测试找不到任何问题，我们说"测试成功"（pass）；反之，如果找到一个问题，我们说"测试失败"（fail）。

　　另外一个可能的结果是测试被"阻塞"（blocked）了，所谓阻塞就是说某个存在的问题让你的测试无法进展下去。举个例子，当你在玩 PC 版本的《生化奇兵 2》（*BioShock 2*）的时候，在多人玩家菜单里尝试接受一个好友邀请时，游戏闪退了。这就阻碍了你在接受邀请后在多人模式下的进一步测试。

　　测试也有可能"不可用"（not available），所谓不可用就是说你应该测试的部分没有包括在你要测试的游戏版本中。这有可能是因为开发工程师仍在集成游戏中的所有元素，所以将某个关卡、物品、功能或者角色有意地从测试版本中删除。也有可能是因为你正在测试的平台的游戏版本不包括你要测试的这一部分，例如《UFC 终极格斗冠军赛 2010》（*UFC Undisputed 2010*）这款游戏中，只有 PS3 这个平台上才有 5 个额外的对战事件和 3 个独有的战士。

判断出现了

即使测试游戏的同一部分，也不是每个测试工程师都会注意到同样的缺陷。同样，也不是每个工程师都会用同样的方式运行同一个测试。心理学里的迈尔斯-布里格斯人格类型测验（Myers-Briggs Type Indicator，MBTI）可以解释为什么会发生这种情况。该测验中的一个类别将一个人评为判断者或感知者，如下。

判断者的定义

判断型的人喜欢井然有序、有组织、可预测的生活方式。如果判断型的人在一个无组织的环境下工作，他们要么尝试着把它组织起来，要么一直抱怨事情一团糟，东西放得乱七八糟，或者抱怨这杂乱无章的工作环境会让他们效率低下。判断型的人在机构或高度管制的环境中能茁壮成长，他们通常会先工作后玩。

感知者的定义

感知型的人喜欢更悠闲的方式，他们更加关注体验。所以感知者更加喜欢事情按照他们的意愿展开，他们不喜欢限制选择，能够在不断变化的工作环境中茁壮成长。感知型的人可以在一团糟的环境中工作；事实上，他们更加喜欢在混乱中工作，因为当一切都无法预知的时候，更能激发创造性思维。感知者希望寻找提供灵活工作安排的雇主，他们喜欢玩，因此如果工作是有趣的、不循规蹈矩的，他们会非常开心。

> **注意**
>
> 如果不确定你更像一个判断者还是感知者，你可以在人格测试中心（personality test center）进行一个快速、非正式的测试来找出你的性格。

在测试过程中，你倾向发现的缺陷类型会体现出你的某种人格倾向。例如，判断者擅长遵循步骤来运行很多测试，找到游戏文字、用户手册和任何游戏中和历史事实不一致的问题。感知者喜欢在游戏中随机测试，想出不同寻常的场景来测试，报告游戏可玩性的问题，对游戏整体体验做评价。根据这些，我们安排判断型的人验证游戏的"可靠性"，安排感知型的人验证游戏的"娱乐性"。

相反，有些事情判断型的人和感知型的人可能都不擅长。如果没有在测试用例里描述清楚，判断型的人也许不会按步骤来执行用例，这样也发现不了问题；而感知型的人在执行一系列重复测试时有可能对问题视若无睹。尽管没有测试用例的测试可以让思维更加自由发散，但是感知型的人常常不能将复现缺陷的步骤记录清楚。

你可能不是 100% 的某种类型，但很可能有其中一种倾向。不要认为这是一种局限。利用这些认知，你会更加意识到哪些领域有待提高，这样能在你测试的游戏中发现更多的缺陷。你可以在恰当的时机把这两种人格组合起来达到预期的效果。当你看到有人找到了一个你从来不会发现的缺陷的时候，去找那个人聊聊，问问他是什么让他这样做的。长此反复，通过问自己"如果是他测试，他会怎么做？"你会开始发现此类型的问题。当然你也应该和其他人分享你自己找缺陷的故事。纽曼所著的《计算机相关风险》（*Computer Related Risks*）和皮特森所著的《致命缺陷》（*Fatal Defect*）两本书将通过真实世界的案例和对电子游戏产业的分析，为你提供更多的见解。

表 2.2 展示了两种不同人格类型对发现缺陷的类型的影响，以及适合用哪种测试方式去找到缺陷。

表 2.2 测试工程师人格比较

判断型的人	感知型的人
为……运行测试	找到解决……的方法
传统的游戏玩法	非常规的游戏玩法
重复执行测试	测试多样化
用户手册、脚本测试	游戏可玩性、可用性测试
游戏的事实准确性	游戏的真实体验
按步骤来测试或者按清单来测试	开放或者跟着大纲来测试
可能过分依赖通过测试细节来发现缺陷	可能偏离测试初衷
关注游戏内容	关注游戏背景

2.3 放大问题

通常来说，"放大"这个词会让你联想到事情更加严重或者更加激烈。在这里，"放大"你的缺陷会帮助开发工程师缩小排查范围，使缺陷更有可能在第一时间得到修复，这样就能减少在这个问题上花费的总时间和成本。

如果你通过执行基本的操作找到了一种使游戏崩溃的方法，那你不需要做太多其他事情来引起开发工程师的关注便可修复它。如果导致崩溃的原因不明，或者在项目后期才发现，或者非常难定位和修复，那么这个缺陷的优先级有可能就比其他缺陷低了。在这两种案例中，我们有一些特定的方法可以放大缺陷，从而最大限度地提高缺陷的"可修复性"。

2.3.1 提前行动

一旦以下项目可以使用，就通过测试它们来尽早地发现缺陷。如果你不清楚如何获得这些信息，可以询问开发团队或者构建工程师，索取每次版本发布改动的清单报告。

- 引入的新关卡、角色、物品、场景等；
- 新的动画、灯光、物理设计、粒子效果等；

- 添加功能和修复缺陷的新代码；
- 新的子系统、中间件、引擎、驱动程序等；
- 新的对话、文本、翻译等；
- 新的音乐、音效、语音转换、音频附件等。

2.3.2   发现缺陷的地方

当你在游戏里的某个隐秘角落找到一个缺陷时，有可能这里不是该缺陷唯一出现的地方。如果这时候你停止寻找并迅速记录这个缺陷，然后开始下一个测试，那么你可能会忽略在一个更常见的地方或者场景中出现同样的缺陷。如果所有缺陷在游戏发布前得以修复，那就太好了，但是总有这样那样的原因做不到。一个发生在不起眼之处的缺陷可能会遗留在发布了的游戏中。

通过查找以下内容，你会在游戏中更多的地方发现缺陷：

- 游戏中所有能够引起相同错误行为的地方；
- 代码中所有调用有缺陷的类、函数和子程序的地方；
- 所有使用相同缺陷的物品、场景等的游戏功能；
- 所有与缺陷项具有共享属性的物品、关卡、角色等（比如角色种族、武器类型、天气情况等）。

然后，使用以下两个步骤来增加发生缺陷的频率：

（1）剔除不必要的步骤，使缺陷更容易发生；

（2）寻找更频繁或更常见的场景，其中可能包括剩余的必要步骤。

2.4   通知团队

一旦发现了问题，而且能将问题对游戏产生的所有影响描述得一清二楚，你就需要记录这些信息并且通知开发工程师。通常来说，项目团队会使用缺陷管理工具。尽管你不需要担心该工具的安装和管理，但是需要熟练地使用它来记录所发现的缺陷，以加快缺陷的修复。本节不是一个完整的教程，只提供了以下内容的初步介绍和讨论：

- 使用缺陷跟踪系统；
- 一个好的缺陷报告应该具备哪些信息；
- 避免典型的错误和遗漏；
- 你可以做一些额外的事情来帮助缺陷被发现和修复。

图 2.3 展示了缺陷管理平台 Mantis[①]里新建缺陷条目的窗口，这个窗口的主要元素是边栏中

---

① Mantis，也叫作 MantisBT，全称为 Mantis Bug Tracker。Mantis 是一个基于 PHP 技术的轻量级开源缺陷跟踪系统，以 Web 操作的形式提供项目管理及缺陷跟踪服务。Mantis 在功能、实用性上足以满足中小型项目的管理及跟踪需求。更重要的是它是开源的，不需要支付任何费用。——译者注

的功能选项和右侧的输入界面。信息栏名左边的星号是一个必填提示，告诉我们这些信息栏中的内容是必须填写的。在提交缺陷前，你必须提供这些信息栏的信息。

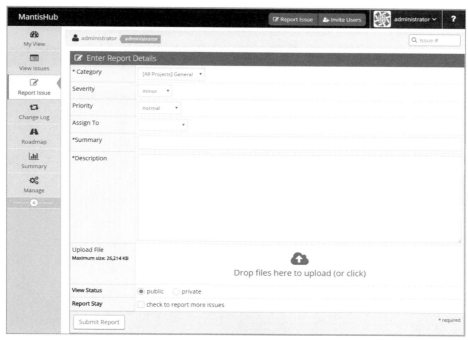

图 2.3 Mantis 中的"报告问题"表单

通常，"查看问题"（View Issues）过滤器与邮件程序（如 Microsoft Outlook）非常类似，你可以决定哪些事情需要关注，哪些需要浏览，并根据需要对问题进行更改。

数据输入界面是你操作最多的地方，所以下面我们将去探究一下你需要处理的关键信息栏。要进一步了解使用 Mantis 的方法，你可以在 MantisHub 网站上浏览演示内容。

2.4.1 描述

从一个描述性的标题开始你的记录。通用或宽泛的描述，例如"不得不重新开始游戏"或者"多人游戏大厅的问题"，并不能充分地描述问题以引起需要跟进该问题的人的注意。想象一下，拿起一份报纸，读到"有犯罪发生"或者"有球队赢了"的标题，你可能会不明所以，非常疑惑。相反，如果能提供 1~2 个细节，问题范围就缩小了很多。

我们从报纸的体育版找找灵感。如果一支队伍击败了另外一支队伍，场面波澜不惊，你可能看到这样的头条"纽约洋基队击败了波士顿红袜队"。但是如果有值得一提的事情发生，那么头条会更加具体，例如"马林鱼队将洋基队拒之门外，赢得系列赛"。将你发现的缺陷看成一件值得一提的事情，这样才能引起读者的注意。

图 2.4 展示了在 iPhone 和 iPod touch 上玩免费版本的《涂鸦保龄球》（*Doodle Bowling*）时发现的一个问题的摘要和描述信息栏。在这个案例里，摘要里提到了发生的事情和事情发生的地点。时刻牢记，除了包括"发生了什么"，还要添加一个或两个有标志性的要素，例如"人物""地点""时间""怎样发生的"。

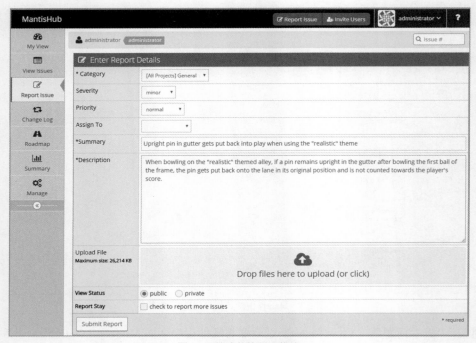

图 2.4　缺陷的摘要和描述

请确保描述包含了以下细节：人物［玩家——相对的是计算机对手或者非玩家角色（Non-Player Character，NPC）］、发生了什么（球槽里的球瓶被替换了）、地点（"现实"主题的保龄球馆）、时间（一轮的下半场）、怎样发生的（球瓶竖立在球槽里）。然后，描述你是如何恢复或者避免这个情况的，如果有可能的话，把你尝试恢复或者消除这个缺陷所做的事情都记录下来。这样做有两个目的：首先，帮助项目负责人评估修复这个缺陷的重要性；其次，向开发工程师提供了有关问题是如何发生的以及该如何着手解决的线索，这也为以后的测试树立了最低标准，以便你之后验证这个缺陷是否被正确修复。

另一种描述缺陷细节的方式是提供发现缺陷的步骤。当然，这不需要从打开计算机开始描述，只需包括复现问题的步骤即可。对于"球槽里的球瓶"缺陷的另一种描述如下。

选择"现实"涂鸦保龄球主题。一直玩，直到有一个球瓶竖立在球槽里。一旦球瓶被重置，槽里的球瓶将被放回球道上的原始位置。

你也应该在其他地方试试看能否复现该缺陷，同时观察该缺陷会不会有其他的影响，并把信息记录下来。例如，竖立的球瓶被放回原来的位置并被击倒会不会算分。

2.4.2 选择严重等级

缺陷的严重等级的信息栏也非常重要，因为它决定了缺陷的流转和处理方式。即使这项信息栏中的内容不是必须填写的，你也要用自己最佳的判断来提供一个严重等级。这有助于团队了解情况的紧急性，以及谁是处理问题的最佳人选。根据缺陷影响的平台和设备，我们遇到的缺陷也有可能是一个不重要、无关紧要的小问题。图 2.5 显示了设置为"严重"的缺陷严重等级。

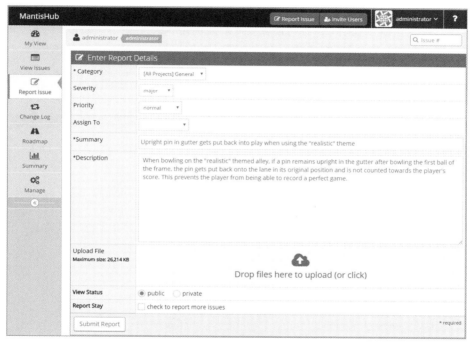

图 2.5　严重等级类型的选择

作为测试工程师，你发现的不按预期工作的问题并不都是缺陷。你可能发现了一些能被改进或者新增到游戏中的内容，这样做可以让游戏变得更好。这种类型的问题可能被列为"小问题"（minor）、"无关紧要"（trivial）或者"需要微调"（tweak）。

同样，你可以为以下内容创建功能"增强"标签：

- 续集的构想；
- 为游戏迁移到下一个平台做优化；
- 添加对全新类型控制器的支持；
- 游戏发布之后，功能或者物品可以提供下载。

游戏测试工程师另外一个职责是检查游戏文档。你可以寻找文档中描述的游戏功能和实际表现有出入的地方、文档中遗漏掉的重要内容，或者诸如页面缺失、错误标记的图表等产品错误。这些属于"文档"缺陷类型。

　　软件或硬件都有可能引入"第三方"类型的问题,这类问题并不是你的团队造成的。例如,某个品牌的方向盘控制器在游戏中没有向用户提供力的反馈,而其他 3 个品牌的方向盘控制器工作正常。

　　对于让游戏无法按预期方式运行的缺陷,我们指定其类型为"严重"或者"崩溃"。而对于那些影响范围更大,例如需要重做游戏碰撞检测机制的缺陷,我们指定其类型为"阻塞"。

2.4.3　区分优先等级

　　根据项目中的"游戏规则",你可能需要对缺陷优先等级(或"严重性")或者缺陷类型进行分类。图 2.6 展示了一个下拉列表,其中包括为缺陷选择一个初始优先级的选项。

图 2.6　缺陷优先等级的选择

　　在你的项目或者缺陷管理工具中,优先级选项的名字和含义可能不尽相同,但是理念是一致的。根据每个缺陷的重要性进行排序。例如,影响订阅者或者游戏中购买行为的缺陷常常被指定为"立即"(immediate)类型的缺陷,特别是当游戏需要依赖这些来维持日常运作的时候。"迫切"(urgent)可以定义这样一种缺陷,它停止或中止正在进行的游戏,但是没有办法恢复和继续游戏。一个迫切需要解决的缺陷还可能有副作用,例如导致玩家最近的进度丢失,或者新赢得或发现的物品丢失。如果你的角色在多人对战的游戏中卡住,这会导致玩家的角色死亡,因为玩家对抗的邪恶部落会一点点把玩家角色的健康值打到 0。

　　"高"（high）优先级的缺陷可能会给玩家带来严重后果，例如成功完成了任务却没有得到任务奖励物品。该优先级也可以被用作那些在不明确的情况下发生的"迫切"类型的缺陷。当你第一次记录这类缺陷时，不能轻易降低其优先级，尤其是在多人游戏中发现此缺陷，因为此类缺陷如果在发布了的游戏中被发现并随后被公开，某些不守规则的玩家可能会利用该缺陷对其他玩家不利。这种玩家利用游戏缺陷的例子曾经发生在 PC 版本网游《阿瑟龙的召唤》（*Asheron's Call*）中，玩家会"杀死"他们的角色，故意破坏游戏服务器。当服务器恢复的时候，玩家可以从其角色的"尸体"中得到某个稀有物品的复制品。参考 2001 年 1 月修复该缺陷的"补丁说明"中开发工程师对该缺陷的反馈。

 补丁说明 ———————————————————————

2001 年 1 月 23 日

　　我们想详细解释一下今天这个热修复的原因和对玩家产生的影响。

　　上周一晚上，我们发现了一个缺陷，该缺陷允许玩家故意破坏其角色所在的服务器。除此之外，玩家还可以利用该缺陷产生的时间错位（恢复到上次角色保存到数据库的时间）来复制物品。服务器闪退也会导致该服务器上的其他所有玩家闪退，从而产生时间错位，并因此丢失进度。

　　我们成功追踪到该缺陷并关闭了服务器，以防止更多的玩家破坏服务器或者复制物品。

　　好消息是我们可以追踪到所有曾利用该缺陷并破坏服务器的玩家。正如我们过去声明过的：《阿瑟龙的召唤》是一款基于商业条款发布的游戏，如果有玩家利用了我们没有发现或者发布前来不及修复的缺陷，我们不会因为我们的错误而惩罚玩家，而是尽我们最大的努力去尽快地修复缺陷。但是那些严重影响游戏性能和稳定性的缺陷除外。

　　那些反复利用该缺陷破坏服务器的玩家已经被我们从游戏中删除。尽管我们不喜欢这样的措施，但是我们认为有必要让其他玩家知道用这种方式影响到其他玩家正常游戏的行为是不能被接受的。

　　我们对存在这个缺陷感到非常抱歉，也为对所有玩家造成的后果致以真挚的歉意。

　　《阿瑟龙的召唤》团队

　　"中"（normal）优先级的缺陷会引起明显的问题，但是可能并不会影响玩家的奖励或者进度。"高"和"中"（normal）优先级的区别在于什么时候关注和修复缺陷，是放到发布后的补丁里还是暂时留在游戏中。当无法确定的时候，将缺陷指定为"高"优先级（除非项目主管另有指示），以便在降级前对其进行充分的评估。请谨慎使用该策略，否则你发现的缺陷并没有以为的那么严重。

　　"低"（low）优先级的缺陷通常指那些不会影响游戏效果的微小缺陷，例如那些在玩家不可能遇到的场景下发生的缺陷，或者那些与个人品位有关的缺陷。在游戏 *FIFA 15 Ultimate Team* 的新赛季活动中，赢得锦标赛的玩家将获得一个奖杯和有关其奖励的信息。例如，在图 2.7 中，游戏将显示玩家得到 3000 金币和一个高级黄金大礼包。有的时候，玩家奖励的信息画面会被损坏，如图 2.8 所示。

图 2.7　正确地展示锦标赛的奖励

图 2.8　不正确地展示锦标赛的奖励

　　在很多游戏公司里，通常还会增加"严重性"（severity）等级与"优先级"一起使用。在这些案例中，严重性信息栏描述了缺陷对玩家的潜在影响，而优先级信息栏则用来帮助团队决定哪些缺陷是最需要被修复的。这两种分类可以不同，一个影响（严重性）很小的缺陷可以非常醒目，例如在主菜单把游戏名字拼错了。或者一个非常严重的缺陷，但永远不会在玩家游戏生涯中发生，例如当终端的日期临近 3000 年时触发的崩溃。第一个例子就是严重性不高，但是优先级很高的缺陷；而第二个就是严重性很高，但是优先级却很低的缺陷。除了严重性，玩家从缺陷中恢复的能力、修复缺陷的风险或者困难也会影响优先级。在这样的安排中，严重性通常由记录缺陷的人来分配，而优先级由变更控制委员会（Change Control Board，CCB）或者项目经理来分配。

2.4.4 其他有用的信息

最后，确保你填写了任何剩余的必需信息栏，并包含任何相关交付物或者有可能对尝试评估或修复缺陷的人有帮助的信息。例如 *Doodle Bowling* 的缺陷是在 1.6 版本首次引入的。

除了向描述添加更多细节，在 DevTrack 中，你还可以使用附件功能向缺陷记录中添加有用的文件。附加或提供以下任何你能获得的信息的相关链接：

- 服务器日志；
- 屏幕截图；
- 角色日志的文本；
- 声音文件；
- 保存的角色文件；
- 引发缺陷或者复现缺陷的视频（包括声音）；
- 调试器里的代码栈；
- 由游戏平台、中间件或者硬件保存的日志文件；
- 操作系统的弹出窗口和错误代码；
- 移动开发环境的模拟器（如 Android、苹果的 Xcode、微软的 Windows Mobile SDK）捕获的数据。

图 2.9 和图 2.10 显示了 *Doodle Bowling* 缺陷报告中的两个屏幕截图附件，分别提供了错误发生前后的情况（球道里的球瓶被放回游戏中），同时在屏幕底部也显示了玩家分数受到的影响。

图 2.9 在滚了第一个球后，球瓶竖在球道上

图 2.10 在第二局半程，球瓶又回到了球道上

不是所有的缺陷管理系统都有着和 Mantis 一样的结构或者用户界面。当你报告一个缺陷的时候，注意完善基本信息，并询问其他测试工程师或者你的测试主管，是否还有其他信息需要填写。例如，如果你的缺陷管理系统不能自动发邮件，你可能需要发送邮件到一个指定的邮件列表，或者你也可以使用一个共享的电子表格来代替缺陷管理系统。

> **小贴士**
>
> 有关更多缺陷管理工具选项的在线列表，请参见 ApTest 网站的"漏洞和缺陷管理工具"（bug and defect tracking tools）。

2.4.5　成功还是失败

从测试工程师的角度来看，测试失败是件好事，说明发现了问题。同时，让项目成员知道哪些测试用例测试成功也很重要。你应该记录测试的完成情况和结果，标记出哪些测试成功、哪些测试失败。其他的状态类型可能包括"阻塞"或者"不可用"，阻塞意味着有问题阻止你执行测试用例中的步骤，而"不可用"表示测试用例中的某个功能或者能力在你所测试的游戏版本中不可使用。例如，如果游戏中有一个缺陷让你无法连接到多人服务器，那么多玩家场景的测试用例就被"阻塞"了。由于游戏中的关卡还未添加，测试用例无法运行，那么该测试被归类为"不可用"。

及时提供这些信息非常重要，因为通常这些信息会被提交给测试主管。你可以把它记录在纸上，或者记录在电子表格或表单上。这些信息会影响下一个版本的测试执行计划，也会影响每个测试工程师的日常工作分配。

> **小贴士**
>
> 在测试的过程中，请记录你运行的游戏版本、机器配置、外围设备等。同时创建和保存不同的游戏存档文件也是个不错的主意，这样你可以随时回到测试过的场景或者运行新测试用例，而不需要从头再来。你也应该记录你发现的缺陷列表，以便在整个项目过程中随时跟进。缺陷报告丢失或者被删除也是屡见不鲜的，即使缺陷仍然在软件中。确保你有方法识别每个游戏版本对应的存档文件。否则，你可能会在新的版本中使用之前的存档文件，从而得到错误的测试结果，反之亦然。

2.5　向别人证明

尽管你可能过于关注已经发现的缺陷，但是你对这些缺陷是否能得到修复没有什么话语权。这些宝贵的缺陷可能在 CCB 手中，这个组织在你的公司或者项目团队里可能有其他的名字，设置它的目的是在项目最后期限来临前，监督和促使最紧要的缺陷被优先处理并得到修复，从而得到一个最好的发布版本。这也说明越早发现的缺陷越容易得到修复。修复有难度的缺陷可能对游戏的其他功能造成影响，从而错过发布期限，因此到项目的后期，很多团队会对修复有难度的缺陷望而却步。这也是为什么越是重要的缺陷要越早发现。

CCB 通常由开发、测试和项目管理的代表组成。在一个小型的游戏团队中，可能每个人都会一起重审缺陷。在一个大型产品中，项目中各个团队的领导将与项目经理、配置经理（配置经理负责构建代码，确保游戏代码文件正确地标记并保存在正确的文件目录或者其他形式的代码库中）一起开会。你发现的缺陷会和其他的缺陷放在一起，为了吸引 CCB 的注意力而竞争。这个时候，缺陷的类型和优先级就起到了至关重要的作用。同时，如果你努力提供复现缺陷的详细信息以及修复该缺陷非常重要的原因，那么你发现的缺陷将得到更多的关注。

对同一个缺陷而言，决定"最终"优先级的策略不同，产生的结果也不同。如果只由一个人，例如 CCB 的主席来决定缺陷的优先级，那么缺陷的平均优先级往往比较低（意味着不太严重）；如果由多个角色一起参与决定，例如产品经理、设计师、开发工程师和测试工程师，他们每个人给一个分数，然后再取一个平均值，那么优先级通常会高一些。

同时，谨记一点，如果在你的项目中，某类型的缺陷低于特定的指标或者阈值，而游戏仍然允许发布的话，那么你提交的任何缺陷都会因那个阈值而面临被降级的压力。这就是放大缺陷能帮助你的地方，例如，你需要提供更有力的案例来支持你的缺陷是高优先级而不是中等优先级。

有些测试工程师还会遇到这样一个困难：如何在"拥有"缺陷和"放开"缺陷之间找到平衡？测试工程师应该找到缺陷并报告它们。而项目中的其他人员通常为正确处理和修复缺陷负责。当你报告的缺陷没有被第一时间修复，或者其他人没有像你一样对发现缺陷而感到兴奋的时候，不要太感情用事。

2.6 验证修复

作为一位测试工程师，你的工作不只是发现和报告缺陷。你还应该帮助开发工程师复现缺陷以及做试验，并且在开发工程师修复缺陷之后进行重新测试。有时候，开发工程师会特别为你构建一个版本来测试，在修复内容提交到游戏发布的主版本中去后，你还需要重新测试。

用你对判断者/感知者特征的了解，帮助自己找到更多的缺陷，完成更多的测试。这包括了通读和彻底了解游戏的规则。同时，充分利用你性格上的优势，摆正自己的位置，安排好任务或者角色。

一旦你发现了一个缺陷，就鉴别它，尝试让它在更多的地方以更高的频率出现。然后你就可以在缺陷跟踪系统中记录下它，使用特定的标题并提供详细的描述，包括提供问题的证据以及帮助复现和追踪缺陷的日志文件。一个记录很糟糕的缺陷会浪费 CCB 确定缺陷严重等级的时间，以及浪费开发工程师复现问题和找到问题根本原因的时间，同时也会浪费你继续寻找更多的缺陷的时间。

当你在测试的时候，把录像开着，这样一旦发现缺陷，你就拥有所有的证据，并把这些证据作为缺陷报告的附件。屏幕截图和日志文件真的很有帮助！

在任何项目过程中，都要花一部分时间记录缺陷、报告结果，与开发工程师一起回顾问题，在正式修复合并到常规发布前，在 1～2 个实验版本上重新运行测试。

2.7　练习

1. 规则 2 是什么？

2. 以下选项哪些是判断者（Judger，J）或感知者（Perceiver，P）的行为？（　　）

（a）在用户手册中注意到一个拼写错误

（b）创建一个所有技能点设置为 0 的角色，以查看会发生什么

（c）报告 AK-47 开枪时候的频率不正确

（d）找到一个让溜冰者（玩家的角色）离开地图的办法

3. 以下选项哪个是合格（适当、详细）的缺陷标题？（　　）

（a）游戏崩溃

（b）在多人模式下发现一个缺陷

（c）无法驾驶 Fastkat 车辆进入主房间南边的走廊

（d）角色意外死亡

4. 以下选项哪个应该在缺陷描述中？（　　）

（a）缺陷在哪里发生

（b）缺陷如何发生的

（c）谁在游戏中引发了问题

（d）缺陷对游戏产生了什么影响

（e）以上都是

5. 你的第一个任务是测试 Gamecorp 的一款第一人称视角的射击游戏。你的角色（一个穿着重型盔甲的机械人）在第二级，携带着一把刀和空气炮的子弹。你找到一个空壳的空气炮，捡起它射击，但是无法射击，因为它的读数是 0 颗子弹。你从项目会议上得知，这把武器应该自动装载携带在角色身上的任何子弹。想一想，你应该做些什么来"放大"该缺陷。

6. 按照 2.1 节中的逐步测试用例，你会发现哪些类型的问题？

7. 用大纲的形式重写逐步测试。这样做有什么优点，有什么缺点？

第 **3** 章

为什么测试很重要

本章主要内容如下。

- 寻找缺陷的种类；
- 查看源代码以查找缺陷；
- 问题的其他来源。

本章列了一个冗长的清单来回答"为什么测试很重要"这个问题：

- 游戏软件很容易出错；
- 项目过程中有很多犯错误的机会；
- 游戏软件非常复杂；
- 游戏软件是人编写的，人免不了会犯错；
- 用来制作游戏的软件工具并不完美；
- 对成功的游戏来说，有大量资金处于危险之中；
- 游戏必须在多种配置和设备的多个平台上运行；
- 人们对你制作的每个游戏都有更多的期待；
- 如果同时有超过 100 万的用户在线玩你的游戏并按月付费，那么你的游戏最好能正常运行；
- 评论家们严阵以待，随时准备在印刷物、应用商店和网络上对你的游戏进行评级；
- 游戏必须有趣，符合预期，并能按时发布。

一个简单的回答是"因为游戏会出错"。如果你能分辨出游戏出错的机制或者模式，你就能知道自己需要注意什么样的问题，从而设想测试的步骤，这将帮助你成为一流的游戏测试工程师。或许最关心游戏测试的人会帮助你理解这一点。

3.1   谁在乎测试

游戏测试对游戏发行商很重要，因为他们经受了诸多困难，例如雇用和资助游戏测试工程师，以及在官方正式发布游戏之前组织和管理多轮测试版的测试等。游戏测试对主机提供商也很重要，因为他们要求游戏满足某些质量标准，然后才允许主机发布。手机制造商和无线运营商也要求进行移动游戏测试，以便游戏在其设备和网络上得到批准使用。

测试对开发团队非常重要，开发团队依靠测试工程师在代码中发现问题。当测试工程师忽略掉严重的缺陷时，他们可能会被指责。如果缺陷确实消失了，有人会在想为什么要为测试支付所有的钱。

因为按合同承诺交付一个顶尖游戏所需软件非常复杂，所以测试非常重要。每当你的团队或者公司以外的人试玩游戏时，他们都会仔细检查并公布缺陷。如果一切顺利，游戏会得到推崇；否则，你的目标销售额和利润可能不会实现。

就算考虑了所有关于人员安排、资金和需要关心的事情，游戏还是会出错。

3.2   缺陷分类

我们暂时撇开各种人员安排，关注软件本身。软件会以各种方式出错。将缺陷分为不同的类型是有用的，这些类型可以揭示缺陷是如何引入的，以及是如何被发现的，或者如何更好地避免。为此，IBM 开发了正交缺陷分类（Orthogonal Defect Classification，ODC）系统。根据正在进行的开发活动，ODC 系统定义了多种类型。本章将会探索 8 种缺陷类型，并检查它们与游戏缺陷的相关性。缺陷类型划分了缺陷引入代码的方式。牢记一点，每个缺陷的出现可能是因为错误的实现或者代码缺失。以下的 ODC 缺陷类型总结了组成游戏代码的软件元素的不同类别：

- 功能（function）；
- 赋值（assignment）；
- 校验（checking）；
- 时间控制（timing）；
- 构建/打包/合并（build/package/merge）；
- 算法（algorithm）；
- 文档（documentation）；
- 接口（interface）。

小贴士

如果你记不住这个清单，可以尝试记住其缩写：FACT BADI（发音为 "Fact Baddie"）。

本章中的缺陷例子来自 2004 年 7 月 1 日发布的游戏《卡米洛特的黑暗时代》（*Dark Age of Camelot*，DAOC）第 1.70i 版本的发布说明。DAOC 是早于《魔兽世界》（*World of Warcraft*）的大型多人在线角色扮演游戏（Massive Multiplayer Online Role Playing Game，MMORPG），为了丰富和增强玩家的游戏体验，该游戏不断设计和修改。因此，补丁发布得很频繁，具有修复缺陷和添加或者修改功能的双重目的。这使我们有机会在开发过程中对其进行检查，与只能向公众发布一次的游戏截然不同。

缺陷报告里的描述无法告诉我们缺陷是怎么引入代码中的，这正是缺陷类型所描述的。由于我们没有权限访问开发团队的缺陷跟踪系统来确切地了解该缺陷发生的原因，因此我们挑选了一个具体的缺陷，看看它是如何由缺陷类型引起的。

以下是 DAOC 的一个补丁中修复的一个缺陷，将在本章的所有示例中使用：

"隐身技能在使用之后，会显示超级隐身的时长（秒）。"

如果这就是该技能应该如何工作的介绍，那么你可以想象，该缺陷记录的描述是这样的：

"隐身技能在使用之后未能显示超级隐身的时长（秒）。"

"隐身"技能的详细描述如下。

为潜行者提供超级隐身的能力，该能力不会被打断，并且能净化持续伤害性魔法和嗜血，对群体控制（crowd control）也免疫。根据等级，这个技能持续 1 ~ 5 秒，潜行者的行动速度也会因此增加，如下所示。潜行者在使用该技能后 30 秒内不能攻击。

效果：
等级 1——正常速度，1 秒免疫；
等级 2——增加 1 点速度，2 秒免疫；
等级 3——增加 5 点速度，5 秒免疫。
类型：主动技能。
冷却期：10 分钟。
能使用该技能的角色类型：渗入者、影刃。

3.2.1 功能

功能性错误会影响游戏功能或者用户体验。在某些或所有需要此功能的情况下，提供此功能的代码缺失或不正确会造成这种错误。

下面虚构的代码片段是用来设置和启动"隐身"技能的。玩家的技能等级被传递给特定于"隐身"技能的处理程序，激活该技能所需的所有功能的调用都需要这个程序。g_vanishSpeed 和 g_vanishTime 两个数组存储了该技能的 3 个级别中的每一个级别的值，再加上等级 0 的数值 0。这些数组以 g_开头来命名，以表示它们是全局的，因为相同的结果适用于所有拥有该技能的角色。以大写字母形式出现的数值，表示它们为常量。

缺少对显示技能效果时间程序的调用就是这段代码里的一个功能类型缺陷的例子。也许这段代码是从其他技能的代码中复制的，"隐身"的全局变量都添加了，但是忘记添加显示时间的代码。或者，可能是对于该技能如何工作存在错误传达，程序员不知道要显示计时器。

```
void HandleVanish(level)
{
    if (level == 0)
        return; //如果玩家没有这个技能就返回
so leave
    PurgeEffects(damageOverTime);
    IncreaseSpeed(g_vanishSpeed[level]);
    SetAttack(SUSPEND, 30SECONDS);
    StartTimer(g_vanishTime[level]);
    return;
} // oops! 哦，没有向用户展示剩余时间——希望用户没有注意到
don't notice
```

还有一种可能，代码中已经包含了向用户显示持续时间的函数，但是使用了一个或多个不正确的值来调用，如下。

```
ShowDuration(FALSE, g_vanishTime[level]);
```

3.2.2　赋值

当程序使用的值被错误地设置或初始化，或者程序缺少所需的赋值时，所造成的缺陷就被归类为赋值类型。许多赋值的操作发生在游戏、新关卡或者新游戏模式开始的时候，以下是不同游戏题材的一些例子。

体育运动类：

- 团队日程；
- 初始化每场比赛的分数；
- 出场阵容；
- 篮球场、足球场、溜冰场等游戏进行的地方；
- 天气情况和当天时间。

角色扮演类（Role Playing Game，RPG）、冒险类：

- 地图上的初始位置；
- 初始属性、技能、物品和能力；
- 当前地图的初始数据；
- 初始化日志。

赛车类：

- 初始化轨道和路线数据；
- 比赛开始时的燃料或者能量的初始值；
- 电源和障碍物的位置；
- 天气情况和当天时间。

纸牌收藏类、棋盘类：

- 游戏开始时的初始积分或者金币数；
- 卡牌的初始发牌或者棋子的初始位置；
- 锦标赛的初始排名或者种子选手；
- 在游戏桌上的位置和发牌顺序。

格斗类：

- 初始健康值和能量值；
- 拳击场或者竞技场的初始位置；
- 锦标赛的初始排名或者种子选手；
- 拳击场或者竞技场等游戏进行的地方。

策略类：

- 初始单位分配；
- 初始资源分配；
- 单位和资源的开始布局和选址；
- 当前场景的目标。

第一人称射击类（First Person Shooters，FPS）：

- 初始健康值和能量值；
- 初始装备和弹药；
- 玩家初始位置；
- CPU 对手的数量和强弱程度。

益智类：

- 谜题的初始配置；
- 完成解谜所分配的时间和标准；
- 拼图数量或者目标积分；
- 解谜的速度。

从这个清单中不难发现，任何变动都会导致结果对真人玩家一方或者电脑玩家一方有利。

游戏开发工程师非常注重游戏中各个元素之间的平衡。为了游戏的平衡，赋初始值是非常重要的。

　　甚至"隐身"技能的缺陷也有可能是赋值问题引起的。在之后的虚拟实现中，通过设置数据结构并传递给通用的技能处理程序，来激活"隐身"这个技能。

```
ABILITY_STRUCT            realmAbility;
realmAbility.ability = VANISH_ABILITY;
reamAbility.purge = DAMAGE_OVER_TIME_PURGE;
realmAbility.level = g_currentCharacterLevel[VANISH_ABILITY];
reamAbility.speed = g_vanishSpeed[realmAbility.level]
realmAbility.attackDelay = 30SECONDS;
realmAbility.duration = g_vanishTime[realmAbility.level];
realmAbility.displayDuration = FALSE; // 错误的标志位
HandleAbility(realmAbility);
```

　　还有一种可能，displayDuration 这个标志位有可能完全被遗忘了。复制粘贴可能是错误引入的方式，或者是由于程序员的错误而被遗漏，或者在需求的理解上有偏差。

3.2.3　校验

　　在代码使用前未能正确地验证数据准确性时，就会发生校验类型缺陷。这可能是因为某个条件的校验缺失或者定义不正确。下面是 C 语言里的一些不正确的校验：
- 在比较数值的时候，使用"="而不是"=="；
- 当一系列的比较没有使用括号时，对运算符优先级的假设不正确；
- 边界比较，例如使用"<="而不是"<"；
- 用值（*pointer）和 NULL 做比较而不是使用其地址（pointer），该指针直接来自存储变量或者函数调用之后返回的值；
- 忽略（未校验）C 语言函数库调用返回的值，例如 strcpy。

回到我们之前"隐身"技能的缺陷。下面展示了一个校验缺陷场景，技能处理程序没有校验技能是否显示效果持续时间的标志，或者校验了错误的标志位来确定效果持续时间。

```
HandleAbility (ABILITY_STRUCT ability)
{
      PurgeEffect(ability.purge);
      if (ability.attackDelay > 0)
            StartAttackDelayTimer(ability.attackDelay);
      if (ability.immunityDuration == TRUE)
      // 这里应该校验 ability.displayImmunityDuration!
            DisplayAbilityDuration(ability.immunityDuration);
}
```

3.2.4　时间控制

时间控制类型的缺陷与共享和实时资源的管理有关。有些进程可能需要时间来启动或结束，例如将游戏信息存储在硬盘里，处理该数据的操作在依赖的进程完成之前不应该被阻止。一种对用户友好的处理方式是呈现一个过渡，例如一个生动的剪辑场景或者带有进度条的界面，告诉玩家信息正在存储中。保存操作完成之后，游戏将恢复。其他时间敏感的游戏操作包括预加载音视频资源，以便在游戏需要的时候能立刻使用。如今，这些功能中的许多都在游戏硬件中完成，但是软件可能仍然需要等待某种通知，例如某个标志位被设置、某个事件被发送给事件处理器，或者在数据准备好使用后调用的例行程序。

> **注意**
>
> 　　FMOD 多平台音频引擎说明了如何设置和使用音频事件通知方案。如果需要播放歌曲，开发工程师首先初始化 FMOD，并加载歌曲，得到一个句柄（handle），然后将该句柄传递给 PlaySong 函数。当一个事件最终被检测到应该停止播放这首歌曲时，例如当游戏环境改变到一个新的设置（城市、竞技场、行星等）时，StopSong 函数将停止播放歌曲，并且对句柄进行资源释放。

用户输入也需要特别考虑时间控制，双击或者重复单击一个按钮可能触发特别的动作。游戏平台操作系统中可能有处理这一问题的机制，或者游戏团队可能会将自己的机制放入代码中。

在 MMORPG 和多人手游中，信息在玩家和游戏服务器之间穿梭。必须按照正确的顺序协调和处理这些信息，否则游戏行为会错乱。有时候，在等待更新的游戏信息时，游戏软件会尝试预测和填充正在发生的事情。当你的角色在四处跑动时，会出现"抖动"现象或者"橡皮筋"效果。例如你看到你的角色已经远远跑开，突然，你的角色又出现在你认为应该在的地方，并且还被攻击了。

回到熟悉的"隐身"技能的缺陷，我们来看一个时间控制的缺陷场景。在这个场景里，假设一个函数启动了"隐身"技能的动画，并且当动画结束时，一个全局变量 g_animationDone 将会被设置，一旦该变量设置为 TRUE，那么技能的持续时间就应该被显示。这时候，如果 ShowDuration 函数没有等待"隐身"技能的动画结束就调用了，那么就会出现时间控制类型的缺陷。动画会覆盖屏幕上的所有内容。以下是代码有缺陷的部分的示例。

```
StartAnimation(VANISH_ABILITY);
ShowDuration(TRUE, g_vanishImmunityTime[level]);
```

正确的代码应该如下。

```
StartAnimation(VANISH_ABILITY);
while(g_animationDone == FALSE)
```

```
                    ; // wait for TRUE
        ShowDuration(TRUE, g_vanishImmunityTime[level]);
```

3.2.5　构建/打包/合并

打包/合并，或者简单来说，构建类型的缺陷是使用游戏源代码库系统、管理游戏文件的更改或者识别和控制构建的版本时出错造成的。

构建是通过编译和链接源代码和游戏资源（如图像、文本和声音文件），来创建一个可执行游戏的行为。我们通常使用配置管理软件来帮助管理和控制游戏文件的使用，每个文件可能包含多个资源或者多个代码模块。使用唯一的版本标识可以标识一个文件的每个版本实例。

配置说明中详细说明了哪个版本的构建需要哪个版本的文件。通过指定每个文件的版本来构建是非常耗时而且容易出错的。所以很多配置管理系统都提供了标记每个版本的功能。在配置说明中，一组特定的文件版本可以通过单个标签来识别。

表 3.1 展示了一些典型的标签和用法。你的团队用的命名标签可能和这里的不尽相同，但是它们可能具有表示相同功能的类似命名标签。

表 3.1　典型的标签和用法

标签	用法
[开发构建]	开发工程师用来试验新功能或者尝试修复缺陷的标识文件
[Pc 版本]	为多个平台开发游戏可能需要同一个文件的不同版本，该版本仅为一个受支持的平台构建
[测试版本发布]	标识用于测试版本的文件集。说明开发工程师对于更改是否有效有一定的把握。如果测试成功，下一步也许就是把标签改为"官方"发布版本号
[版本 1.1]	在构建成功和测试成功之后，可以使用发布标签"记住"使用了哪些文件。如果以后发生严重故障，团队需要回溯以调试新问题或者恢复之前的功能，这会非常实用。

每个文件都有一条被称为主线（mainline）的特殊进化路径。版本树（version tree）提供了一个文件所有版本的图形视图，以及它们和主线之间的关系。图 3.1 展示了简单版本树中添加了新版本的主线。

从主线衍生出来的所有新版本都称为分支（branch）。分支上的文件也可以有独立于第一个分支的新分支。图 3.2 展示了版本树中分支是如何编号的，并以图形方式表示它与主线的关系。

图 3.1　一个简单版本树的主线　　　　　　图 3.2　有一个分支的版本树

在一个或者多个分支上所做的并行更改可以通过一个名为合并（merge）的操作合并起来。合并可以手动、自动或在配置管理系统的帮助下完成，例如突出显示合并在一起的两个版本之间的某些具体代码行的不同。我们从图 3.3 中可以看到版本树创建分支、合并分支的演化过程。

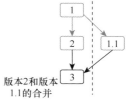

图 3.3　合并回主线

当开发工程师想使用配置管理系统对文件进行修改的时候，该文件将被签出。然后如果开发工程师对更改结果满意，并且希望将新文件作为原始文件的新版本返回，则该文件被签入。如果在某个时间点开发工程师改变了主意，则可以取消签出文件，并且不更改文件的原始版本。

基于这个背景，我们来探讨一些出错的方法。

在配置说明里指定错误的版本或者标签，即使有可能成功生成游戏可执行文件，但它将无法按预期工作。可能只有一个文件是错误的，并且在一个特定的场景中只有一种类型的角色使用了该文件。像这种错误，会让游戏测试工程师焦头烂额。

也有一种可能，配置说明是正确的，但是一个或多个程序员没有正确地标记需要构建的版本，例如标签没有更新，还停留在上个版本，或者拼写错误，因此可能无法与配置说明中的标签匹配。

另外一个问题可能是合并造成的。如果一个公共部分的代码在合并的分支里都被修改了，那么合并文件和保留两个更改中的功能将需要技巧。当文件的一个版本删除了由其合并的版本更新的一部分代码时，合并的复杂性会增加。如果由开发工程师手动合并，那么这些问题可能会比构建的计算机自己做出这些决定并完全改变它更容易被发现。

有时候，代码会给出构建有问题的线索。代码里的注释（如"//在发布前将此部分移除！"）可能表示构建过程开始前，开发工程师忘记移动标签或者忘记提交一个新的版本。

参考图 3.3，以下是"隐身"技能的代码所做的假设：

（1）版本 1 和版本 2 不显示"隐身"持续时间；

（2）版本 1.1 引入显示持续时间的代码；

（3）合并版本 2 和版本 1.1 将生成版本 3，但是删除了版本 1.1 里显示持续时间的部分代码。

对于"隐身"持续时间不显示的问题，以下是一些可能出现构建类型缺陷的场景。

- 合并后产生的版本 3 删除了版本 1.1 里显示持续时间的部分代码。版本 3 构建之后，持续时间不显示。

- 版本 1.1 和版本 2 已经被正确合并，版本 3 里的代码也能显示持续时间。但是构建用的配置说明里没有把版本 2 对应地更新成版本 3，所以构建依然是基于版本 2 的，持续时间不显示。

- 版本 1.1 和版本 2 已经被正确合并，版本 3 里的代码也能显示持续时间。构建的标签也从版本 2 变成了版本 3。然而，构建说明被硬编码，以构建这个文件的版本 2，而不是使用标签，所以还是不能显示持续时间。

3.2.6 算法

算法类型的缺陷包括计算或者决策过程导致的效率或者正确性问题。算法是计算某个数值（例如，答案是 42）或者获得某个结果（例如，门打开了）的过程。每个游戏都包含了算法，如果它们工作正常的话，你甚至可能不会注意到它们。不正确的算法设计往往是玩家在游戏中获得意想不到的优势的根源。以下是不同类型的游戏中找到算法和算法类型缺陷的地方。

体育运动类：

- CPU 对手的玩法、阵型和替换的选择；
- CPU 玩家的交易决策；
- 根据真实的教练/对手数据，进行玩法和决策建模；
- 比赛中两支队伍所有位置的球员的智能程度；
- 当角色移动到篮球场、足球场、溜冰场等部分时，确定镜头角度的变化；
- 确定罚球和裁判判罚；
- 确定球员受伤；
- 整个赛季期间球员状态的发展；
- 激活特殊的能力、奖励或者比赛模式。

角色扮演类、冒险类：

- 对立和友好的角色之间的对话反馈；
- 对立和友好角色的战斗决策和行动；
- 基于技能、护甲、武器类型和力量等的伤害计算；
- 豁免率（物理攻击或者魔法攻击免疫）的计算；
- 确定使用技能的结果，例如潜行、制作、游说等；
- 经验值计算和奖金；
- 技能消耗、持续时间和效果；
- 使用技能和物品需要得到的资源和达到的条件；
- 武器和技能瞄准、效果范围和持续伤害时间。

赛车类：

- CPU 赛车手的特征、决策和行为，即何时停车进站、何时使用加速等；
- 汽车的破坏和磨损计算，以及破坏汽车的行为；
- 渲染汽车损坏；
- 自动换挡；
- 赛道表面、（转弯时）倾斜、天气等环境因素的影响；
- CPU 车手的嘲讽。

纸牌收藏类、棋盘类：

- 对手的风格和技能等级；
- 应用游戏规则；
- 俱乐部补充规则，例如在黑杰克（21 点）里，庄家不许弃牌；
- 投注的选项，以及支付和报酬；
- 结果公平分配，例如，没有倾向一个特别的结果（纸牌、骰子、轮盘号码等）。

格斗类：

- CPU 对手出拳（进攻）和格挡（防守）的选择；
- CPU 团队选择和格斗中切换选手的策略；
- 伤害值/积分计算，包括环境影响；
- 计算和渲染格斗效果；
- 计算和分解疲劳度；
- 激活特殊的移动、连击等。

策略类：

- CPU 对手的行动和战斗策略；
- CPU 单位的产出和部署决策；
- 建造资源和单位的规则（前提条件、所需的资源等）；
- 伤害和影响计算；
- 激活新单元、武器、技术、设备等。

第一人称射击类：

- CPU 对手和队友的智能程度；
- 对立和友好角色的战斗决策和行动；
- 基于技能、护甲、武器类型和力量等的伤害计算；
- 武器瞄准、效果范围和持续伤害时间；
- 环境对速度、玩家伤害、武器的偏移或者准星的影响［例如，在《虚幻竞技场》（*Unreal Tournament*）中，高射加农炮子弹会偏离墙壁］。

益智类：

- 积分、奖金激励和计算；
- 确定完成一个回合或者晋级的标准；
- 确定解谜游戏的目的，例如形成一个特殊的词语或者匹配一组拼图块；
- 激活特殊的能力、奖励或者游戏模式。

更复杂的是，一些游戏的标题包含多种体裁，每种体裁都有不同的算法集合。例如，NDS（Nintendo DS）[①]上的《口袋妖怪：银灵》（*Pokémon SoulSilver*）和《口袋妖怪：金心》（*Pokémon HeartGold titles*）主要关注故事情节，同时将你的 Pokémon 训练到更高级别，游戏还包含选美和体育竞技，以及

---

① 日本电玩游戏商任天堂公司开发的第三代便携式游戏机。——译者注

"扫雷"风格的迷你游戏。《虚幻竞技场》系列通常被视为第一人称射击游戏，同时在比赛的不同阶段，它也包含了冒险和运动元素。*FIFA* 的 UT 模式（Ultimate Team mode，终极团队模式）在各种终端和移动设备上需要玩家通过赢得比赛和锦标赛来赚取虚拟货币，虚拟货币可以换取交易卡片。

> **注意**
>
> 你可以在 FIFA 网站的"Features"页面中了解更多有关 *FIFA* UT 模式的特色。

在游戏代码中可能出现算法类型缺陷的其他一些领域有图像渲染引擎、例行程序、网状覆盖代码、z 缓存排序、碰撞检测以及将处理渲染新界面的步骤最少化。

对于"隐身"技能缺陷，持续时间的值通过计算得到而不是从某个数组或者文件得到，这个就是一个出现算法类型缺陷的场景。假如持续时间为 0 或者更少，则不能在屏幕上展示。如果计算（某个算法）一直产生 0 值或者负数，或者计算完全丢失，那么持续时间就不会显示。

"隐身"技能给予的免疫持续时间：等级 1 为 1 秒、等级 2 为 2 秒、等级 3 为 5 秒。这个关系可以用以下表达式来计算：

```
vanishDuration = (2 << level)，这个就是一个算法
```

那么，等级 1 就是 2-1=1 秒，等级 2 就是 4-2=2 秒，等级 3 就是 8-3=5 秒。这是我们期待的结果。

现在，如果我们意外地使用了取模（%）运算符，而不是左移（<<）运算符呢？等级 1 就变成了 0-1=-1 秒，等级 2 为 0-2=-2 秒，等级 3 为 2-5=-3 秒。尽管向用户显示免疫持续时间的代码没有问题，但是由于是负数，因此其仍旧不会显示持续时间。一个算法类型缺陷就此产生。

3.2.7 文档

文档类型的缺陷发生在游戏的静态数据中，这些数据包括文本、音频、图像文件内容，如下所示。

文本：

- 对话框；
- 用户界面元素（标签、警告、弹出框等）；
- 帮助文本；
- 操作说明；
- 任务日志。

音频：

- 音效；
- 背景音乐；
- 对话声音（人类、外星人、动物）；
- 环境的声音（流水声、鸟鸣声等）；

- 庆祝的歌曲。

视频：

- 电影开场介绍；

- 过场动画；

- 环境下的物体；

- 游戏关卡定义；

- 身体部分和服装选择；

- 物品（武器、车辆等）。

文档类型的缺陷不是使用错误代码所导致的结果。这类错误本身就在文件的数据里或者定义的常量中。随后，这些数据被代码语句或者函数调用，用于在屏幕上绘制文本、播放音频或者将数据写入文件。我们可以通过阅读文本、聆听音频、检查文件以及仔细观察图像来发现这类缺陷。

源代码中用来展示或者写入文件的字符串常量通常也是文档类型缺陷的潜在来源。当游戏有多国语言的选项时，直接将字符串常量放在代码中可能会导致缺陷。即使字符串在某国语言下显示正常，但如果玩家选择了另一国语言，则无法提供翻译版本。

本小节中的例子不再使用"隐身"技能的缺陷，让我们看看《卡米洛的黑暗纪元》（*Dark Age of Camelot*）1.70i 版本中修复的缺陷，这些缺陷出现在"新事件和缺陷修复"列表的末尾。

- 如果你受到了某种魔法的持续伤害，然后施法者死亡了，你应该看到"敌人攻击了你，使你受到 *x* 点伤害，但是敌人现在死亡了"，而不是垃圾信息。

这可能是一个文档类型的缺陷，代码可能没有为这条特定的信息提供文字或者一个空字符串，所以不能像新版本中那样展示正确的信息。当然也有可能是其他原因导致的。注意，这个问题是有条件的"……然后施法者死亡了……"，所以可能需要添加一个检查步骤来获取相关文本字符串。这里要记住一点，缺陷的描述通常不足以判断特定的缺陷类型，但是可以帮助缩小缺陷来源的范围。必须深入代码来确定缺陷是如何被引入代码中的。

- 对错误报告的提交消息、自动删除信息和严重错误信息进行语法修复。

这几乎可以肯定是文档类型的缺陷。这些东西出错不需要任何条件。这是语法错误，即提供展示的文本本身存在错误。

- 大师级破坏的研究不再错误地指围攻设备。

这个描述是指在游戏中为大师级破坏技能执行一个/delve 命令。这是一个文档类型缺陷，可以通过纠正文本来修复。还有一个可能性比较小的原因是，数组索引的指针错误导致研究大师级破坏技能的信息使用了其他类似技能的信息，这可能是一个赋值或者功能类型的缺陷。

3.2.8　接口

最后一个需要讨论的 ODC 缺陷类型是接口类型。在信息被传输或交换的任何地方，都有可能产生接口类型的缺陷。在游戏代码中，当一个模块调用另外一个模块的方式出错时，就会出现接口类型的缺陷。如果传递的参数和调用的程序所需的参数不匹配，则会出现不希望出现的结果。接口类型的缺陷可以通过多种方式引入。幸运的是，这些也属于逻辑范畴：

（1）调用函数的时候，用错了参数值；

（2）调用函数的时候，参数顺序不正确；

（3）调用函数的时候，漏掉了一个参数；

（4）调用函数的时候，使用了无效的参数值；

（5）调用函数的时候，使用了比特位颠倒的参数值；

（6）调用函数的时候，使用了比预期大的参数值；

（7）调用函数的时候，使用了比预期小的参数值。

下面我们来看看，以上逻辑如何造成"隐身"技能的缺陷。让我们使用本章前面提到过的 ShowDuration 函数，下面是这个函数的原型：

void ShowDuration(BOOLEAN_T bShow, int duration);

这个程序没有返回值，但有两个参数，第一个参数使用自定义的 Boolean 类型来判断是否显示时长值；第二个参数是 duration（持续时间）的值，如果该值大于 0，则显示该值。以下是发生接口类型缺陷的 7 种原因的示例。

1. ShowDuration(TRUE, g_vanishSpeed[level]);

在这个示例中，使用了错误的全局数组来获取持续时间（用了速度数组而不是持续时间数组）。这可能导致显示错误的值，或者如果该值为 0，就不显示。

2. ShowDuration(g_vanishDuration[level], TRUE);

我们假设#define 语句将 BOOLEAN_T 的数据类型定义为 int。所以在 ShowDuration 里面，持续时间的值（第一个参数）会和 TRUE 比较，然后 TRUE 值（第二个参数）会被当成数字来显示。如果持续时间的值和#define 定义的值不匹配，则不会显示任何值。此外，如果#define 定义的 TRUE 是 0 或者某个负数，那么也不会显示任何值，因为 ShowDuration 的规则是小于或等于 0 的持续时间值将不被显示。

3. ShowDuration(TRUE);

没有提供持续时间的值。如果 ShowDuration 程序里 duration 的局部变量的默认值是 0，那么不会显示任何值。

4. ShowDuration(TRUE, g_vanishDuration[level] | 0x8000);

这个示例里，没必要的花哨代码反而会带来问题。假设持续时间值的高阶位被用来判断是否显示时长的标志位，则必须设置。这个例子有可能是之前的实现方式所遗留下来的或者是试图复用其他函数的代码而导致的错误。与预期结果相反，它改变了持续时间值的符号位，使得该值变为负数。因为 ShowDuration 的规则是小于或等于 0 的持续时间值不被显示，所以不会显示任何值。

5. ShowDuration(TRUE, g_vanishDuration[level] ^ TRUE);

这个示例更加复杂，在持续时间的值上执行了异或（Exclusive OR）运算。和第 4 个示例类似，持续时间值的某个比特位被用来标识是否显示时长。本例中，TRUE 是 0xFFFF，这就会反转持续时间的所有比特位，导致传递的值变成了负数，从而改变了数值，又让它无法显示了。

6．ShowDuration(FALSE, g_vanishDuration[level+1]);

发生这种情况是因为假设第一个持续时间的值在数组中的索引是 1，并由此开始递增。当等级是 3 的时候，可能会导致持续时间为 0，因为 g_vanishDuration[4]没有被定义。这也会让持续时间不被显示。

7．ShowDuration(FALSE, g_vanishDuration[level−1]);

和第 6 个示例类似，技能等级与数组索引对应不上，这里假设了第一个持续时间的值在数组中的索引是 0。当等级是 1 的时候，它可能返回 0 值，这样持续时间将不会显示。

上面有些例子比较牵强，但是它们描绘了每个函数的每个参数可能成为一个定时炸弹的各种方式。一个错误的举动都可能会导致微小的、不容易发现的或者严重的接口类型缺陷。

3.3　测试执行

每当玩家玩游戏时，也相当于在对游戏进行测试。当玩家发现游戏里有问题时，就会留下不好的印象。发布 Beta 版本是为了明确测试目的。在 Beta 版本发布之前，游戏是否经过了大量的测试？为什么测试人员仍然可以发现问题？即使在游戏公开发布之后，测试仍然没有停止。游戏公司经常仓促地发布补丁来修复 PC 版本和在线网游的缺陷，但不幸的是，终端游戏发行商必须忍受缺陷，因为这些缺陷已经被烧录到游戏带或者 CD-ROM 里去了。移动开发者就要轻松多了，但是他们也得花时间修复缺陷，从而无法投入时间打造下一款热门手机游戏。即使是补丁也可能会遗漏缺陷或者产生新的问题，所以不得不发布一个新的补丁来补救。所有这些缺陷都避开了游戏公司的员工以及志愿测试人员的检测。

尽管游戏团队里的每个成员都尽了最大的努力，但游戏还是会容易出错。游戏出错是由某些缺陷引起的，这些缺陷正如本章中介绍的 8 种 ODC 缺陷类型所描述的：功能、赋值、校验、时间控制、构建/打包/合并、算法、文档和接口。

Memoirs of Constant 第 3 卷第 9 章中写道："……走私者和警察之间有很多共同点，走私者最厉害的就是知道如何藏匿，而警察最厉害的就是知道如何寻找。"本章展示了走私者（缺陷）藏匿的方式，希望这能让你成为一个更好的游戏测试警察。

3.4　练习

1．游戏测试是否重要？

2．对测试工程师而言，哪种缺陷类型最难发现？请解释原因。

3．请列出赋值类型的缺陷可能在模拟类游戏中出现的 5 个场景，例如《模拟人生》（*The*

Sim）或者《动物园大亨》（*Zoo Tycoon*）系列中的游戏。

4．列出 5 个可能出现在模拟类游戏中的算法类型缺陷。

5．下面的代码来自开源游戏《重返德军总部：深入敌后》（*Castle Wolfenstein: Enemy Territory*）。针对每一种 ODC 缺陷类型，标记可能是缺陷原因的行号（添加在括号内）。

```
/*
===============
RespawnItem
===============
*/
(0)  void RespawnItem( gentity_t *ent ) {
(1)       // randomly select from teamed entities
(2)      if (ent->team) {
(3)             gentity_t        *master;
(4)             int count;
(5)             int choice;

(6)             if ( !ent->teammaster ) {
(7)                 G_Error( "RespawnItem: bad teammaster");
(8)             }
(9)             master = ent->teammaster;

(10)             for ( count = 0, ent = master;
(11)                   ent;
(12)                   ent = ent->teamchain, count++)
(13)                   ;

(14)             choice = rand() % count;

(15)             for (         count = 0, ent = master;
(16)                   count < choice;
(17)                   ent = ent->teamchain, count++)
(18)                   ;
(19)      }

(20)      ent->r.contents = CONTENTS_TRIGGER;
(21)      //ent->s.eFlags &= ~EF_NODRAW;
(22)      ent->flags &= ~FL_NODRAW;
(23)      ent->r.svFlags &= ~SVF_NOCLIENT;
(24)      trap_LinkEntity (ent);

(25)      // play the normal respawn sound only to nearby clients
(26)      G_AddEvent( ent, EV_ITEM_RESPAWN, 0 );

(27)      ent->nextthink = 0;
}
```

6. 很有趣！让我们再对一个《重返德军总部：深入敌后》的例子进行第 5 题的操作。

```
/*
============
G_SpawnItem

Sets the clipping size and plants the object on the floor.

Items can't be immediately dropped to floor, because they might
be on an entity that hasn't spawned yet.
============
*/
(0)  void G_SpawnItem (gentity_t *ent, gitem_t *item) {
(1)      char *noise;

(2)      G_SpawnFloat( "random", "0", &ent->random );
(3)      G_SpawnFloat( "wait", "0", &ent->wait );

(4)      ent->item = item;
(5)      // some movers spawn on the second frame, so delay item
(6)      // spawns until the third frame so they can ride trains
(7)      ent->nextthink = level.time + FRAMETIME * 2;
(8)      ent->think = FinishSpawningItem;

(9)      if(G_SpawnString("noise", 0, &noise))
(10)         ent->noise_index = G_SoundIndex(noise);
(11)     ent->physicsBounce = 0.50;           // items are bouncy

(12)     if(ent->model) {
(13)         ent->s.modelindex2 = G_ModelIndex(ent->model);
(14)     }

(15)     if ( item->giType == IT_TEAM ) {
(16)         G_SpawnInt( "count", "1", &ent->s.density );
(17)         G_SpawnInt( "speedscale", "100", &ent->splashDamage );
(18)         if( !ent->splashDamage ) {
(19)             ent->splashDamage = 100;
(20)         }
(21)     }
}
```

第 *4* 章

软件质量

软件质量可以通过产品执行预期功能的程度来确定。对于游戏软件，还包括用户体验的质量和游戏功能的实现程度。我们可以执行各种操作来评估、衡量和提高游戏质量。

在《质量免费》（*Quality is Free*）一书中，Philip Crosby 提出："质量是免费的。"这应该是你的软件质量的主要理念。如果执行质量保证的投入产出比太低，那么寻找一种花费更少或者相对更好的方法。如果做不到的话，那就停止投入。

4.1 影响游戏质量的因素

不同的玩家可能会有不同的标准来决定一个游戏是否是"好"游戏。对于很多游戏玩家，下面的一些质量因素可能非常重要：

- 游戏剧本的质量；
- 游戏机制的质量；
- 游戏中的音效和视觉效果的质量，例如风格、真实程度；
- 下载和更新体验的质量；
- 视觉风格的美观质量；
- 幽默和夸张手法的使用质量；
- 非玩家角色的人工智能（Artificial Intelligence，AI）质量。

此外，游戏应该有一个易于使用和理解的交互界面。这包括游戏期间屏幕上显示的图形用户界面元素，也包括为玩家操作和影响游戏而提供的游戏操控。用户界面由多个元素组成，例如屏幕显示和菜单。游戏操控包括玩家在游戏中控制和操作他们的角色（或者团队、汽车、军队等）的方式，也包括设置视角镜头和灯光控制游戏体验的方式。一款游戏也应该同时支持各种特别适合游戏类型的控制器，例如空战游戏里的操纵杆、音乐游戏里的吉他、赛车游戏里的方向盘。

为用户提供高质量体验的另一个因素是确保游戏代码和静态素材与目标平台的内存约束兼容。这包括游戏正常运行所需的可用工作内存，也包括支持的目标媒介（如 CD-ROM、DVD、电子下载或虚拟现实内容）的大小、数量和类型。

更高的内存需求可能会影响游戏性能，因为在游戏运行过程中切换内存里的游戏素材将花费时间。如果终端、计算机或者移动设备从远程服务器上加载素材，就非常影响体验。如果游戏代码和素材不适合最便宜设备的内存空间，那么游戏的市场和潜在的利润就会降低。

手持设备和终端设备的内存不像计算机一样可以升级。游戏必须符合板载芯片、可卸载的记忆卡或者支持的硬盘设备的内存限制。由于手机的固定和可移动内存的限制，手机游戏有着更多的限制，并且随着游戏的缺陷修复和版本更新，往往会消耗越来越多的内存。移动和终端游戏玩家的设备很可能到达内存的限制值，为了下载更加吸引眼球、更加闪亮的新游戏，就不得不删除不常玩的游戏。

游戏开发周期中，"代码处理"得越晚，付出的成本就越高。这样不仅会增加人工成本，而且为了适配目标媒介或者内存空间，需要压缩游戏代码或者转换素材的格式，可能会在项目后期引入新的难以发现的缺陷。这会给开发、项目管理、缺陷追踪、版本控制和测试带来额外的负担。

4.2　游戏质量鉴定

游戏设计和后续的代码实现决定了游戏的实际质量。然而，要确定生产的是什么和应该生产什么之间的差异，质量鉴定工作是必不可少的。一旦确定了差异，就可以在游戏发布之前（有时候是发布后）修复这些差异。

测试被认为是一种鉴定工作，它能确定游戏代码是否执行预期的功能。但是测试并不是找到游戏缺陷的最经济的方法，最好的方法是在引入缺陷的同时拦截它们。

让同事在游戏制作过程中评审游戏的可交付成果，可以在缺陷被引入并与游戏的其他部分混合之前，找到即时反馈和修复缺陷的机会。在项目的后期，发现和修复这些缺陷将变得更加困难和昂贵。

同行评审（peer review）有多种方式。在每种方式下，都有一些时候需要测试工程师参与。如果你没有投入必要的时间和精力为评审做出贡献，那么你和你的团队将来就不太可能再被邀请参与评审，所以当轮到你的时候，确保你能认真负责。

4.2.1　走查

走查（walkthrough）是同行评审的一种形式。以下是一次走查的通用大纲：

（1）组织者（例如设计师）定好一个会议室，然后安排走查活动；

（2）会议开始时先由组织者概述工作内容，包括范围、目的和特殊考虑事项；

（3）组织者展示和呈现文件文本和图表；

（4）参与者提出问题；

（5）走查过程中提出的新问题将在会议期间记录下来。

会议室应该足够大，可以容纳参会人数，并配备一台投影仪进行演示。组织者或者参与者用白板或者纸板详细地说明问题或者答案。参会人数限定在 6～8 人。走查活动不应该成为一个团队会议，只需包括项目中会被走查工作影响的角色代表。例如，在大多数代码设计走查中，美术团队的人不需要参加，但是当在演示图像子系统设计的时候，应该有一位经验丰富的游戏美术师在场。不用邀请测试主管参加影响测试团队的每一个走查活动，否则，游戏知识和走查经验就不会传承给其他的测试工程师。而且这也会让测试主管耗费太多时间在走查上，从而没有时间主导测试工作。和测试主管一起找到测试团队中其他有能力的代表。如果你就是测试团队的主管，尽你所能从团队中找一个有能力的人来代替你参加走查活动。

确保邀请一位或多位开发工程师参加测试的走查。这是一个很棒的方法，能帮你找出你想要测试的内容是否真的是游戏开发后所实现的内容。相对地，设法参与设计和代码走查的活动，借此你可以温习你们团队正在使用的设计技术和编程语言。即使你对改善工作没有任何建议，但是你可以使用你学到的东西来改进你的测试技能。

还有一个不错的主意，将走查活动当作指导或者培养团队成员的机会。"被邀请的人"应在会议期间将自己的问题和评论内容限制在所提交的材料范围以内，并与"主持人"有一段时间的后续跟进，以讨论有关程序、设计方法的使用等问题。不用每个走查活动都这样做，除非遇到那些已经了解话题背景，或者将会成长为项目某部分领导的人。

下面是一个根据不同的项目工件，需要考虑邀请的走查活动代表清单。

- **技术设计文档**（Technical Design Document，TDD）：技术主管、美术总监、制作人、项目经理。
- **故事脚本**（storyboard）：制作人、开发主管、美术代表。
- **软件质量保证计划**（Software Quality Assurance Plan，SQAP）：项目经理、制作人、开发主管、测试主管、质量保证主管和工程师。
- **代码设计、图形**：关键开发人员、美术代表、测试代表。
- **代码设计、其他**：关键开发人员、测试代表。
- **代码**：关键开发人员、关键测试人员。
- **测试计划**：项目经理、制作人、开发主管、关键测试人员。
- **测试**：功能开发人员、关键测试人员。

在走查活动中涉及的相关主题包括：

- 可能的实现方式；
- 交互；
- 适用范围；

- 对早期产品的追溯；
- 完整性。

走查期间提出的问题需要记录下来。有时候，演讲者只需简单地谈论他的作品，就会意识到自己的错误。走查活动为发现错误提供了一个机会。一位参与者充当记录员，记录对理解材料至关重要的问题和演示要点。其他参与者最终可能会将这些信息作为后续工作的依据，例如编程或者测试。组织者负责在走查活动结束后的一个礼拜内及时解决每个问题并将会议记录分发给团队。基于走查中的材料和发给参与者的会议记录，质量保证人员应该确保在其他工作完成之前，通过检查存在的问题是否已经解决来跟进。

4.2.2 评审

比起走查，评审（review）更偏向内部。参与的人数也更少（通常为 4～6 人），并且大部分时间都花在评审者的意见上。

评审者在评审会议开始前准备好自己的意见，并将其提交给评审组长，以便在会议开始之前将所有意见整理合并。使用电子方式发送意见易于编辑和理解。确保让评审组长知道你什么时候要提交一个纸质文件而不是电子文件。评审组长有可能是被评审材料的作者，也有可能不是。

评审本身可能是一场作者和审查者之间的会议。或者更简单地，作者可以独自评审意见，如果遇到问题，再单线联系评审者。有一个折中的方式，作者在会议开始之前仔细检查评审者的意见，只讨论作者和评审者意见不同或者有问题的地方，这样可以缩短会议时间。评审工作也可以通过网络会议或者电话会议进行。这对于分布于不同工作地点和工作时间的工作室中的项目尤其有用。

在会议中，必须有人（通常是评审组长）做会议记录，并向团队公布每个项目的解决方案。如果评审者的意见和作者的意见相左，技术上的决策就交给作者来决定，而程序问题就交给质量保证人员来解决。

4.2.3 基于清单的评审

另外一种评审的形式发生在两人——作者和某位评审者之间。在这个形式中，评审者根据清单来寻找作者作品中的问题或者纰漏。清单必须齐全，并且基于同类型作品的通用模板。需求评审、代码评审、测试评审都将使用不同的清单。有时候，甚至对整个游戏项目制定一个清单都是合适的。清单需要持续更新，包括新出现的错误类型。在评审清单的时候发现的错误，如果没有在清单里，就应该记录下来以便下个版本使用。技术、人员和方法的变动都会导致新的事项被添加到清单里。

4.2.4　审查

审查（inspection）是比评审（review）更结构化的工作。范根审查法（fagan inspection）是一种特殊的审查方法，很多其他的审查方式都衍生于此。它是由 Michael Fagan 在 20 世纪 70 年代基于他在 IBM 的工作，开发出来的一种软件质量控制方法，目前是范根无缺陷流程中的一部分。

一次范根审查包括如下步骤：

（1）计划；

（2）概述；

（3）准备；

（4）会议；

（5）修订；

（6）跟进；

（7）因果分析。

审查会议局限于 4 个人，每次会议不超过 2 小时。工作量过大就需要拆成多个会议。这个指导方针是基于超过限制会降低效率的数据的。如果你不清楚你的审查效率，例如每小时审查的代码页数或每小时审查的代码行数，那么先审查最初的 10 页或者 10 行。然后用这些结果来评估下你的检查效率，再来计算未来的审查需要多少个会议。

在范根审查法中，每个参与者在审查材料时都扮演一个特定的角色。主持人（不是作者）组织审查会议并检查材料是否满足预定标准。与清单评审一样，你需要为审查不同的事项制定不同的标准。一旦满足了标准，主持人就安排审查会议，在会议开始前，还有一个"概述"会议，这是为了与其他参与者讨论审查范围和目的。同时，在概述会里，也可以回答参与者的问题。通常，概述会和正式的审查会议之间有两个工作日的时间。这给了审查者充分的准备时间。

在审查会议中，每个审查者都扮演了特殊的角色。解读者（reader）应该对所审查的材料进行改写，其目的是传达读者理解的任何隐藏的信息或者行为，以查看其是否和作者的想法匹配。例如，下面是一行要解读的代码：

```
LoadLevel(level[17], highRes, 0);
```

你可以只说"调用 LoadLevel 函数，参数是 level[17]、highRes 和 0"。对于审查，更好的解读应该是"调用 LoadLevel 函数，而不检查返回值。使用常量 17 作为关卡数组索引，其他两个参数使用 highRes 变量和一个硬编码的 0"。第二种解读提出了以下潜在的问题。

（1）LoadLevel 的返回值没有检查。它应该返回一个值来指示成功，或者返回一个关卡的编号来验证你想加载的关卡是否真的已经加载。

（2）关卡编号使用常量索引可能不是一个好的实践方法。关卡编号难道不是应该来自传给含有这段代码的程序的参数值吗？或者说难道 17 不应该用一个更加有描述性的变量名吗？例如 HAIKUDUNGEON，以防未来发生变化导致关卡的编号重新排序。

（3）0 值未提供有关其函数或分配给它的参数的解释。

通过解读测试用例你可以得到类似的结果。让其他人逐字逐句地理解你的测试步骤可能得不到你想要的结果。

测试工程师不必一定来自测试团队。扮演这个角色的人会质疑被审查的材料是内部一致还是和项目文档里的一致。如果测试工程师能预见检查的材料如何才能和项目其他部分匹配，以及如何进行潜在的测试，那就更好了。

记录者详细记录下审查过程中提出的问题。记录者是第二个角色，可以由 4 个参与者中的任何一个人担任。让解读者扮演记录者的角色不是最好的选择。你可能会发现主持人扮演记录者是最好的。主持人还可以通过限制只讨论手上的材料，来帮助维持会议的正常进行。

会议过程中，参与者不应该被自己的角色约束。他们必须参与讨论潜在问题或者解读材料。一次成功的审查会唤醒"幻影审查员"。它不是一个真实存在的人，也不是幽灵，而是一个术语，用来解释审查组提出的额外问题的来源，这些问题来源于检查团队里所有角色的通力合作。

当会议结束后，主持人会判断检查的材料在验收通过之前是否需要修订。他会继续和作者合作，跟进这些问题直到修复完毕。根据修改的规模和复杂度，可能需要进行额外的审查。

这个过程的最后一步是对产品（被审查的事项）故障和审查过程（概述、准备、会议等）中的问题进行因果分析。讨论出现的问题，例如如何让概述更加有帮助，或者要求在提交代码审查之前，设置更加严格的编译标志位，来找出某个代码缺陷。

4.3　游戏标准

确定项目工作产品遵循正确的格式是质量保证团队众多职责中的一个。这包括了确保游戏遵循任何适用的标准。用户界面标准和编码标准是适用于游戏软件的两种标准。

4.3.1　用户界面标准

用户界面标准有助于玩家认同你的游戏体裁。

以下是从 Rob Caminos 在 2004 年游戏开发者大会（Game Developers Conference，GDC）关于"跨平台用户界面开发"的演讲中总结的一些用户界面标准的例子。作为质量保障功能的一部分，你需要对相关界面做一些检查来确保它们的特性和特征符合标准。

（1）文本应该使用大字体和粗字体，甚至不惜多加一页（空间换体验）。

（2）让所有字母的字体大小一致。

（3）避免使用小写字母，相反，使用小一号的大写字母。

（4）在有些地方使用空心字。

（5）虚拟键盘的外观应该和真实键盘的相似。

（6）虚拟键盘上的字母应该使用字母顺序排列，不要使用 QWERTY……顺序排列。

（7）将字母、符号和重音符拆成 3 种不同的虚拟键盘。

（8）完成、空格、回退、大小写、字符集切换等常见功能应该在游戏手柄上有对应的按钮。

（9）手柄上左右肩上的按钮应该对应键盘上的空格和回退功能。

（10）每个菜单都应该占有一屏。

（11）鼠标指针在当前选中的菜单项上应该足够吸引人的注意力。

（12）避免横向菜单。

（13）纵向菜单不要超过 6～8 个菜单项，每项都要有对应按钮。

（14）菜单应该循环展示，让用户能循环浏览菜单选项。

（15）给文本的本地化翻译留下空间。（在一些语言中，例如德语，比起游戏原生语言，每个单词可能需要更多的字母。）

（16）把按钮放在功能的旁边，而不是用一条线来连接。

（17）标记出和手柄位置对应的按钮图标。

（18）把手柄上拇指摇杆功能和按钮功能区分开来。

另外的一些标准可以适用于一致的键盘功能分配（F1 始终是帮助按钮）或者游戏手柄选项的灵活性（应始终有一个按钮可以直接激活或者关闭振动反馈）。

你的标准清单可以用作每个界面的检查表。这份检查表应该还包括其他信息，例如质量评估（Quality Assessment，QA）人员的名字、评估的日期、被检查的软件构建的名字和标识符以及屏幕界面的名称。不要等到 UI 代码已经完成，推到发布版本后才来检查。和开发工程师一起来验证他们的 UI 设计是否符合标准。有些检查也会发生在游戏发布之后，来验证实现是否和预期一致。这可能包括一套专门检查每个 UI 代码是否满足标准的测试。

你可能发现以上说的某些事项对你测试的游戏很有意义，有些则不然，因此使用对你和你的客户有帮助的标准即可。重要的是，必须有标准可遵循，对于标准里包含的每个事项都有据可依，并且要阶段性地检查团队是否遵循标准。

4.3.2　编程标准

编程标准可以避免在编写游戏代码时引入缺陷。通常可以用编程标准解决的一些主题包括：

- 文件命名规范；
- 头文件；
- 注释和缩进样式；
- 宏和常量的使用；

- 全局变量的使用。

很多批评者认为，编程标准过多地关注了代码格式而非其本质。但是另一方面，开发工具公司持续不断地提供越来越多的使用视觉手段的编程辅助工具，这肯定是有某种原因的。当然，两者心里都有同样的目标：帮助开发工程师在第一时间生成正确的代码。

但是，编程标准不仅仅指代码格式。很多规则都是为了解决诸如可移植性、清晰性、模块性和可复用性等重要问题而设计的。这些标准的重要性会在跨团队、跨工作场所、跨国家的合作项目中被放大。没有比追踪一个团队定义 SUCCESS 为 0，而另一个团队定义 SUCCESS 为 1 所造成的缺陷更无趣的事情了。

下面是来自 Computer Associates Ingres 项目的 C 语言编程标准的一些摘要。

- 不要使用常量来检查与设备相关的范围或者值，请使用符号（例如，使用 UNIT_MAX，而不是 4294967295）。
- 常量的类型必须和它们的用法匹配。例如，某个程序需要一个 long 类型的参数，那么传递给它的常量 1 应该定义为((long)1)。
- 不要使用字面上的 0 作为 NULL 的指针值。
- 声明新类型的时候使用 TYPEDEF，而不是#define。

作为一名测试工程师，你应该意识到，这些标准可以在某些情况下提供代码出错的线索。举个例子，如果设备相关的范围值是硬编码的，你就会看到代码在一种设备上错误，而在另一种设备上正常。所以，当功能依赖的数值是与设备相关的时候，应该在不同的设备上进行测试。

QA 角色的职责是检查程序员是否将编程标准应用于他们的代码。通常从游戏代码中抽取样本文件，然后根据适当的标准进行手动或者自动检查。如果你的 QA 工作代表游戏发行商或者第三方的 QA 组织，你还可以要求取得访问程序员标准、工具和文件的权限。另外，你可以要求开发团队提交证据，例如打印资料，来证明他们自己检查过。

4.4 游戏质量测量

一个"好"的游戏软件有多好？代码中的缺陷数量当然与此有关。同时团队在产品中发现缺陷的能力也是一个需要考虑的因素。"西格玛水平"（sigma level）建立了游戏代码相对于其大小的缺陷率；而"阶段控制"则提供了一个指标，代表团队从源代码中发现缺陷的成功程度，使得更少的缺陷遗漏到客户的代码中。

4.4.1 六西格玛软件

"西格玛水平"是确立游戏发布质量目标的一种方式。对于软件，测量方法基于每百万行代码出现的缺陷数量，不包括注释［也被称为"非注释的源码行数"（Non-Commented Source Lines，NCSL）］。为了平衡各种语言（例如 C 语言、C++、Java、Visual Basic 等）不同的抽象程度，"代码行数"（lines of code）测量经常被标准化为汇编等效代码行数（Assembly-Equivalent Lines Of Code，AELOC）。每种编程语言的抽象程度反映在其倍数上，例如，每一行 C 语言代码，通常被视为相当于 3～4 个 AELOC，而一行 Perl 代码大约是 15 个 AELOC。最好基于特定的开发环境来计算这个系数，并将它用于你将来需要做出的任何估计或预测。如果你在游戏中的不同部分使用了不同的编程语言，只需把每部分的代码行数乘以对应的语言系数即可。

注意

　　汇编代码是计算机、游戏主机、便携式游戏设备或者手机上的微处理器能理解的低级指令。"汇编等效"（assembly-equivalence）指的是通过编译游戏代码，把编程用的语言编译成汇编语言之后的行数。

　　表 4.1 显示了在三西格玛和六西格玛之间实现软件质量测量的缺陷率。六西格玛（平均每百万行代码中只有 3.6 个缺陷）通常被认为是非常优秀的结果，能进入 5.5 西格玛范围就非常不错了。你可能会认为除非是为 NASA 编写软件，否则不可能超过一百万行代码，但是请记住，即使是移动版游戏也可能有 10 万行或更多行代码。

表 4.1　不同规模的交付软件的西格玛表格

每 AELOC 发生的缺陷（在已发布版本中）				西格玛值
20,000	100,000	250,000	1,000,000	
124	621	1552	6210	4.0
93	466	1165	4660	4.1
69	347	867	3470	4.2
51	256	640	2560	4.3
37	187	467	1870	4.4
27	135	337	1350	4.5
19	96	242	968	4.6
13	68	171	687	4.7
9	48	120	483	4.8
6	33	84	337	4.9
4	23	58	233	5.0
3	15	39	159	5.1
2	10	27	108	5.2
1	7	18	72	5.3
	4	12	48	5.4
	3	8	32	5.5
	2	5	21	5.6
	1	3	13	5.7

续表

		每 AELOC 发生的缺陷（在已发布版本中）			西格玛值
			2	9	5.8
			1	5	5.9
0	0	0		3	>6.0

计算西格玛值的时候不要糊弄自己，不要只考虑你所知道的产品中公开的缺陷。这样可能会被认为测试做得很糟糕，如果测试人员没有发现仍然存在于游戏中的大量缺陷，那么也无法反应用户的体验。需要统计的缺陷必须包括你所知道的尚未修复的缺陷、玩家发现的任何缺陷，以及你对软件中尚未修复的缺陷的预测。最好等游戏发布 6～18 个月之后再来计算你的西格玛值。如果在那之后你仍然得到了不错的结果，就用同样的方式在其他项目上操作，沿用"正确"的操作，同时修复"错误"的操作。如果西格玛值的结果很糟糕，那么仔细看看可以做哪些改变，以免重蹈覆辙。你可以先回顾下项目期间 QA 发现的不合格事项。

4.4.2 阶段控制

阶段控制是指在项目不同阶段，故障一旦被引入就被发现的能力。阶段控制有效性（Phase Containment Effectiveness，PCE）是衡量该能力的指标。

在引入故障的阶段发现的故障称为阶段内（in-phase）故障或者"错误"。如果引入的故障在该阶段内没有被捕获，那么就认为该故障遗漏并变成"缺陷"。原则上，如果后续的工作基于有故障的事项，那么就会发生缺陷。想想电影《摇滚万岁》（*Spinal Tap*）中 18 英寸（1 英寸=0.0254 米）高的巨石阵从天花板上落下的场景。这本是可以避免的（但没那么有趣），只要有人注意到给雕塑家的草图上的尺寸是以英寸而不是英尺为单位的。（这里的喻意是，因为给错了单位，雕塑家做了一个 18 英寸的巨石阵模型道具，结果后续的表演只好使用这个道具，但其实应该做 18 英尺的道具。）

错误通常是在评审、走查或者审查的时候发现的。缺陷通常在测试之后被发现，或者被对产品不满意的客户发现，也有可能在下游工作产品评审时被发现。例如，代码审查发现的问题有可能是设计或者需求错误导致的结果。因为已经根据故障完成了其他工作，所以这是一个缺陷。

我们通常使用每个开发阶段发现的故障来追踪和报告 PCE。将每个阶段发现的故障整理成列。因为需求阶段还没有开始编程，所以没有代码故障。某个阶段的 PCE 等于该阶段内的故障数量除以所有阶段发现的故障数量之和。从图 4.1 所示的数据可以看出，设计阶段的 PCE 是用设计阶段中发现的故障数量 93 除以所有阶段发现的故障数量之和 123（93+6+24=123）计算得出的，所以结果就是 93/123= 0.76。图 4.2 汇总了每个阶段代码的 PCE 值。

或者，可以将测试结果分成单独的类别，如图 4.3 所示。这些额外的类别不会影响 PCE 的值或者图表，但是如果不同的发布类型使用了不同的系统或者类目，那么收集数据就方便多了。这些数据也能帮助团队了解是否需要额外的测试，随着更多的缺陷被发现，PCE 值也会减小。

在图 4.3 里没有 Beta 测试的数据。因此，需求阶段、设计阶段、编程阶段的 PCE 值仅代表最大可能值。Beta 测试中发现的新缺陷会加入这些阶段，并减小相应的 PCE 值。

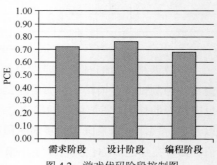

图 4.2   游戏代码阶段控制图

产生的阶段	故障被发现的阶段					PCE
	需求阶段	设计阶段	编程阶段	TEST		
需求阶段	114	27	4	15		0.71
设计阶段		93	6	24		0.76
编程阶段			213	105		0.67
合计	114	120	223	144		

图 4.1   游戏代码阶段控制数据

产生的阶段	缺陷被发现的阶段							PCE
	需求阶段	设计阶段	编程阶段	TESTING				
				开发测试	演示	Alpha版本	Beta版本	
需求阶段	114	27	4	11	3	1		0.71
设计阶段		93	6	19	5	0		0.76
编程阶段			213	90	10	5		0.67
合计	114	120	223	120	18	6	0	

图 4.3   游戏代码带有测试类目扩展的阶段性控制数据

如果这一实践有助于了解团队在游戏代码中捕获缺陷的能力的话，那么也应该被运用到测试工程师的工作中。图 4.4 所示的是测试交付的 PCE 数据的例子，图 4.5 所示的是相对应的控制图。

产生的阶段	缺陷被发现的阶段					PCE
	设计阶段	脚本编写阶段	编程阶段	执行阶段		
设计阶段	211	56	23	7		0.71
脚本编写阶段		403	37	16		0.88
编程阶段			123	24		0.84
合计	211	459	183	47		

图 4.4   游戏测试阶段控制数据

执行阶段测试的 PCE 数据显示，有一些测试阶段发现的故障是之前没有注意到，直到在游戏代码上运行测试才发现的。运行测试的工程师可能会把这个问题认为是一个测试阶段的缺陷，或者可能是一个编程阶段的缺陷。分析和重新测试之后，发现其实是测试方法或者测试用例有问题，代码没有问题。你可以想象与在发布测试之前就发现缺陷相比，这需要花费多少额外的时间。

记住，这不是衡量测试执行得多好的标准。这是测试设计、脚本或者代码中捕获故障的能力的标准。任何在这些活动中发现的错误都需要在最终被发

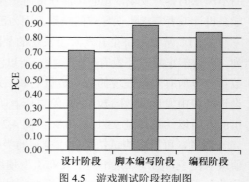

图 4.5   游戏测试阶段控制图

现时予以修复。未被发现的测试错误会影响游戏本身的质量。一个缺失的测试或者一个检查错误结果并成功的测试，会把缺陷直接带给付费的用户。

和西格玛水平值一样，寻找提高 PCE 的方式。如果你对所有的阶段可以 100%控制，那么你只需要运行一次测试并且所有的测试都会成功，你的客户也不会发现任何问题，而你也不需要发布补丁。想想能节省多少时间和金钱吧！既然 PCE 是衡量产生故障和发现故障能力的标准，那么你可以在开发阶段和测试阶段解决 PCE 值较小的问题。程序员可以提高避免引入故障的能力。测试工程师和 QA 可以提高检测故障的能力。这两种情况下，以下的策略都可以用来解决PCE 值较小的问题：

- 提高对相关主题的认知，提供相关培训；
- 让团队中成功的成员为不太成功的成员提供指导；
- 记录成功人员所使用的方法，并在整个团队中使用这些方法；
- 提高对现有方法和标准的依从性；
- 添加通过设计有助于防止故障的标准；
- 添加在创建过程中运行的校验工具，例如代码高亮和语法提示的编辑器；
- 添加在创建过程之后运行的校验工具，例如更强的编译器和内存泄漏检查工具。

4.5　质量保障计划

每个游戏项目都应该为如何在项目期间监控和跟踪质量建立自己的计划。计划通常记录在 SQAP 中。SQAP 不包含任何与测试相关的信息，这涵盖在游戏的软件测试计划里。SQAP严格关注对产品和过程质量问题的独立监控和纠正。它应该涉及以下主题，我们会在后面详细讨论：

- QA 人员；
- 产品使用标准；
- 将进行的评审和审计；
- 将生成的 QA 记录和报告；
- QA 问题报告和纠正措施；
- QA 工具、技术和方法；
- QA 指标；
- 供应商控制；
- QA 记录的收集、维护和保留；
- 必需的 QA 培训；
- QA 风险管理。

本书配套资源

本书配套资源中有一份 SQAP 的模板文档，文档中包含了上面大纲里的元素。

4.5.1   QA 人员

本小节从介绍 QA 团队的组织架构开始，例如一线的 QA 工程师为谁工作，QA 主管向谁汇报。QA 的汇报线独立于游戏开发团队负责人，这有助于在项目中建立一条升级 QA 问题的路径和确认应该培养和维护哪些关键关系。QA 主管和开发主管之间融洽的关系会对 QA 团队和开发团队产生积极影响。

描述 QA 团队每个人在项目中的主要角色，尽可能具体地列出每个人将参与的活动种类。如果某人负责根据公司的 UI 标准审核用户交互界面，那就给出说明。如果另外一个人打算抽样选择代码，并用静态代码分析工具检查代码，也给出说明。用一个列表或者表格来记录这些信息。

严格来说，QA 和测试具有不同的职能。QA 更加关注审计、追踪和报告；而测试是开发和执行测试用例，并不懈努力地寻找游戏运行的缺陷。然而，根据你的游戏项目团队的规模和技术，你可能没有单独的 QA 和测试团队。但是即便部分或全部员工同时参与这两种工作，最好还是把两个计划分开。

4.5.2   标准

本小节会探讨两种类型的标准：产品标准和流程标准。产品标准适用于作为游戏项目一部分的产品功能，包括代码、图形、打印材料等。流程标准则应用于生产事物的方式，包括文件命名规则、代码格式规则和维护不断更新的项目文档（例如技术设计文档）。记录所有适用的标准及其适用的项目，然后描述 QA 团队是如何监控它们并跟进任何差异的。

4.5.3   评审和审计

QA 执行的评审类型和开发工程师或者测试工程师对代码或者测试设计所做的评审类型不同。QA 评审通常由一个 QA 工程师根据某种参考信息（如检查表或标准）对工作产品或正在进行的过程进行评估。QA 评审和审计跨越了游戏项目中的所有阶段和类别。

项目文档、项目计划、代码、测试、测试结果、设计和用户手册都是 QA 评审的候选项。QA 还需要审计团队使用的工作流程，这些包括代码审查流程、文件备份流程，以及使用工具衡量游戏的网络性能。

对流程的结果也需要进行评审和审计，例如检查表单的必填项是否都使用正确的数据类型填写，以及是否已经获得必需的签名。另外一种审计方式是观察运作的流程。这是审计同行评审、测试流程和每周备份的一个不错的方式。发生频率低的流程，例如从备份中恢复项目文件，可以由 QA 发起，以确保在需要时该功能可用。

　　QA 本身也需要受到单独的评审（规则 2）。如果同时有多个游戏项目进行，每个项目的 QA 团队可以评审其他团队的工作并提供反馈和建议，确保他们是按 SQAP 工作的。如果没有其他 QA 团队存在，你可以邀请其他职能团队（例如测试、美术或开发团队）的人使用检查表来评审你的 QA 工作。

　　在 SQAP 里确定的 QA 活动应该排到日程上，以确保 QA 人员有时间完成他们签署的所有活动。这些活动也应该和整个项目计划和时间点相协调，这样你才能指望要被审计的工作作品或者活动在你计划审计它们时可用。

　　按计划进行的 QA 活动会打扰其他人工作，例如恢复备份或者坐在某人旁边评审一整个月的技术设计文档更新。所以，QA 活动应该纳入整个项目计划，这样受影响的人能留出适当的时间来准备和参与审计或者评审工作。对于诸如坐在某人旁边评审代码的活动就没有必要，因为无论你是否在场，代码评审的工作都会进行。

4.5.4　反馈和报告

　　SQAP 需要记录下软件质量保障（Software Quality Assurance，SQA）活动会生成哪些类型的报告，以及当时是如何进行沟通的。报告还需要包括与计划相对应的 SQA 活动的进展和状态，这些会和 QA 团队汇报结果的频率和汇报方式一起记录在 SQAP 中。需要频繁关注的事项应该定期报告，而不需要频繁审计评审的事项可以在较长的时间间隔内进行汇总。例如，QA 团队可能每周做一次测试结果审计的报告，而每季度做一次备份和恢复流程审计的报告。测试结果审计将在测试开始后不久开始，并持续到项目结束。一旦开发工作开始，备份和恢复审计就可以更早地开始。

　　SQA 报告可以是正式的或者非正式的。一些报告可以通过电子邮件发送给团队，而另一些累积起来的季度结果可以在项目质量评审会议上向公司管理层汇报。

4.5.5　问题报告和纠正措施

　　SQA 不仅仅是为了让 QA 工程师满意。SQA 的意义在于为项目团队提供一个反馈循环，以使他们更加认真地用正确的方法做事。这包括保持重要记录和文档的完整性和最新性。引导团队或者整个游戏公司确定哪些流程可以使得工作作品收益最大是 QA 的职责。当某个 SQA 活动中发现有不符合规定的情况出现时，就会生成一个问题报告。

　　问题报告和测试时发现软件缺陷的缺陷报告非常类似。问题报告中应该明确哪个组织或者个人需要对此事负责并描述解决问题的时间表。SQAP 应定义问题报告中不符合规定的问题应该包含的数据和统计资料，以及与项目团队一起评审这些数据和统计资料的方式和时间。

　　不幸的是，历史已经证明，某些项目成员不太愿意花时间去解决 SQA 问题，因为他们有自己的"真正工作"要做，例如开发、测试、美术等。因此，定义升级未解决的 SQA 问题的标准和流程就非常有必要。类似地，在产品中，对于游戏团队无法修复的产品（如软件工具或用户手册）也应该有一种明确的解决方式。

除了一次解决一个合规性问题，SQA 也需要寻找导致消极趋势或者负面模式的原因，并找到方法去逆转这些趋势或模式。这包括进程问题（例如进度延误）和产品问题（例如游戏静态资源所需内存超出预算）。SQAP 应该把 QA 团队检测和处理此类问题的方式记录下来。

4.5.6　工具、技术和方法

就像开发和测试一样，QA 团队也可以从工具中受益。因为 QA 项目计划和跟踪需要与项目其他部分协调，所以最好和游戏项目其他团队使用相同的项目管理工具。同样地，跟踪在 QA 审计和评审中发现的缺陷应该在用于代码和测试缺陷的相同系统下进行。QA 问题的输入和处理可能需要不同的模板或者纲要，这会降低团队的软件许可和操作的成本，并使团队的其他成员更容易访问和更新 QA 问题。

一些统计方法可能有助于 QA 分析项目和处理结果。这些方法中的许多在工具中都有支持。这些工具和方法也应该在 SQAP 中明确说明。例如，帕累托图（直条构成线图）按降序绘制结果列表。最左边的一条是最常见的项目，这些是你应该首先花时间解决的问题。如果你成功修复了这些问题，那么数字会减小，其他问题将取代图左侧的问题。你可以一直处理图左边的问题，因为总会有一个问题出现在左边，这有点像清理你的车库。在某个时间点，你可以决定结果已经"足够好"，可以继续去改进其他的结果了。

图 4.6 所示的是每个主要游戏子系统中每千行代码发现的缺陷数量的帕累托图的例子。这个图的目的是确定哪部分代码使用新的自动校验工具收益最大。因为相关的新技术（例如采购、培训、使用工具的额外投入等）都存在开销，所以应该将其用于影响最大的地方。在本例中，从渲染代码开始。

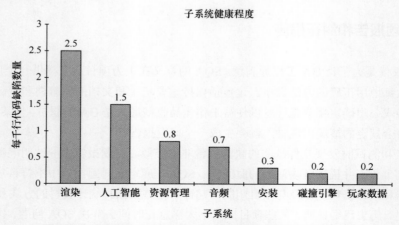

图 4.6　每个主要游戏子系统每千行代码发现的缺陷数量的帕累托图

另外一个有用的软件 QA 方式是绘制产品或者流程结果的控制图。控制图展示了一组数据的预期平均值和"控制界限"边界线。控制界限之外的任何项目都超出了值的范围，这表明这些项目来自与其余数据相同的流程。这就像你有一台以某种方式在金属上压印正方形的设备，但是偶尔会出现一个迥然不同的形状。作为一名 QA 人员，如果你有足够的好奇心，你会想去了解为什么偶尔会出错。对于软件里出现"稀奇"的情况也是如此。控制图告诉我们，有些结果需要调查研究，以了解产生的原因。有可能只是因为有人输错了数据（日期、时间、大小、缺陷等）。图 4.7 显示了游戏中每周代码变动（添加或者删除）的行数的控制图示例，图中的数字是以 KLOC（每千行代码）为单位的。

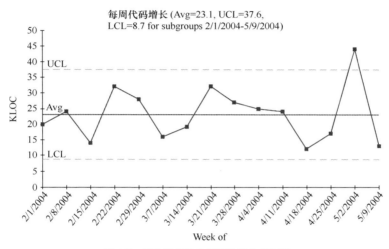

图 4.7　每千行代码在每周的变化控制图

图中间的实线是数据集的平均值，标着 UCL 和 LCL 的两条虚线分别代表上控制线和下控制线，这些值也是根据数据集计算得来的。2004 年 5 月 2 日这一周的数据点位于 UCL 上方，因此这个数据点需要调查研究。

注意

　　图 4.6 所示的帕雷托图和图 4.7 所示的控制图分别使用 Excel 的 SPC 创建。可以从它们的网站下载一个演示版本。

我记得曾经有一个项目，某一周提交的缺陷数量下降显著。对开发工程师而言这是个不错的结果，但是对测试工程师来说则比较糟糕。简单地调查了一下，有了点眉目，原来是一个非常高产的测试工程师在那一周休假了。所以那一周其他小组的测试数据是在正常范围内的。有些结果很糟糕，但是合情合理，我们应该去了解产生结果的原因，并避免以后再次出现。同样，了解好结果产生的原因也特别重要，这样我们可以在以后效仿。为了达到这些目的，可以在 SQAP 中确定额外使用的工具和技术。这个结果也暗示着数据可以用不同的方式报告，例如每个测试工程师发现的缺陷数可以用来解释测试人员配置上的变动。这可以替换原始图表，也可以添加到现有图表中。

4.5.7 供应商控制

你的游戏不仅仅只是软件，它还是一种用户体验。商店里的广告、游戏包装、用户手册和游戏媒体都是用户体验的一部分。在很多案例中，这些事项来自游戏团队之外。这些就是你的"供应商"，他们和你一样，也会犯错误。在游戏里，你可能会有软件提供商、游戏素材提供商，例如游戏引擎、中间件、美术和音频文件。

在上面的案例中，QA 角色的职责是确定供应商提供的东西是"适用的"，这可以用和评估内部可交付成果相同的方式进行。此外，QA 团队还可以进行现场实地考察来评估供应商的流程，从而评估供应商交付有质量保证的产品的能力。当你去熟食店的时候，可以看到食物陈列在陈列柜里。你可能想到食品审查员还会去检查食品来源的工厂，以确保其不受污染，并检查生产环境是否干净整洁。对于其他公司提供给你的与游戏相关的软件和素材也是如此。

4.5.8 培训

如果在项目开发过程中打算使用新工具、新技术或者设备，可能需要一名或者多名 QA 人员熟悉，以便他们能够正确地审计受影响的交付物和活动。新技术带来的影响可能也会影响 QA 的准备阶段，例如需要创建新的审计清单或者在审计条目和报告系统中定义新的记录类型。

对 QA 进行新技术相关的培训应该及时计划和交付，以便 QA 可以及时使用新技术开展与工作产品或者流程相关的任何活动。如果团队已经有内部课程了，那么让 QA 来参加。如果团队在内部研发一些东西，那么让参与研发的人做个简单的介绍。某些工具和开发环境提供了教程，只需获得 QA 的允许，分配时间去通读教程就可以了。

新工具或者技术里明确是和 QA 相关的功能应该有相应的培训。确定下来，并在 SQAP 里记录，以获得培训经费。

4.5.9 风险管理

风险管理是一门科学。除了开发游戏本身会有的风险，还有一些会影响团队 QA 努力工作的风险。典型的 SQA 风险如下：

- 项目可交付成果和计划的审计工作不同步；
- QA 人员转向其他活动，如测试；
- 缺少独立的 QA 报告架构；
- 缺少采取纠正措施和解决 QA 提出的问题的管理承诺；

■ 新 QA 技术的资金不足；
■ 新开发或 QA 技术培训的资金不足。

仅在 SQAP 里列出风险是不够的，你还需要确认每个风险潜在的影响，以及考虑如果风险发生或者持续存在，可以采取的措施计划。

4.6　总结

诚然，软件质量会受到测试的影响，但是还有其他活动可以更快、耗费更少地影响质量。不同类型的同行评审可以提前发现故障，避免故障遗漏到项目的其他阶段。我们可以定义和实施一些标准，来阻止一些不容易被测试发现的缺陷被引入游戏。测量方法（例如计算西格玛值和阶段控制）可以帮助你根据某个基线设定改进的目标。软件质量保证组织根据监督和促进这些技术和测量的使用计划来开展活动。我们必须在 QA 活动的开销与发布一个劣质游戏造成的后果和损失之间权衡利弊。

4.7　练习

1. 你的游戏代码大小为 200,000 个 AELOC。当发布的时候，有 35 个已知缺陷。购买游戏的人报告了超过 17 个缺陷。那么你的游戏代码的西格玛水平是多少？

2. 请描述走查中的组织角色和范根审查法中的主持人角色之间的区别。

3. 请将以下在 Beta 阶段发现的缺陷添加到图 4.3 所示的数据中去：需求阶段–5、设计阶段–4、编程阶段–3。那么更新之后，需求阶段、设计阶段和编程阶段的 PCE 值分别为多少？

4. 使用 SPC 工具演示创建以下测试用例评审率的控制图的过程，以每小时页数测量。

评审 1：8.5
评审 2：6.1
评审 3：7.3
评审 4：4.5
评审 5：13.2
评审 6：9.1

哪些评审在控制线范围外（超出或低于）？描述哪些是"好的"，哪些是"坏的"。高的或者低的评审率如何影响评审中发现的故障数量？

第 **5** 章

测试阶段

本章主要内容如下。

- 准备阶段；
- Alpha（内部）测试；
- Beta（公开）测试；
- Gold（验收）测试；
- 发布后的测试；
- "活力团队"。

电子游戏根据不同的规模，研发周期也不同。可下载的手机游戏需要几周的研发时间，史诗级、大型多人在线角色扮演类游戏则需要 4 到 5 年的研发时间。无论这些游戏的规模有多大或制作进度有多长，游戏的测试应始终遵循相同的基本流程：

（1）准备阶段；

（2）Alpha 测试阶段；

（3）Beta 测试阶段；

（4）Gold 测试阶段；

（5）发布后的测试阶段。

就像悬疑惊悚片的情节一样，每一个情节的发生都比前一个情节更快，而且更刺激、更紧张。图 5.1 展示了研发一款中等预算的手持赛车类游戏的粗略时间表。

图 5.1　手持赛车类游戏研发时间表

为了让大家明白这些阶段对项目的重要性，以及区分不同的阶段，以下各节将对每个阶段进行介绍。

5.1 准备阶段

根据你在团队中的角色和你进入项目的时间，你可能会认为测试工作是在游戏开发工作完成一部分后的某个时间点才介入的。事实上，项目一开始，测试工作就开始了。在最初的时候，可能没有测试工程师这个角色介入，但是代码、脚本和素材等内容从一开始就需要被评估、评论和修正。

项目早期阶段发生的事情将会为以后测试工作的进展是否顺利定下基调，这包括游戏是否经得起测试，以及测试工作本身的组织和执行情况。最重要的是，如果在项目早期对测试活动投入更多的时间和技术，那么 QA 团队和开发团队晚上都能早点回家。不然，在开发后期阶段，为了弥补早期测试工作的缺失，而投入更多的测试工程师（以及更多的加班工作）到游戏中去，那将会是非常困难和昂贵的。

游戏质量不是全由测试构成的。将代码、美术、音效以及游戏和玩家之间的互动这些"乐趣因素"编译进软件，才建立了游戏的质量。测试所能做的就是告诉开发团队软件出现了什么问题。测试做得越好以及越早，就可以更快、更低成本地解决问题。

如果在项目一开始，你在邮件中收到一张优惠券，上面写着"寄回这个优惠券，你可以节省项目开支的 20%或者更多"，你会不会寄回这张优惠券？如果你在项目结束时才开始测试，就如同你有了那张优惠券却因为不想付邮费而未寄回它。

5.1.1 计划任务

几乎从一个项目被构想出来时，测试计划就应该开始了，测试计划包含以下部分中概述的任务。

1. 决定项目所需的测试范围

为了制定"测试范围"文档，测试经理会评审游戏设计文档（Game Design Document，GDD）、技术设计文档（Technical Design Document，TDD）和项目进度表。"测试范围"文档会概述测试资源的数量，即测试经理为了发布而将游戏完全测试所需的时间、人员和资金。

下面的"扩展计划"是一个小发行商计划为同年早些时候发布的一款即时战略游戏（Real-Time Strategy，RTS）开发一个扩展包时写的简单的测试范围备忘录。

扩展计划

备忘录

递交：监制

来自：质量保证经理

关于：RTS 扩展测试计划摘要

摘要

我评估了你上周转发给我的游戏设计文档。假设文档中概述的游戏范围没有变化，基于以下假设，测试扩展包要花费 1760 小时：

- 50 天的生产计划；
- 4 人的测试团队；
- 10%的加班津贴；
- 无发布后补丁测试。

验证单玩家模式（900 小时）

大量的 QA 时间将用于测试新战役。因为这些任务的剧情模式将高度依赖于脚本，测试工程师将负责破坏这些脚本中的任务，以确保用户会有一个无缝的身临其境的游戏体验。

因为开发工程师没有在游戏中设计秘籍，而且之前测试原版游戏的经验告诉我们，从之前的版本的游戏存档开始加载游戏是不可靠的，所以战役模式会占用大部分的测试时间。

验证多玩家模式（650 小时）

多玩家模式的测试重点是：

（1）确保新的作战单位和新地图图块组的实现是正确的；

（2）调试新地图；

（3）调式"精简界面"（设计文档里描述的新功能）；

（4）对游戏的大小进行压力测试；

（5）对军队规模进行压力测试；

（6）对游戏时长进行压力测试（如时间允许）；

（7）平衡性测试。

扩展包引入了 12 个新的作战单位，我们只关心高等级的平衡性测试，如果某个新单位的优势（或者劣势）非常明显，我们就会报告缺陷。我们没有可用的资源来重新评估现有 50 多个单位与新单位的对比。我们将依赖开发工程师的设计团队（以及从第 1 版游戏发布以来得到的用户反馈）来微调扩展包的平衡。

测试矩阵[①]（210 小时）

因为这是一款 PC 游戏，而不是主机游戏，所以测试中不会有第一方 TRC 组件。但是，我们将根据自己的经验和其他 PC 游戏发行商使用的标准，为最终发布的测试提供一个类似的标准级别。

---

① 这里的矩阵我理解为组合。——译者注

我们会在游戏上运行以下标准矩阵：

（1）安装/卸载矩阵（重点是与以前产品的互用性）；

（2）Windows 9x "gotchas" 矩阵；

（3）出版商的标准矩阵；

（4）多玩家的连接矩阵。

我们也会制定和运行扩展包中的新作战单位的矩阵，就和我们测试第 1 版游戏一样。

兼容性测试（0 小时）

因为扩展包的最小系统需求跟第 1 版游戏一致，所以我们预计不需要第三方硬件兼容性实验室来做兼容性测试。如果在正常测试期间，在内部实验室里不同的硬件上，突然出现与机器类型相关的缺陷，到时候我们就会根据预算，评估是否有必要进行全面的兼容性问题扫描。

加班成本（待定）

因为这个产品对公司的收益不算太大，所以 QA 会和生产部门合作，尽最大努力控制加班成本。因此，我们预计只会在项目可能延期的情况下加班。

2. 任命测试主管

任命测试主管非同小可。测试主管的经验、性格和技能会对测试周期的执行产生巨大的影响。这可能是测试经理在项目中做的最重要的决定，测试主管必须满足以下要求。

- **领导者**（leader）：能够激励测试团队，能让他们保持专注和高效工作。
- **团队中的一员**（team player）：能够意识到测试作为产品流程的一部分所扮演的角色。
- **沟通者**（communicator）：能够清楚、简洁地收集并表达信息。
- **外交官**（diplomat）：在冲突发生时，能够处理得当。

测试经理或测试主管应该指定一个副手，即"副测试主管"，通常被称为"主要测试工程师"（primary tester）。在大型项目组里，有一个以上的主要测试工程师也是正常的，可以让他们一人带领一个特定的子团队（例如多玩家模式、王朝模式、教程、地图编辑器等）。

3. 确定阶段验收标准

在理想世界里，你根据合同、设计规范或生产计划工作，这些合同、设计规范或生产计划为每一个测试阶段定义了具体的标准，但实际并非如此。

测试主管应该尽可能收集相关信息，并为游戏的 Alpha 版本、Beta 版本和 Gold 版本编写一个规范。通过为每个测试阶段建立清晰而明确的准入验收标准，当从组织的不同部门感受到压力时，可以避免在项目后期发生冲突，例如，对一个不是真正的 Beta 版的构建进行 Beta 测试。一旦测试经理认可了这些标准，就应该让项目其他高级人员也知道这些标准。

每个测试阶段的验证计划需要以下 3 个要素。

（1）**准入标准**（entry criteria）：在进入给定的测试阶段前，版本必须通过某个测试集。例如，在代码通过 Alpha 准入测试之前，游戏不会被认为是在 Alpha 阶段。

（2）**准出标准**（exit criteria）：在完成测试阶段之前，版本必须通过某个测试集。

（3）**目标日期**（target date）：开发团队和测试团队都在为特定的发布阶段而工作的日期。

4. 参与游戏设计评审

如前面章节所提到的，所有的利益方都会因为测试团队从项目初期就发挥积极作用而受益匪浅。测试主管或者主要测试工程师应该定期参与设计评审。他们的职责不是设计游戏，而是与最新的设计变化保持同步，并向项目经理汇报任何可预见的特性修改可能会带来的技术挑战和测试复杂度。游戏范围的变更会决定测试流程的变更。测试主管越早知道设计的变更，就越容易更改测试计划以适应这些更改。

5. 建立缺陷追踪数据库

这一步很关键，因为一个设计糟糕的数据库会浪费宝贵的时间，每次有人使用该数据库时，就会浪费使用者几分钟的时间。到项目结束时，这些时间会累计成几个工时，这是你不希望损失的。图 5.2 展示了缺陷追踪数据库中的一个典型条目，注意表单中的缺陷类型中填写的是“意料以外的结果”（unexpected result），这种描述太笼统，没有太多意义，难道不是所有缺陷都是意料之外的吗？

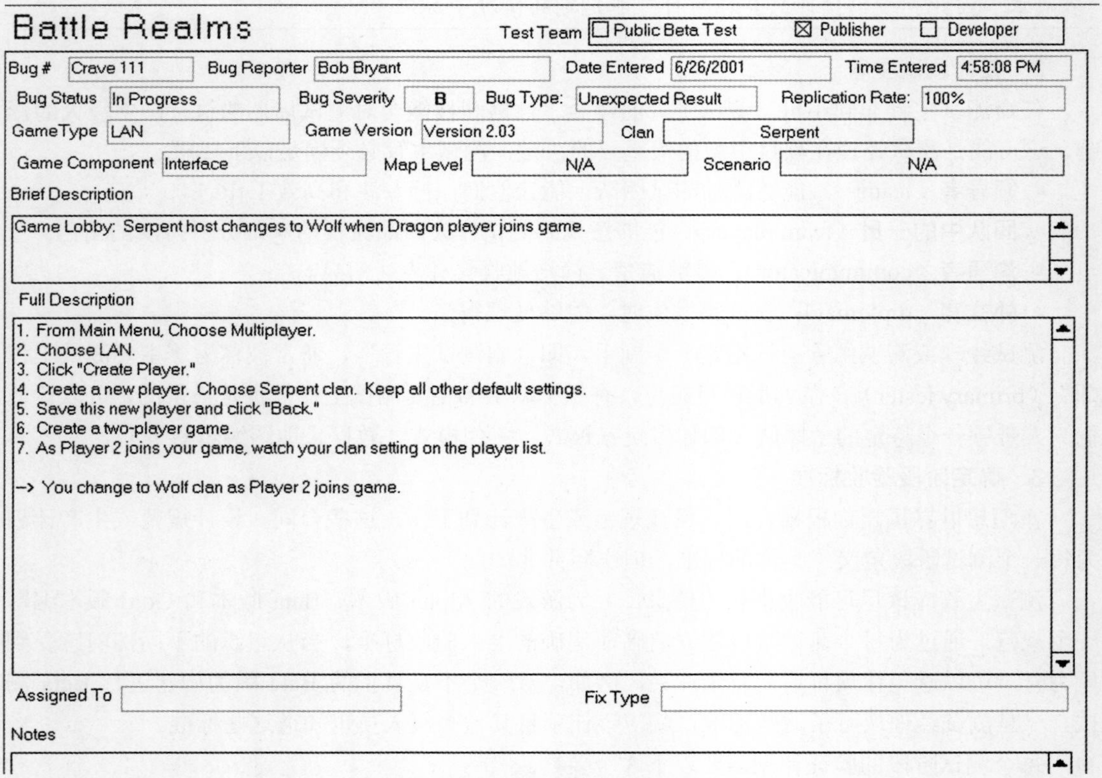

Battle Realms
Test Team ☐ Public Beta Test ☒ Publisher ☐ Developer

Bug # Crave 111　Bug Reporter Bob Bryant　Date Entered 6/26/2001　Time Entered 4:58:08 PM

Bug Status In Progress　Bug Severity B　Bug Type: Unexpected Result　Replication Rate: 100%

GameType LAN　Game Version Version 2.03　Clan Serpent

Game Component Interface　Map Level N/A　Scenario N/A

Brief Description

Game Lobby: Serpent host changes to Wolf when Dragon player joins game.

Full Description

1. From Main Menu, Choose Multiplayer.
2. Choose LAN.
3. Click "Create Player."
4. Create a new player. Choose Serpent clan. Keep all other default settings.
5. Save this new player and click "Back."
6. Create a two-player game.
7. As Player 2 joins your game, watch your clan setting on the player list.

-> You change to Wolf clan as Player 2 joins game.

Assigned To　Fix Type

Notes

图 5.2　缺陷追踪数据库中的典型条目

对于缺陷跟踪系统的权限，测试主管和项目经理应该达成共识，也就是说每个部门下哪些团队成员允许拥有特定字段的编辑权限。测试主管也应该向项目经理要一份开发团队成员的名单，给他们分派缺陷。"分配给"（assigned to）字段允许测试主管、项目经理或其他被委托方评审新缺陷并将其分配给合适的开发团队的成员。然后，程序员、美术人员和其他开发团队成员在数据库中搜索到分配给他们的缺陷并修复。修复完成后，缺陷被分配回测试主管，以便测试人员在下个版本验证这些修复。

　　无论缺陷追踪数据库是放在内部服务器上，还是通过互联网访问，都最好用一些虚拟记录填充缺陷追踪数据库，并检查所有本地以及远程密码和权限来保证数据安全。每一个有权限访问缺陷追踪数据库的人都应该被分配一个单独的密码。基于成员在项目组中的职责角色，测试主管可以允许或者屏蔽单独字段的编辑权限。在"缺陷追踪数据库的小贴士"中了解更多关于缺陷追踪数据库的信息。

■ 缺陷追踪数据库的小贴士 ────────────────

　　一个只能由测试主管编辑的缺陷追踪数据库用处不大，这样的数据库往往是静态的，不能传递当前项目状态的信息。当然也不是所有的成员都可以参与编辑所有字段的缺陷追踪数据库，这样会更加混乱，到最后完全用不了。

　　在设计缺陷追踪数据库时，测试主管必须在团队成员共同探讨特殊缺陷的需求和为了管理任务优先级而控制信息流转的需求之间做权衡。程序员需要能够对开发者评价或注释字段中的缺陷进行评价或者提问，但是他们不被允许随意改变缺陷状态字段来关闭缺陷。测试工程师需要能够在简略描述和完整描述中描述缺陷，但是他们不能判断谁应该来处理这个缺陷，所以没有修改"分配给"字段的权限。

　　下面是一些建议。

　　状态（status）：只能由测试主管编辑，该字段的默认值应该是"新的"，当测试工程师输入缺陷时，在状态被改为"开放"并分配给某位开发团队成员之前，测试主管可以进行评审和改进。

　　严重性（severity）：只能被测试主管或者主要测试工程师编辑。请记住缺陷严重性不同于它的修复优先级别。测试工程师一般会对他们发现的缺陷充满热情，测试主管对这些缺陷重新评估后，会客观地划分严重性。

　　优先级（priority）：项目经理和开发团队的高级成员才能编辑。这个字段主要是用来帮助项目经理划分开发团队成员工作的优先顺序。随着敏捷开发方法在游戏行业越来越流行，项目经理希望在每天或者每小时的优先级分配方面具有最大的灵活度。所以，把优先级字段留给他们编辑。

　　类别（category fields）：应该由测试工程师输入，并且能被测试主管或主要测试工程师编辑。这些字段包含诸如游戏类型、玩家数量、级别、缺陷类型、复现率和任何有关缺陷具体信息的其他字段。

　　简要/完整描述（brief/full description）：应该由测试工程师输入，且能被测试主管或主要测试工程师编辑。这是缺陷描述的主要部分，包括复现缺陷的步骤。不应该把它当成缺陷的留言板，那是注释字段的功能。

分配给（assigned to）：应该能被测试主管和开发团队的任何成员编辑。测试主管一般会将新的缺陷分配给项目经理，项目经理会评审缺陷并将其分配给一名特定的程序员或者美术工程师来修复。一旦缺陷被修复，该人员可以将其分配回项目经理以进行进一步评审，也可以将其分配回测试主管，以便在下一个构建中验证该修复，并关闭缺陷。

开发者注释（developer comment）：应该由项目经理和开发团队的任何成员编辑。

QA 注释（QA comment）：应该由测试工程师、测试主管和主要测试工程师编辑。

6. 起草测试计划和设计测试用例

当测试主管开始起草测试文档时，他对游戏设计的当前情况和细节的了解就尤为重要。一个完整的测试计划定义了需要完成的测试类型、单个测试套件和测试矩阵的外观（请参见第 6 章）。这是你能把本书第 4 章中介绍的方法应用于项目的好机会。请记住：未雨绸缪杜纰漏。

（1）测试计划

对 QA 团队而言，测试计划（test plan）的作用就像一个剧本。测试计划可以确定团队的目标，以及实现目标所需的资源（人员、时间、工具和设备）和方法。测试目标一般根据时间和范围来定义。测试时间线通常包括游戏最终版本发布前一个或者多个里程碑的中间目标。任何可能会影响测试团队完成测试目标的风险和如果风险发生时如何处理这些风险的信息，都要在测试计划里明确。测试计划的范围可以局限于游戏的一个子系统，也可以跨越许多游戏功能和版本。如果游戏由多个部门协同开发，那么测试计划有助于定义分配给每个团队的测试任务。附录 B 包含了一个基本的测试计划大纲，本书配套资源提供了可用于你自己项目的测试计划模板文件的链接。

（2）测试用例

测试用例（test case）描述了由一名或多名测试工程师执行的单个测试。每个测试用例都有一个不同的目标，这是测试用例描述的一部分。同时测试用例中也描述了要达到这个目的所要执行的操作。测试用例中的每一个单独的操作叫作测试步骤（test step）。测试用例的详细程度因测试标准的不同而不同。在测试计划中，会给测试工程师分配不同的任务，测试用例就由这些分配了任务的测试工程师设计和编写。每个测试工程师的测试用例集合应该完全覆盖他所负责的内容。

（3）测试套件

一组描述更详细的相关测试用例的集合称为测试套件（test suite）。测试套件将会给出游戏运行的分步指令和每一步要检查的细节。这些指令应该足以手动执行测试或编写代码来自动化测试。根据测试用例的编写方式，它们不一定取决于在以前的测试用例中所采取的步骤。理想的情况是，测试套件中的每个测试用例可以单独执行。若将每个测试用例视为独立的章节，那么测试套件就是一本把这些章节组合在一起的详细、连贯的故事书。

5.1.2　模块化测试

一开始，你得到的可能是零零碎碎的原型版本，开发团队会请求测试工程师聚焦在某个特性上进行测试，如果这些代码能按预期工作，开发人员就更有信心基于这些代码开发更多的功能。有时候，我们称这样的测试为模块化测试（modular testing），因为你测试的是一个单独的代码模块，而不是整个版本。

在这一开发阶段，随着代码功能的健全和模块被测试，游戏的设计完全有可能被大幅度地"即兴"修改。对应地，你的测试文档也会一而再，再而三地修改，这时候就很考验耐心。游戏设计经常是一个迭代过程，游戏测试也同样如此。

在模块化测试阶段，基于该模块测试用例编写缺陷为时过早。只有当开发团队提交了第一个 Alpha 版本后，真正的缺陷测试才开始。

最后，根据资源计划，测试主管应该在必要时开始招募或者雇用更多的团队成员，一旦团队成员到位，测试启动阶段就开始了。

5.1.3　测试启动阶段

启动（kickoff）阶段对游戏开发有着积极的影响，能更好地定义流程和解决问题，并减少计划时间。在一个测试工程师具有不同水平的测试和游戏项目经验的团队中，在项目启动阶段就解决每个人的需求是不可能的。但是在小范围里，为每个需求做启动工作是有助于项目的：测试工程师单独为每个"测试"制定或者执行测试启动工作。通过定位故障、设计新流程消除故障，并确保新功能得以实现这一迭代过程，测试启动工作可以清晰描绘出团队提速的原因。

测试启动活动分成两个部分：测试工程师准备和启动会议，根据启动议程进行测试。测试工程师的准备步骤和启动议程都记录在测试启动清单上，如图 5.3 所示。

从测试启动清单可知，测试工程师需要做以下准备：

（1）阅读所测试游戏功能的要求和文档；

（2）收集测试所需的设备、文件和程序；

（3）充分阅读测试用例，确保每个测试用例都是清晰可执行的。

如果在完成准备活动的过程中出现了任何测试阻碍和问题，测试工程师应该咨询"测试专家"。测试专家可以是测试用例的作者，也可以是对游戏功能经验丰富的测试工程师，还可以是测试主管。测试专家也应熟悉被测游戏或者功能的最近缺陷历史。即便是经验丰富的测试工程师也不应免去这个准备过程，正所谓"过分熟悉容易轻敌"，过分自信导致粗心。而且这个过程应在启动会议之前完成。

一旦测试工程师完成了准备活动，测试主管将通过以下方式召开启动会议：

（1）给出功能概述；

```
测试启动清单
版本号01.00

        游戏特性 _____
        测试工程师 _____ 日期 _____

测试工程师准备
    □ 阅读被测功能的需求
    □ 根据测试设备清单收集所需的设备信息
        游戏硬件平台
        显示器
        有线电视
        游戏手柄
        保存文件
        更新/补丁/模型
        测试仪器
    □ 阅读测试脚本/报告

测试启动议程
启动活动组织者
    ·给出功能概述
    ·解答功能相关问题
    ·提出特殊说明
    ·提出和征求相关改进建议
    ·解决测试执行的问题
```

图 5.3 测试启动清单

（2）解答功能相关问题；

（3）提出特殊的测试说明；

（4）提出和征求相关的测试改进建议；

（5）解决测试执行的问题；

（6）记录重要的问题并在会议结束后抄送给测试工程师。

根据启动会议的事项，按照清单上的准备步骤参加会议，可以在下面几个方面帮助测试工作。

■ 帮助测试工程师做好准备，使其在不停止设备等情况下完成整个测试。

■ 帮助测试工程师熟悉游戏或模块的预期行为，以提高测试工程师分辨"正确"和"错误"的能力。

■ 在执行测试前解决测试指令中的任何冲突，避免由于测试不明确或错误而导致的重新测试。

■ 提供提高测试能力的论坛，帮助测试工程师更好地参与到测试过程中去，培养测试工程师在测试过程中的主人翁精神。

　　每次测试启动都是一个提高测试理解、测试质量和测试执行的机会。如果没有启动过程，这些机会将会错失，或在测试阶段晚期才被察觉。最终结果就是，测试启动扮演的是一个"事前分析"的角色，在执行测试之前找出重要问题，而不是等测试完成后才去分析那些问题。由于收集了启动记录，系统性问题可以在当前测试阶段发现并解决。清单、小组会议和电子邮件都是用来交流从启动阶段中吸取的经验教训，并提出对当前项目而不是下个项目中问题的补救措施的实施手段。

　　通过收集和评估每一个项目启动的结果，我们可以采取措施，预防在今后的测试中遇到类似的问题。对测试启动结果的仔细分析，以及采用测试启动所节省的时间，可以改善数以百计的测试用例执行的方式。全面采用测试启动将会大大改善测试计划，找到更多缺陷，从而提高游戏质量。

　　采用测试启动，能减少测试关键路径的步骤。

- **减少错误**：测试启动步骤旨在确保测试工程师在开始执行测试前做好了充足的准备，对测试细节和目标都已经了如指掌。这样可以产生更快、更准确的测试结果。
- **节约时间**：作为准备工作的一部分，测试工程师要完整地评审测试用例和需求，这样可以减少误解和执行不当的步骤，因此花在备份和重新测试部分上的时间就更少了。
- **所有的努力都会带来一些实用的东西**：从数据上来看，采用测试启动能够缩短测试周期时间，即使启动工作本身需要花时间。
- **鼓励说出真相**：测试启动的一对一设置不像阶段启动或者发布启动的设置那样具有权威性。启动组织者不应该让测试工程师感到拘束，并且要提醒测试工程师启动目标。当测试工程师看到自己的反馈带来改善时，他们会更乐意公开说出自己的意见和想法。
- **进行建设性的讨论，而不是消极的争论**：在测试启动会议上，每个测试工程师需要参与测试过程的改进。测试工程师和启动组织者同样都有责任去解决会议中提出和记录的问题。遵守议程，保持会议重点始终在和测试相关的问题上。

> **注意**
>
> 　　事实上，开会可以节约时间，这对很多人来说很不可思议。我们把做过测试启动的项目和未做过测试启动的项目做对比，我们的数据显示，做过启动工作的测试速率是未做过启动工作的测试速率的 1.4 倍。换种方式说，从测试启动会议中受益的测试工程师比没有参加过测试启动会议的测试工程师多完成40%以上的测试工作。

　　测试启动可以为测试创建提供与测试执行相同的好处。无论是测试流程图（Test Flow Diagram，TFD）、组合表、测试树、矩阵，还是清单，通过使用启动流程都可以提升创建测试工具流程的效率。你所需要的仅仅是一个稍有不同的测试议程和清单，如图 5.4 所示。

> **本书配套资源**
>
> 　　本章所涉及的测试启动清单都可以在本书配套资源内获取。

```
GAME TEST CREATION KICKOFF CHECKLIST

version 01.00


                Game/Feature  _____

                    Tester  _____  Date  _____


Test Creator Preparation

    ☐   Read the requirements for the feature being tested

    ☐   Read existing test scripts from similar features and/or games


Kickoff Agenda

Kickoff Leader

    •   Gives feature overview


    •   Addresses feature questions


    •   Brings up special instructions


    •   Brings up and solicits relevant improvement suggestions


    •   Addresses test case questions/issues
```

图 5.4   测试创建启动清单

5.2   Alpha 测试阶段

现在是时候开始忙了。项目经理交付给你一个 Alpha 版本的游戏。你需要根据你在计划阶段确立的 Alpha 标准验证该版本。终于，全量型测试（full-bore testing）开始了。

在 Alpha 测试期间，游戏设计将会进行调优，其中包括功能被测试和修改（或者被丢弃）、遗漏的游戏资源被整合在一起，以及不同的程序员开发的系统被连接在一起。这真是令人兴奋的时刻！

随着开发团队和美术团队不断地提交代码到新版本中，新的缺陷也不断地被提交。也就是说，对测试工程师而言，当前这个阶段的游戏是"目标丰富的环境"。这种情况也令人不知所措（记住规则 1：不要恐慌）。在这个阶段，严格遵守测试套件是非常关键的，这将提供一种使看似混乱的事物变得井然有序的结构。

在 Alpha 测试期间，游戏的所有模块都应该至少被测试一次，同时应该建立性能测试标准（帧速率、加载时间等）。这些标准将会帮助开发团队确定如果要达到发布时候的性能标准，团队还要做多少工作，例如，在开发 3D 动作游戏的早期阶段，每秒 30 帧（或者 15 帧）视频的帧速率（Frames Per Second，FPS）可能是可以接受的，但发布目标可能是固定的 60 fps，即便屏幕上有比平常更多的动画和特效，但也没有拖延和掉帧。

Alpha 测试准入标准

以下是典型的主机游戏的 Alpha 标准。

（1）所有主要的游戏功能都存在且可以被测试，为了达到测试目的，有些可能仍然处于单独的模式内。

（2）测试工程师可以自始而终沿着某条路径导航游戏。这假设游戏是线性的，或者有一些线性成分（例如，体育游戏中的职业模式）。因为很多游戏都是非线性的，所以测试主管和项目经理必须事先对这种游戏的内容完成目标达成共识（例如，12 款迷你游戏中的 3 款）。

（3）代码至少通过平台的技术需求清单（Technical Requirements Checklist，TRC）的 50%。每一个主机游戏都有一套由该平台的制造商发布并测试的标准。当公司生产出一个 PlayStation 3 的游戏时，索尼电脑娱乐美国公司（Sony Computer Entertainment Inc of America，SCEA）的格式 QA 团队将根据 PlayStation 的技术需求清单对其进行测试，以确保该游戏遵从平台协议。这些要求非常苛刻，例如，当玩家在保存游戏的时候，该游戏应该显示的状态和错误信息必须严格按照指定的词汇来显示。

（4）基本界面是完整的，且初始文档可供 QA 使用。如果还是没有最终定稿和视觉美化，至少主菜单、大多数子菜单和游戏内的界面［有时称为平视显示器（Head Up Display，HUD）］是可以工作的。这里的初始文档是指对游戏中的新功能、控制器映射变更和作弊代码的描述。

（5）该游戏与大多数的指定硬件和软件配置相兼容，对于一个跨平台的主机游戏，这意味着游戏将可以在任何一个目标平台进行最初的商业发布。而对于 PC 游戏，该标准规定游戏必须可以在不同配置的系统上（一系列 CPU 速度的范围、一系列 RAM 缓存等）运行。

（6）关卡脚本已经实现，主要适合单机情景模式。一个要求测试工程师手动加载不同关卡的 Alpha 版本将不符合此标准。

（7）第一方控制器和其他外围设备工作正常。每个平台制作商（如索尼电脑娱乐美国公司、微软和任天堂等）要么自己生产，要么授权给自己的外围设备生产线生产。由于平台技术需求清单需要支持这些第一方外围设备，而且大多数测试工作都是通过第一方的外设完成的，因此在 Alpha 测试阶段，这些设备需要得到支持。

（8）游戏所有区域的美术必须定稿或者已经占位。所有关卡和角色必须具有纹理和动画效果，尽管这些纹理、动画甚至关卡的几何图形可能会在游戏接近 Beta 版时进行改进。

（9）在线多人联机模式可以测试。为确保至少有两个主机能在局域网上连接来玩游戏，网络模块需要完成足够的编程。

（10）需要实现声音占位。在 Alpha 版本中，语音录制和最后混音没有完成是完全有可能的。在这种情况下，开发团队的成员应该录制临时对话和音效，并在需要时将它们加入。

5.3 Beta 测试阶段

在 Alpha 测试阶段结束之际，开发团队应该已经对他们正在开发的游戏有非常清楚的概念了。开发团队在很大程度上已经停止编写新代码和绘制新的美术资源了，现在会将其关注点放到如何使开发出来的游戏更加完善，这个阶段是识别和修复剩余缺陷的阶段。

尽管术语"Beta 测试"常常是指外部测试，但只有在 Beta 测试早期阶段才应该让设计团队以外的公司员工来进行最终的试玩测试。真正的 Beta 测试是报告缺陷和负载测试，大部分测试工作是外部 Beta 测试工程师来完成的。为了便于后续发布补丁或续集，应该持续将游戏反馈和建议记录下来。

5.3.1 Beta 测试准入标准

下面是主机游戏 Beta 测试阶段的典型准入标准。

（1）实现了所有的功能和选项，游戏是"功能完整的"。

（2）代码通过平台技术需求清单的 100%，在 Beta 测试即将结束时，游戏应该为平台制造商的"预验证"做好准备。这个过程允许平台制造商的 QA 团队根据最新技术需求清单测试游戏，并且对任何潜在的合规性问题提出警告。

（3）游戏可以在所有的路径上通过，有可能隔离游戏各个部分的任何缺陷都要被清除。

（4）整个图形用户界面（Graphics User Interface，GUI）确定为最终版。

（5）游戏与所有指定的硬件和软件配置都兼容。

（6）游戏逻辑和人工智能是最终版。"游戏情节"是完整的。游戏规则和所有的人工智能配置文件都是完整的。

（7）所有控制器都能正常工作，游戏支持开发团队和发行商选择的第三方外设。

（8）美术部分都制作完成，不存在任何美术占位。在 Beta 阶段，大多数的游戏截图、预告片和游戏片段都将用于包装和宣传。

（9）最终音频都制作完成，所有未完成的声音片段都要使用最终素材。（可能有一些"返工"或"改善"尚未合并，但这些不应影响游戏内的事件时间或关卡脚本。）

（10）所有联网模式都是完整，并可以进行测试的。

（11）所有语言版本的文本都已经完成，而且为同时发布做好了准备。游戏内的语言包（书面和口语的）都已经准备好，可以灵活转化到游戏的其他语言版本。

5.3.2 设计锁定

在 Beta 测试阶段的某一时间点，项目经理应该宣布游戏处于设计锁定的状态（有时又称为功能锁定），此时游戏试玩测试已经结束，平衡性问题得到了最好的解决。测试团队此时的关注点是继续针对构建反复运行测试用例来检验迭代版本，因为此时每个修复的缺陷都有可能会在游戏的其他地方引入另一个新的缺陷。

临近 Beta 测试阶段尾声时，必须做出很多艰难的决定。此时团队成员很累，情绪紧张，而剩下的时间也不多。在这种紧张的气氛里，他们几乎不眠不休，这时候项目组领导必须做出如下重要决定。

- 是否实现最后时刻的功能改进。策划人员可能在最后时刻有了一个很棒的想法，并且渴望引入一个新功能、人物或者关卡。项目组领导必须在实现新特性的风险（可能引入新的缺陷和延迟进度）和按时交付一个也许不引人注目的游戏之间进行权衡。
- 是否要移除似乎不那么有趣的关卡。有时候，在测试过程中，某个关卡或其他内容组件明显问题太多，但重新设计又太费时，所以就会考虑干脆先不要上。但是，将其完全移除可能会带来新的问题，因为游戏需要进行新的测试，以确保剩下的关卡仍旧可以无缝运行。关键剧情或者游戏信息可能出现在有缺陷的关卡，这时候，其他关卡则不得不重新编写（并重新测试）以适应这一点。
- 哪些缺陷可以随着游戏发布出去？从许多方面来说，哪些缺陷是可以遗漏的是所有决定中最难做出的。

5.3.3　遗漏缺陷

作为一个玩家，你可能曾经在购买的游戏中遇到某个缺陷，你的反应可能是"测试人员怎么会遗漏了这个缺陷呢？"其实有可能是他们早就发现了。游戏测试工程师发现了这个缺陷并记录在缺陷追踪数据库中，但并不是所有的缺陷都会被修复。

很多时候，尤其在项目后期，开发团队会确定他们不能再（或不会再）修复缺陷。这一情况可能是多种原因造成的，也许是修复过程中的技术风险会超过缺陷的负面影响；也许是技术支持团队能为遇到缺陷的玩家提供帮助，从而绕过该缺陷；也许是根本没有时间修复了。

> **注意**
>
> 　　不管是什么原因，每个项目必须有一个快速而有序的流程，来确定哪些缺陷可以被推迟修复，也就是说，这些缺陷将可能不会被开发团队修复。开发团队不修复的缺陷被称为"原样"（as is）、在交付版本中的（In Shipped Version，ISV）、开发工程师不再修复的（Developer Will Not Fix，DWNF）或发行商关闭的（Closed by Producer，CBP）缺陷。我遇到的最糟糕的称呼是"功能"，这像是一个笑话："这个不是缺陷，是一个功能。"如果一个工作室一直用功能来描述不修复的缺陷的话，那么它发布的游戏充满缺陷就不足为奇了。

在缺陷推迟修复的过程中，不能有气愤、消极和抵触的情绪。一方面，测试工程师工作很辛苦，常常会觉得自己的努力对项目非常重要。另一方面，开发工程师工作也很辛苦（工作时间更长），他们有责任按时发布游戏。所有参与方要理解和尊重每一个成员在整体项目中的作用，这点至关重要。

理想的情况是，项目组高级成员将定期会面，经常讨论这些不会被开发团队修复的缺陷。在缺陷追踪数据库的状态字段或开发工程师状态字段中，这些缺陷可标记为"请求取消"或"请求保持原样"。项目组高级成员（生产商、执行生产商、测试主管和 QA 经理）一起开会来评估每个缺陷，以及讨论在游戏中修正它和保留它的正面和负面影响。其他团队成员，如程序员或测试工程师，应在必要时参加这些会议。这一决策机构有时被称为变更控制委员会或缺陷委员会。

在某些情况下，软件发布之后需要更新或者添加补丁，这是预料之中的。在游戏发布后（参考本章后面的"发布后的测试阶段"），许多缺陷将被指定要进行修复。当下大多数游戏主机都能联网，而且还有机载数据存储手段，因此主机开发工程师越来越依赖补丁或者更新，来人为延长开发计划。但对于老式的主机（例如 PlayStation 2、Xbox、Nintendo GameCube），游戏必须在其生产前做好上线准备，而主机开发工程师现在可以一直修复缺陷，直到游戏发布或者上线，只要补丁测试完成，并在发售日期之前上线即可。更多的更新，包括缺陷修复、情景优化甚至新的免费功能，都可以在游戏的整个生命周期中的任何时候发布。

一旦缺陷不再修复，让团队中的人知道该缺陷不会被修复就变得尤为重要，因为这个缺陷是被放弃的，但并不意味着它是一个不合理的缺陷，也不意味着团队成员不应该继续用同样的努力去发现缺陷。

注意

测试团队的职责就是每次详细记录每一个缺陷，不管是在生产周期中的哪个阶段。

测试工程师有义务将有关游戏状态的可能的最佳信息提供给测试主管、项目经理和业务部门（市场、销售、产品研发）主管，以便他们做出最佳的商业决定。

5.4　Gold 测试阶段

一旦 Beta 测试阶段接近尾声，游戏就应该为发布做好准备。以下是发布测试的典型准入标准：

（1）所有已知严重性为一级的缺陷（崩溃、卡死、主要功能故障）都已修复；

（2）超过 90%的已知严重性为二级的缺陷都已修复；

（3）超过 85%的已知严重性为三级的缺陷都已修复；

（4）任何公开的已知问题都有一个与技术支持部门沟通过的解决方案（或者记录在 FAQ 或 readme.txt 文件中）；

（5）已达到发布要求的性能标准（例如，游戏帧速率为 60fps）。

一旦符合发布标准，游戏就会被宣布处于"代码锁定"（code lock）状态。接着进入一个短而紧张的测试时期。此时团队中的成员都希望得到最终版本（但是通常不是），既然游戏最终版本叫作正式版（gold master），被测试的最后少数几个版本即是正式版的候选版本（Gold Master Candidate，GMC）或者发布候选版本（Release Candicate，RC）。

此时此刻，游戏就像一个已经发布的商业游戏。测试工程师的职责就是作为游戏的最后一道防线，通过最后一次（或者只要时间允许，越多越好）重新运行所有的测试用例套件，为玩家和项目团队发现任何剩余的隐藏缺陷，这些缺陷可能对玩家的满意度造成很大的影响。此外，许多测试工程师还负责最后一次去"破坏"游戏。任何在最后阶段中发现的严重缺陷都被称为 show stopper[①]，因为这个缺陷会导致正式版的候选版本被淘汰。为了修复这个新缺陷，需要准备一个新的正式版的候选版本，且 Gold 测试必须从头开始。

5.4.1　最后一分钟发现的缺陷

由于项目的最后阶段十分紧张并且充满压力，大家会对突然发现的缺陷反应消极。例如，压力过大的主管经常会这样抱怨："为什么我们（或你们）现在才发现这个缺陷，而测试已经持续了数月之久？"

测试团队最好对这些情绪化的评价淡然处之，并记住在游戏开发中不可违背的几个真理：

（1）对于任何项目，都很少有充足的时间找出所有的缺陷；

（2）任何时候程序员修改代码，都可能引入缺陷；

（3）代码变更随时间累积，几次迭代累积的变更会导致这些变更上下游产生缺陷；

（4）临近项目结束时，程序员更加疲惫且易出错；

（5）临近项目结束时，测试工程师更加疲惫而且容易遗漏缺陷；

（6）缺陷迟早会发生。

对于 PC 游戏、网页游戏和其他开放平台的游戏，游戏发行商或者融资实体是决定是否发布产品的唯一仲裁者。在这些游戏中，一旦 Gold 测试阶段结束，游戏就准备投入生产。然而，对于主机游戏，还有一个最后的把关者——平台开发商（例如任天堂、微软、索尼或苹果），他们需要对代码进行最后的认证。这最后的程序验证被称为认证测试。

5.4.2　发布认证

一旦项目组完成了 Gold 测试，一个完好的正式版候选版本就被发送到平台开发商进行最终认证。平台开发商随后会对这个版本进行周密的测试，其测试分为两个阶段，这两个阶段可以同时或连续发生。一个是标准测试阶段，根据技术需求清单测试代码。另一个是功能测试阶段，测试代码的功能和稳定性。认证测试工程师会对每次提交的版本的游戏至少从头到尾玩一遍，

---

① 原指特别精彩而被掌声打断的表演，这里指重要的缺陷，可以理解为"拦路虎"。——译者注

他们自己往往能碰到突然发现的缺陷。

认证测试结束时，平台开发商的 QA 团队会发布一个他们在正式版的候选版本中发现的所有缺陷的报告。出版商代表将会与平台开发商的客户代表就缺陷进行讨论，双方（理论上）就清单上必须修复的缺陷达成一致。

我们诚恳地建议开发团队只修复那些"必须修复"清单上的缺陷，不要为了满足平台开发商的需求，去修复清单上的每个小缺陷。修复的缺陷数量超过"必须修复"的缺陷数量时，只会使得代码面临出现更多缺陷的风险，并且使计划面临进一步延期的风险。

一旦游戏再次提交并获得平台开发商的认证，那么它就被称为正式版。然而，这个项目还没有结束。

5.5　发布后的测试阶段

发布游戏补丁是无法避免的现实。玩家不喜欢补丁，但是每当有补丁发布，他们就想要补丁。发行商不喜欢补丁，因为这会增加项目总体成本。开发工程师不喜欢补丁，因为补丁会让人觉得开发工程师很失败。但是，如果游戏发布之后有 1～2 个不管出于有意还是无意造成的严重缺陷，就只能通过补丁来修复。

开发和测试一个补丁的好处在于，它允许开发团队重新审视整个不再修复的缺陷清单，并在最终时刻优化设计，从而进一步完善游戏。但是，每个额外的缺陷修复或功能优化意味着更多的测试，所以需要有相应的规划。

有时候，开发团队会发布多个补丁。在这种情况下，测试会变得更复杂，因为互用性（多个补丁之间存在的关联）必须得到测试。每一个新的补丁必须进行充分测试，以确定它是否同时适用于游戏的发售版本和早期补丁版本。

我们会在"注意：关于资料片（Downloadable Content，DLC）"里讨论可下载内容的意义。

5.6　活力团队

如今，有很多游戏已经不再是一个封闭的产品，而是一个不断更新内容的"实时"服务。除了小的补丁外，这些发布后的更新有助于游戏在发布之后的几个月，甚至几年里保持活力。当出现如下 3 个主要原因的时候，游戏发布后更新就要被提上议程：

（1）开发工程师或发行商希望发布新功能、改进现有功能或更新内容（如多人游戏的新赛季）；

（2）为了兼容操作系统或平台（如安卓或 Steam 等）的更新版本，操作系统或平台开发商要求开发工程师或发行商更新游戏；

（3）需要进一步修复缺陷。

"活力团队"（live team）[①]的概念在大型多人在线游戏的研发中得到了广泛的应用，这类游戏的成功取决于成千上万的玩家在虚拟环境中的沟通交流。游戏发布后在零售商店上线，同时游戏的服务器也"有了生命"（上线）。一旦游戏发布，为了保持游戏世界的繁荣和增加订阅收入，开发团队中的很大一部分被保留下来以响应玩家的需求。"活力团队"会发布补丁修复缺陷、重新平衡游戏可玩性，并把新内容推送到游戏世界中。"活力团队"的概念被越来越多的开发者所采纳，因为那么多游戏的持续成功，例如大型多人在线游戏，都依赖一个快乐的玩家社区。那些所谓的"免费玩"的游戏不断地更新（测试），直到它们到达商业生命的终点，这往往由玩家决定，而不是由开发者决定。只要这些开放式的"活力团队"游戏可以继续赚钱，发行商也乐于支持他们。[①]

不管出于什么原因，重要的是理解，在测试计划和执行方面，每个更新就像资料片的每一章一样，都应该被视为一个全新的、独特的产品。我们可以通过抄近路，尽快将更新版本发布到一个工作状态的线上服务器中去。尽管这种方式很诱人，但是作为认真仔细的测试工程师，是不允许开发环境的复杂性成为不认真工作的借口的，无论它看上去多么烦琐，都要按照此次游戏更新的测试计划来做。

> **注意：关于资料片（Downloadable Content，DLC）**
>
> 在主机游戏里，资料片（或者说可下载内容）越来越受欢迎，玩家甚至期待有资料片。有时资料片是在游戏发布后计划的，有时是在开发过程中计划的。资料片可以采取多种形式和大小，从更多的车辆或装备，到地图包或通关奖金，再到全新的故事情节和角色设定。在社交和手机游戏的整个生命周期里，会定期发布道具和关卡，玩家可以像买菜一样购买。
>
> 对于本章中提到的测试计划、测试启动和阶段准入标准，每次发布资料片应视为一个新的产品和主题，无论其大小和形式。资料片不应该被边缘化或被视为产品的次要部分，也不应仅仅因为它是在其主游戏之后发布的，就不谨慎地进行测试。

结构化的游戏测试把测试活动分为几个不同的阶段，每个阶段都有自己的输入、可交付物和成功的标准。这些阶段反映了游戏代码逐渐完成和改善的过程，直到最后游戏足以向玩家发布。一旦完成测试计划和准备工作，就可以在余下的阶段进行不同类型的测试。就像拼图一样，测试的不同阶段会在恰当的时间和恰当的地方，揭示出游戏代码的不同缺陷。

5.7　练习

1. 测试主管有哪些主要职责？

[①] 这里的"活力团队"更加像我们熟悉的运营团队。——译者注

2．主要测试工程师可以修改缺陷追踪数据库中的哪些字段？

3．Beta 版本是将发送到制造部门的版本，对还是错？

4．在测试执行启动期间，请判断下面各项是否为适合讨论的话题并且给出说明。

（a）在功能需求方面可能存在矛盾

（b）新测试的想法

（c）公司股票价格

（d）在其他测试套件中执行相同的测试

（e）在上一次发布中，这个功能的缺陷非常多

（f）游戏数据文件格式的最新变化

（g）测试用例记录中缺乏细节

5．在 Alpha 测试阶段就应该锁定功能，对还是错？

6．在 Alpha 测试阶段可以测试多人在线功能，对还是错？

7．对测试主管而言，成为团队一员并不是最重要的，对还是错？

8．在版本被视为 GMC 之前，所有的缺陷都必须被修复，对还是错？

9．解释测试计划和测试用例之间的区别。

10．"活力团队"的 QA 负责人离开了公司，你被提升到她的位置。你的第一个任务是测试下一次游戏内容更新。在计划更新测试时，你会分哪些阶段？

第 **6** 章

游戏的测试流程

本章主要内容如下。

- "黑盒"测试；
- "白盒"测试；
- 构建的生命周期；
- 写好缺陷报告。

开发工程师不会完整测试自己开发的游戏。他们没有时间，即使他们有，让开发工程师完整测试也不是一个好主意。在电子游戏时代的早期阶段，游戏的开发工程师同时也是游戏的美术师、设计师和测试工程师。尽管游戏规模非常小（电子邮件的大小），开发工程师也需要花费大量时间进行设计和编程，很少花时间在测试上。即使他做了一些测试，那也是基于他自己的假设（玩家如何玩他的游戏）。下面的故事描述了这些假设可能产生的问题类型。

玩家总会给你带来惊喜

1981 年，*Astrosmash* 是一款为 Intellivision 平台发布的太空射击游戏，它的开发工程师在设计游戏时，假设没有玩家可以获得 1000 万分。所以他没有对满分溢出的场景进行校验。他评审了自己的代码，并根据自己的假设，代码似乎运行良好。这是一个有趣的游戏，它的画面（在当时）令人叹为观止，并且成为 Intellivision 平台上最畅销的游戏之一。

但是，游戏发布后的几周，一些玩家开始打电话给游戏发行商 Mattel Electronics，抱怨游戏中有一个奇怪的地方：当他们的得分超过 9,999,999 分时，得分显示为负数、字母和符号。这违背了游戏的宣传材料中有"无限的得分潜力"的承诺。Intellivision 主机上有个功能可以允许玩家用慢动作玩游戏，这样就更容易获得高分，这一事实使问题更加严重。开发工程师 John Sohl 在电子游戏的早期阶段获得了一个教训：玩家总会给你带来惊喜。

上述故事展示了为什么电子游戏的测试工作最好由测试工程师完成，因为他们专业、客观和独立，无论是物理上还是功能上都和游戏开发团队不一样。这种差别和客观性使得测试工程师不同于开发工程师，测试工程师扮演玩家的角色，并找出新的、有趣的方式来破坏游戏。本章将讨论游戏测试流程如何与游戏开发流程啮合在一起，就像手表中的齿轮那般。

6.1　"黑盒"测试

几乎所有的游戏测试都是黑盒（black box）测试，这种测试是从应用程序外部完成的。测试工程师不了解或无法访问源代码。游戏测试工程师通常不会通过阅读游戏代码来找到缺陷。相反，他们尝试使用与普通玩家相同的输入设备来找到缺陷，例如鼠标、键盘、主机游戏手柄、运动传感器或者塑料吉他。黑盒测试是测试极其复杂的系统和模块网络的最经济有效的方法，即使是最简单的电子游戏也代表了这一点。

图 6.1 展示了为电子游戏提供的各种输入以及获得的输出。最基本的输入是位置、按压按钮和鼠标指针移动的控制数据，或来自加速器的向量输入，甚至是全息影像。音频输入可以来自安装在耳机中或者连接到游戏手柄上的麦克风。来自其他玩家的输入可以来自第二个手柄、本地网络或互联网。最后，存储的数据（如保存的游戏和选项设置）可以从存储卡或硬盘读取。

一旦游戏接收到部分或所有这些类型的输入，它就会以有趣的方式来反馈，并产生视频、音频、振动（通过力度反馈设备）和保存到存储卡或硬盘上的数据等输出。

然而，电子游戏的输入路径不是单向的。这是一个反馈循环，玩家和游戏一直互动。如果玩家无法从游戏中得到反馈，他就会停止游戏。玩家根据他们在游戏中看到的、感受到的和听到的内容，"动态"改变和调整他们的输入。反过来，游戏会根据玩家的输入，对其输出进行类似的调整，如图 6.2 所示。

图 6.1　黑盒测试：计划的输入项和要检查的输出项

图 6.2　玩家的反馈循环会随游戏输入而变化，反之亦然

如果游戏的反馈一直是玩家完全可以预料到的，那么游戏会变得无趣。如果玩家收到的反馈完全是随机的，游戏也不会很有趣。相反，游戏的反馈只要足够随机且不可预知，就会使游戏变得有趣。因为游戏的设计目的是给玩家带来惊喜，而玩家总是让开发工程师感到惊讶，所

以黑盒测试可以让测试工程师像玩家一样思考和操作。

6.2 "白盒"测试

与黑盒测试相反，白盒（white box）测试为测试工程师提供了直接测试源代码的机会，这是普通玩家不能做到的。执行白盒测试的工程师可以阅读一段游戏代码，并预测它们和其他每行代码的交互，以及开发工程师是否已经考虑了可能的每一种输入的组合和顺序，这可能是一个艰巨的挑战。仅用白盒测试来测试游戏也是非常困难的，因为玩家反馈循环的复杂性几乎不可能都被考虑到。然而，有一些场景下，白盒测试比黑盒测试更实用和必要。这些情况如下。

- 在开发工程师提交新代码和其余游戏代码集成前，由开发工程师执行的测试。
- 被测试的代码模块是跨多个游戏或平台的可复用的代码库的一部分。
- 被测试的方法和功能是游戏引擎或中间件产品里必不可少的部分。
- 被测试的代码模块可能会被第三方开发工程师或"游戏改编者"所使用。"游戏改编者"可以根据自己的喜好，在设计层面对游戏的行为进行扩展或者修改。
- 对用于支持最新硬件设备（例如显卡或音频处理器）中特定功能的底层模块进行的测试。

在执行白盒测试时，用不同的方法使用被测模块，覆盖这个特定的模块以及各种代码路径。测试输入由传递给代码的数据的类型和值决定。检查结果的方式有多种，例如检查模块返回的值、检查受模块影响的全局变量以及检查模块中处理的局部变量。为了揭开白盒测试的神秘面纱，请参考来自 *Castle Wolfenstein：Enemy Territory* 的 TeamName 方法：

```
const char *TeamName(int team) {
    if (team==TEAM_AXIS)
        return "RED";
    else if (team==TEAM_ALLIES)
        return "BLUE";
    else if (team==TEAM_SPECTATOR)
        return "SPECTATOR";
    return "FREE";
}
```

该模块需要 4 个白盒测试来测试模块中每行代码的正确行为。第一个测试是使用参数 TEAM_AXIS 调用 TeamName 函数，然后检查是否返回字符串 RED。第二个测试是传递 TEAM_ALLIES 的值，并检查是否返回"BLUE"。第三个测试是传递 TEAM_SPECTATOR 并检查是否返回"SPECTATOR"。第四个测试是传递一些其他值，如 TEAM_NONE，确保会返回"FREE"。这些测试不仅可以覆盖每行代码至少一次，还可以测试每个 if 语句的"true"和"false"分支的行为。

这个简短的练习说明了白盒测试和黑盒测试之间的一些关键区别。

- 黑盒测试应该用你可以在游戏中选择测试值的所有不同方式来测试，例如不同的菜单和按钮。白盒测试需要你用某种形式将该值传递给程序，即代码中真实的符号值。
- 通过查看模块，白盒测试会暴露出所有可能传给被测模块处理的值。和驱动黑盒测试的产品需求和功能描述相比，这些信息可能不那么明显。
- 黑盒测试需要游戏配置和操作系统保持一致，这样结果才可复现。白盒测试仅依赖被测模块的接口，而且在处理流、文件系统或全局变量时，仅关心外部文件。

6.3　构建的生命周期

游戏测试工程师屡屡受挫，因为他们和玩家一样，必须等待开发团队的工作产品交付了才能开始行动。玩家等待游戏发布，测试工程师等待代码发布或构建（build）。每个构建的测试结果是项目中的所有利益相关者（从 QA 到项目经理再到发行商）用来衡量游戏开发进度的指标。

基本的游戏测试流程包括以下步骤。

（1）规划和设计测试。尽管大量工作是在规划阶段早期完成的，但应该在每一次构建中重新规划和设计。自上次构建以来，设计规范发生了什么变化？添加了哪些额外的测试用例？游戏支持哪些新配置？有哪些功能被削减？测试的范围应确保在发布版本之前的修复缺陷的过程中不会引入任何新问题。

（2）测试准备。代码、测试、文档和测试环境由其各自的负责人来更新并相互协调。在这个时候，开发团队应该已经在缺陷追踪数据库中给本次构建中修复的缺陷做好标记，这样 QA 团队之后就可以验证这些修复并关闭缺陷。

（3）执行测试。在新的构建上运行测试套件。如果发现缺陷，就深入测试这个缺陷，确保你拿到了所有必需的详细信息，从而尽可能具体而且精确地把缺陷报告写清楚。你在这个步骤中做的工作越多，缺陷报告就更容易写也更加有用。

（4）报告结果。记录已完成的测试套件并上报你发现的任何缺陷。

（5）修复缺陷。在这个步骤中，测试团队需要和开发团队讨论缺陷，执行定向测试，为开发工程师跟踪缺陷提供线索。

（6）返回步骤（1）并重新测试。新的构建会带来新的缺陷和新的测试结果。

这些步骤不仅适用于黑盒测试，也适用于白盒测试、配置测试、兼容性测试和任何其他类型的质量保障测试。无论它们的规模如何，这些步骤都是相同的。如果你在上述步骤中用"游戏"或"项目"一词代替"构建"一词，你将看到它们也可以应用于整个游戏、一个开发阶段（Alpha、Beta 等），或构建中的单个模块或功能。按照这种思路，软件测试过程可以被认为是自相似性的，较小的系统在结构上与较大的系统是一致的，反之亦然。

测试过程本身是测试工程师和开发工程师的反馈循环，如图 6.3 所示。测试工程师计划并执行代码测试，然后将缺陷报告给开发工程师，开发工程师修复缺陷并编译一个新的构建，之后测试工程师计划和执行该构建，等等。

要想检查这个流程，比较方便的方式是测试一个单独的构建。就算是一个相对较小的游戏项目，在它的开发周期中也可能包含数十个构建版本。

图 6.3　测试过程中的反馈循环

6.3.1　测试用例和测试套件

如第 5 章所讨论的，测试用例是为回答单个问题而执行的单个测试；测试套件则是测试用例的集合。测试主管、主要测试工程师或任何其他负责创建用例的测试工程师，应在发布构建之前起草这些文档。每个测试工程师将拿到分配给他的测试套件，并在构建中执行它们。缺陷追踪数据库中不存在的任何异常都应该标记成新的缺陷。

简单来说，测试套件是测试工程师可以按顺序执行的一系列循序渐进的步骤。本书的后续章节通过诸如组合表和测试流程图的方法深入讨论了测试用例和测试套件的巧妙设计方法。作为讨论的目的，考虑使用一个可以在《扫雷》（*Minesweeper*）上执行的简短测试套件，大多数版本的 Windows 系统都可以运行这个小游戏。该测试套件的一部分如图 6.4 所示。

步骤序号

通过　失败　评论

(1) 启动《扫雷》游戏
(2) 音乐是否播放？
(3) 可见菜单选项是游戏和帮助？
(4) 右侧数字（经过的时间）显示为0？
(5) 左侧数字（炸弹左侧）显示为10？
(6) 在菜单上单击游戏和选择退出
(7) 游戏关闭了？
(8) 重新打开《扫雷》游戏
(9) 选择游戏>选项>自定义
(10) 在高度框中输入0
(11) 0是否可以输入？
(12) 单击"OK"
(13) 错误信息出现了吗？
(14) 再次单击"OK"
(15) 游戏网格是否是9排高？
(16) 游戏网格是否是9列宽（没有改变）？
(17) 选择游戏>选项>自定义
(18) 选择游戏>选项>自定义
(19) 999是否可以输入？
(20) 单击"OK"
(21) 游戏中的网格是否是24排高？
(22) 游戏中的网格是否是9列宽（没有改变）？

图 6.4　《扫雷》游戏测试套件的一部分

这是一个非常简单的测试套件里的一小部分，用于一个非常小而简单的游戏。第一部分 [步骤（1）到（7）] 测试启动游戏，确保默认的画面是正确的，并正常退出。每个步骤都给测试工程师一个增量式的指令，或者询问测试工程师一个简单的问题。理想情况下，这些问题是二元并且明确的。测试工程师执行每个测试用例并记录结果。

由于测试工程师遇到测试设计者没有计划的测试结果是不可避免的，因此如果有必要的话，测试工程师可以在评论里详细说明答案"是"或者"否"。主管或主要测试工程师在看到执行完的测试套件后，可以浏览评论那一栏，并根据下一次构建的需求对测试套件进行调整。

在可能的情况下，测试套件中的问题应该这样设计，一个"是"的回答表示"成功"条件，表示软件按设计的方式运行，没有发现缺陷。反之，"否"这个答案就意味着有问题，并应该报告缺陷。这里面有几方面原因：这更直观，因为我们倾向于将"是"和"成功"（都表示肯定）分在一组，就像我们将"否"和"失败"分在一组；另外，将所有的"成功"分在同一列中，测试工程师和测试经理可以非常容易地浏览已经执行完成的测试套件，来快速确定是否有任何执行失败的地方。一个干净的测试套件将在"成功"列全部勾选。

例如，假设用一个测试用例来测试一个工具提示的显示，这是一个包含指令文本的小窗口，并包含在许多交互中。一个基本的测试用例是确定工具中的提示文本是否包含任何排版错误。测试用例中最直观的问题是：

文本是否包含排版错误？

这个用例的问题是用例"成功"（没有错字，因此表明没有缺陷）将被记录为"否"。匆忙（或疲劳）的测试工程师会很容易错误地标记在"失败"列。按下面方式去表达这个问题会好得多，使得"是"这个答案表示用例执行"成功"了：

文本是否没有排版错误？

正如你所看到的，定向测试是非常结构化和有条理的。在定向测试结束之后，或者与定向测试同时进行的测试是一种形式上比较随意、更直观的测试，叫作随机测试。

6.3.2　准入标准

建议你要求任何代码发布前都要符合一些测试的准入标准，不然可能会浪费你或者团队的时间。这与宇航员和飞行员在试飞之前用来评估其飞行器系统状况的清单类似。不满足准入标准就测试的构建可能会浪费测试工程师和开发工程师的时间。项目进入测试阶段的倒计时应该停止，直到测试"启动"标准得到满足才可以继续倒计时。

以下是关于准入标准的建议列表，把它分享给开发团队，使团队意识到做这件事情是为了防止浪费团队的时间，并与他们合作制定一套标准，让整个团队都能遵守。

- 游戏代码构建应该没有编译错误。发生的任何新的编译器警告要和测试团队进行分析和讨论。
- 代码发布说明应该是完整的，应该提供给测试工程师一些细节，他们可以用来规划运行哪些用例或在这个构建上重新运行哪些用例。

- 新版本中关闭的任何缺陷都应该在记录中更新，以便测试工程师可以参考它们来决定在新版本中运行多少测试用例。
- 测试和构建应该有合适的版本控制，如下面的"版本控制：不仅仅适用于开发工程师"所述。
- 当项目接近尾声时，你也希望在其将要发布的媒体上接收到游戏。检查媒体提供的游戏是否包含你将提供给客户的所有文件。

▊ 版本控制：不仅仅适用于开发工程师 ——————

软件开发的一个基本原则是，应用程序的每一个构建都应该被视为一个单独和分离的版本。粗心大意导致旧代码与新代码混淆在一起是导致软件缺陷最常见的（也是最可预防的）原因之一。跟踪构建过程并确保开发团队的所有成员将当前代码和素材提交到当前版本中的过程称为版本控制（version control）。

测试团队必须进行自己的版本控制。测试团队若在旧的构建上提了很多缺陷，则没有比这更浪费时间的事情了。这不仅浪费时间，而且可能导致程序员和项目经理的恐慌。测试团队正确的版本控制包括以下步骤。

（1）在分发新版本的构建之前，先从测试团队收集所有先前的物理（例如基于磁盘的）构建。先前版本应该放在一起并存档，直到项目结束。（当测试数码下载时，卸载并删除或存档以前的数码构建。）

（2）把所有文档存档。这不仅包括你从开发团队收到的任何构建说明，还包括任何已完成的测试套件、屏幕截图、保存的游戏、说明、视频文件以及在测试构建过程中生成的任何其他材料。有时候沿着文档轨迹回溯很重要，可以协助隔离新的缺陷或者确定哪个版本重新引入了旧的缺陷。

（3）在分发构建之前，和开发工程师一起核实版本号。

（4）在以电子方式发送构建的情况下，在构建之前验证字节数、文件日期和目录结构。在通过 FTP、电子邮件、网盘或其他数字方式发送构建的情况下，测试团队需确保测试的版本与开发工程师上传的版本相同，这很重要。在将传输的构建分发给测试工程师之前，请确认其完整性。

（5）使用当前版本号，对所有测试套件和任何其他特定于某个构建的文档或电子表格进行重新编号。

（6）分发用于冒烟测试的新版本。

6.3.3　配置准备

在测试团队开始测试新版本之前，有些"后勤工作"在有序进行。测试设备必须为新一轮测试做好准备。针对这次构建的测试，测试主管必须和每个测试工程师沟通合适的硬件配置。通常配置在游戏测试过程中变化不大。为了测试单人游戏的主机游戏，你需要有游戏主机、游戏手柄、存储卡或硬盘。该硬件配置通常在项目的生命周期内不会改变。但是，如果新版本是首次支持网络，或者支持新的输入设备或 PC 视频卡，则可能需要增加硬件配置以对新版本进行测试。

也许这个准备中最重要的一步是从硬件上消除先前构建的所有痕迹。在任天堂 Wii 上"擦除"基于磁盘游戏的旧的构建很简单，因为该系统上唯一可留下痕迹的是 SD 卡或其小型内置闪存驱动器。你需要做的是删除和归档你之前建的游戏存档。更谨慎的测试主管会要求测试工程师采取额外的步骤重新格式化媒体，以彻底擦除它和确保在新构建的测试期间不会有旧构建数据的痕迹。

小贴士

保存好你的存档！始终归档好你之前的玩家数据，包括保存的游戏、选项文件和自定义角色、级别或场景。

毫不奇怪，配置准备对于 PC 游戏来说更为复杂。PC 游戏能做到的最干净的测试配置是：

- 全新安装的最新版本的操作系统，包括任何补丁或安全更新；
- 计算机所有组件的最新驱动程序，这不仅包括显卡和声卡驱动程序，还包括芯片组驱动程序、主板驱动程序、以太网卡驱动程序、Wi-Fi 固件等；
- 任何辅助游戏运行的"帮助应用"或中间件的最新版本，这些可以是微软的 DirectX 多媒体库或者第三方多人配对的软件。

任何其他需要在计算机上安装的唯一软件应该是新构建。

■ 追逐假的缺陷

我们曾经参观了一个 QA 实验室，这个实验室测试了一款当时非常前沿的 3D PC 游戏。游戏的测试进度已经滞后了，我们被发行商派过来调查究竟发生了什么事情。当我们到达时，测试工程师正准备休息然后吃午饭。我们惊讶地发现测试工程师退出了正在测试的游戏，启动了电子邮件、即时通信客户端、网页浏览器和文件共享程序，这些应用程序安装在他们的测试计算机上。有些测试工程师甚至玩起了《虚幻竞技场》。我们问测试经理助理为什么他认为测试工程师在测试硬件上运行这些无关的程序是个好主意。"它能模拟现实世界的情况，"他耸耸肩，并对我们的问题感到恼火。

你可能已经猜到了，这个实验室没有在每次构建之前把测试计算机清理干净，导致大量时间浪费在追踪假的缺陷上，测试工程师认为游戏中存在缺陷，但实际上是由外部因素引起的问题。例如，在后台运行的电子邮件或文件共享程序，它们占用了系统资源和网络带宽。这不仅浪费了测试工程师的时间，也浪费了开发工程师的大量时间，因为开发团队要试图找出游戏代码中可能会导致这种（假）缺陷的原因。

这个问题可以通过下面的手段来解决：重新格式化每个测试计算机、重新安装操作系统和最新驱动程序，然后使用驱动器映像备份程序来创建系统还原文件。接下来，测试工程师只需要重新格式化他们的硬盘，然后从 CD-ROM 复制系统还原文件即可。

如第 12 章中将进一步讨论的，测试在"实验室"中进行，实验室应该是干净的。所以测试硬件也应该是干净的。准备测试配置的过程，并不会很苛刻或让人抓狂。当你得到一个新的构建时，重新格式化你的计算机，而不仅仅是卸载旧的构建。

> **小贴士**
>
> 删除旧构建！重新格式化你的测试硬件，无论是计算机、平板电脑还是智能手机。如果是网页游戏，请清除浏览器的缓存。

网页游戏（browser game）应该从每个浏览器的缓存中清除，并且应该在你打开新的游戏构建之前重新启动浏览器。如果是 Flash 游戏，你可以右击旧的构建，然后选择"全局设置..."。这将启动单独的浏览器进程，并将你连接到 Flash 设置管理器。选择"网站存储设置"将启动 Flash 小程序。单击"删除所有站点"按钮，并关闭所有的浏览器进程。现在，你可以打开 Flash 游戏的新构建了。

对于 **iOS 游戏**，应该从 iOS 设备，以及计算机上和 iOS 设备同步的 iTunes 客户端中删除。当 iTunes 弹出提示时，选择完全删除应用程序（也就是单击"移至回收站"或"移至垃圾桶"按钮）。现在，同步你的设备，确保旧构建已从 iTunes 和你的设备中删除。清空回收站（或垃圾桶），重新启动 iTunes，复制新构建，并重新同步你的 iOS 设备。

Android 游戏和 iOS 游戏一样，应该完全从设备和计算机中卸载。在安装新构建之前，请始终同步你的设备以反复确认是否已经清理了旧构建。

无论基于什么协议来分发新构建，配置准备都至关重要。

6.3.4　冒烟测试

在收到新构建、准备开始测试之后的下一步是证明该构建值得开始正式测试。这个过程有时被称为冒烟测试（smoke testing），因为它用于确定构建运行时是否"冒烟"（故障）。冒烟测试至少应该包含"加载和启动"，即测试主管或主要测试工程师应该启动游戏，从主菜单进入每个模块，并花费一两分钟时间玩每个模块。如果游戏启动没有明显的性能问题，并且每个模块加载完成，也没有明显的问题，那么就可以安全地给予这个构建绿灯，记录并复制它，然后分发给测试团队。

既然构建已经分发出来了，是时候开始测试新缺陷了吗？还没。在测试工作可以更进一步之前，必须先后退一步，确保开发团队声称在此构建中修复的缺陷确实是已经修复了的。这个过程被称为回归测试（regression testing）。

6.3.5　回归测试

验证缺陷是不是得到了修复，可以让人有满足感，但也会让人感到非常沮丧。当测试团队看到上报的缺陷一个接一个地消失时，会有很大的成就感。然而，当修复一个缺陷却在游戏中的其他地方引入另一个缺陷时，这可能是令人非常沮丧的，而且这样的事情经常发生。

可用于回归测试的测试套件是一张开发团队自称已经修复了的缺陷的列表。这张列表有时被称为"拆解列表"，理论上可以通过缺陷追踪数据库得到。当开发工程师或美术师修复缺陷时，他们所要做的就是将开发工程师状态字段的值更改为"已修复"。这样使得项目经理可以实时跟踪进度。它还使得主要测试工程师可以对回归集进行分类（例如，按缺陷作者或级别进行分类）。开发团队至少应该以缺陷编号的形式整理一份列表并发送给测试主管。

> **小贴士**
>
> 除非构建附带了拆解列表，否则不要接受构建开始测试。每次开始测试新的构建时，如果测试团队对缺陷追踪数据库中每个状态为打开的缺陷都进行回归，那么就是在浪费测试团队的时间。

每个测试工程师会处理分配给他们的缺陷，执行缺陷报告中编写的步骤，以验证缺陷确实已经修复好。许多缺陷的修复方法很容易验证（输入错误、功能缺失等）。一些缺陷，例如难以复现的闪退，可能看起来是已经修复了的，但主要测试工程师在关闭这些缺陷之前可能会慎之又慎，通过给这个缺陷打上验证修复（verify fix）的标签，缺陷可以保留到下一个（或两个）构建的回归测试集中（保留在拆解列表中），但不在开发团队正花时间修复的缺陷集合中。一旦这个缺陷在两个或 3 个构建中被验证为已经修复，测试主管就可以更加自信地关闭这个缺陷了。（有关回归的更完整的讨论，请参见第 14 章。）

在回归测试进入尾声时，测试主管和项目经理可以非常清楚地了解项目的进展情况。高修复率（关闭的缺陷数量除以声称已修复的缺陷数量）意味着开发工程师正在有效地工作。低修复率可能会引起关注。如果开发工程师认为他们已经实现了可能修复缺陷的新代码，会不会人为地将缺陷状态修改为已修复，而不去查导致缺陷的原因？测试工程师是否没有把缺陷描述清楚？版本控制是否有问题？测试系统的配置是否正确？当测试主管和项目经理正对这些问题反复思量时，你就可以进入测试过程的下一步了：执行结构化测试并报告结果。

6.3.6　围绕一个缺陷做测试

木匠业有一个古老的说法，"量两次，切一次"（三思而后行）。优秀的游戏测试工程师会在上报一个缺陷之前进行彻底的调查，并预估开发团队可能会提出的任何问题。

在开始编写缺陷报告之前，请先问自己一些问题。

（1）这是发生缺陷的唯一位置或者关卡吗？

（2）使用其他角色或单位时缺陷是否还会发生？

（3）在其他游戏模式（例如，多人游戏和单人游戏、小战役和大战役）中缺陷是否还会发生？

（4）我能省略掉复现缺陷路径中的任何步骤吗？

（5）缺陷是否在所有平台上都会发生（例如，是否在 Xbox One 和 PlayStation 4 上都发生）？

（6）是否是特定机器上的缺陷（例如，它是否只在具有某种特定硬件配置的计算机上发生）？

这些都是你可能会被测试主管、项目经理或开发工程师问到的问题类型。在你记录缺陷之前快速执行一些额外的测试来养成对此类问题进行再次思考的习惯。测试缺陷是否会发生在其他区域，测试当你选择不同的角色时缺陷是否会发生，尝试检查其他游戏模式是否包含该问题。这种做法被称为"围绕"缺陷做测试。

一旦你确信已经预见到开发团队可能会提出的所有问题，并且你已准备好所有事实，你就可以编写缺陷报告了。

6.4 写好缺陷报告

写好缺陷报告是测试工程师必须学习的最重要的技能之一。只有在沟通清晰有效的情况下，缺陷才能被修复。软件开发中最古老的笑话之一如下。

问：装一个灯泡需要多少开发工程师？

回答：一个都用不到，他们坐下的时候，并不暗。

良好的缺陷报告可以让开发团队在缺陷中看到光明。然而，你的缺陷报告并不是只有开发工程师阅读。你的读者可能还包括：

- 测试主管或主要测试工程师，他们可能希望在缺陷追踪数据库中将其标记为"开放"（open）之前评审该缺陷；
- 项目经理，他们会看缺陷报告并将缺陷分配给适合的开发团队的成员；
- 市场人员和其他业务主管，他们可能会被要求衡量缺陷修复（或不修复）可能带来的商业影响；
- 第三方（如中间件开发工程师），他们可能会被要求评审缺陷，而这个缺陷可能与他们提供给项目团队的项目相关；
- 客户服务代表，他们可能会被要求设计出绕过缺陷的方法；
- 其他测试工程师，如果在回归测试期间要求验证缺陷是否已经修复，他们将按照步骤去复现。

因为你永远不知道谁将会阅读你的缺陷报告，所以你需要以尽可能清晰、客观和冷静的方式来写报告。你不能假设每个阅读你缺陷报告的人都会和你一样熟悉游戏。测试工程师在游戏中需要花费更多的时间，探索每个隐藏的路径，比整个项目团队中的其他任何人都更仔细检查每一项资产。一个描述得好的缺陷会让读者对描述的缺陷的类型和严重程度有很好的了解，即使这个读者对游戏并不熟悉。

6.4.1　只需要事实

事实是缺陷会给开发团队带来压力，特别是在项目的最后时刻。添加到缺陷追踪数据库中的每个新缺陷都意味着有更多的工作需要完成。一个中等规模的项目在完工之前可能有数百或数千个缺陷。开发工程师可能会感到不知所措，如果他们觉得自己的时间被浪费在无价值或任意的缺陷上，他们会变得有敌意。这就是为什么优秀的缺陷报告必须是基于事实和公正的。

> 如果护卫的帽子是蓝色的会更好看。

这既不是缺陷也不是事实；这是关于设计的一个主观和随意的意见。有很多地方可以讨论诸如此类的意见，例如和测试负责人讨论、团队会议、游戏试玩反馈，但是不应该记入缺陷追踪数据库。

在许多游戏中，一个常见的抱怨是在某种程度上缺少 AI。（AI 是一个全面的术语，意思是由游戏代码控制的任何对手或者 NPC。）

> AI 很弱。

这可能是一个事实，但它以这样一种模糊而笼统的方式描述，很有可能被认为是一个意见。传达相同信息的一个更好的方法是抽离出一个具体例子，并描述出 AI 具体的缺陷。通过将问题转化为具体事实，你可以将其转化为很有可能被修复的缺陷。

小贴士

在开始编写缺陷报告之前，你必须确定你已经掌握了所有事实。

6.4.2　简要描述

较大的数据库可以包含两个描述字段：简要描述（或摘要）和完整描述（或步骤）。"简要描述"字段可用作识别缺陷的快速参考。这不能是一个可爱的昵称，而应该是一句话描述，让团队成员能识别和讨论缺陷，而不必每次阅读更长的、完整的描述。将简要描述作为缺陷报告的标题。

> 崩溃之后返回到桌面。

这不是一个完整的句子，也不够明确，所以不是一个简要描述。它可以和数据库中的几十个缺陷中的任意之一关联起来。简要描述必须足够简短，以便轻松快速阅读，但也必须足够长，以便描述缺陷。

> 存储系统破损。

这是一个完整的句子，但它不够具体。测试工程师经历了什么？游戏没有保存吗？保存的游戏没有加载吗？存档是否导致崩溃？

> 从主菜单中选择"选项"时崩溃，回到了桌面。

这是一个完整的句子，它足够具体，以至于任何阅读它的人都会或多或少了解缺陷的位置和严重程度。

> 在我击败了所有的守卫，双击回到水平面捡起所有装备，并杀死了第一个重生的守卫后，游戏崩溃了。

这是一个冗长的句子，其中包含了太多的细节。裁剪好之后可能是：

> 击败重生的守卫后游戏崩溃。

有线电视指南和下载商店中使用的关于节目一句话的描述可以提供很好的简要描述的例子，他们将一小时的警察节目或两小时的电影整理成一句话。

> **小贴士**
>
> 首先写下完整的描述，然后写下简要描述。花一些时间打磨完整的描述，这将帮助你了解简要描述中应该包含的最重要的细节。

6.4.3 完整描述

如果简要描述是缺陷报告的标题，那么完整描述就提供了详细信息。完整的描述应该包含一系列简要的指示说明，而不是乏味的关于缺陷的讨论，以便任何人都可以遵循步骤并复现缺陷。就像食谱或计算机代码一样，对于这一点，步骤中的命令应该用第二人称写，就好像你在告诉某人做什么。最后一步是描述坏结果的一句（或两句）话。

> （1）启动游戏。
> （2）观看动画 logo。不要按 Esc 键来跳过动画。
> -- >注意开发工程师 logo 结尾处差劲的闪动效果。

步骤越少越好，字数越少越好。记住布拉德·皮特在电影《十一罗汉》（*Ocean's Eleven*）中对马特·达蒙发出的警告：如果 4 步就能做好就不要用 7 步。时间对游戏开发来说是宝贵资源。开发工程师阅读、复现和理解缺陷所需的时间越短，他就有更多的时间来修复缺陷。

> （1）启动游戏。
> （2）选择多人游戏。
> （3）选择小规模战斗。
> （4）选择"悲伤浅滩"地图。
> （5）选择两个玩家。
> （6）开始游戏。

这些步骤非常清晰，但为了简洁起见，它们可以被归结为：

在"悲伤浅滩"地图上开始一场双人小游戏。

有时，你需要几个步骤。以下缺陷描述了一个称为"抢劫"的增强物品，它可以从任何其他单元吸收其他增强物品。

（1）创建一个单人游戏。选择巨蛇部落。
（2）派遣一个剑客到贼窝，拿到"抢劫"增强物品。
（3）等你的对手创建任何单位，并给该单位添加任何增强物品。
（4）让你的剑客与其他玩家的部队在地图上的中立区域相遇。
（5）激活"抢劫"增强物品。
（6）攻击对手的单位。
－－ >当剑客进攻时游戏崩溃并返回到桌面。

这看起来有很多步骤，但它是复现缺陷最快的方法。隔离涉及"抢劫"的代码的每一步都很重要。即使是微小的细节，例如在中立区域相遇，都很重要，因为在被占领的领土上相遇，可能会使盟友从一边或另一边进入战斗中，而这样的测试很难去做。

小贴士

好的缺陷报告是精确而简洁的。

6.4.4   期望很大

通常，在完整的描述步骤中，缺陷本身并不明显。因为这些步骤产生的结果偏离了玩家的期望值，但没有产生崩溃或其他严重或明显的问题，如图 6.5 所示，所以有时需要在完整的描述中添加额外的两行：预期结果和实际结果。

图 6.5　游戏《辐射 4》（*fallout 4*）：玩家会认为自己放置的装置应该是在地上，而不是浮在地上

　　预期结果描述了一种行为，即一名正常的玩家如果按照缺陷中的步骤，会从游戏中得到意料之中的反馈。这个期望是基于测试工程师对设计规范、目标受众以及其他游戏（尤其是同一类型的游戏）的先例集（或破坏）的认识。

　　实际结果描述了有缺陷的行为。下面是一个例子。

（1）创建一个多人游戏。
（2）单击"游戏设置"。
（3）使用鼠标单击地图列表中的任何地图。记住你单击的地图。
（4）按键盘上的向上或向下方向键。
（5）注意高亮显示的变化。高亮显示任何其他地图。
（6）单击"上一步"。
（7）单击"开始游戏"。
预期结果：游戏加载你使用键盘选择的地图。
实际结果：游戏加载你使用鼠标选择的地图。

　　虽然游戏加载了一张地图，但加载的地图并不是测试工程师使用键盘（他使用的最后一个输入设备）选择的地图。这是一个缺陷，尽管是一个微小的缺陷。根据多年的游戏经验，玩家认为计算机将根据自己给出的最后一个输入执行命令。由于地图选择界面不符合玩家的期望，和之前玩的其他游戏也不一样，可能会令人感到困惑或者讨厌，因此应该被记录成一个缺陷。

　　谨慎使用预期/实际结果步骤。许多时候，缺陷是显而易见的，这里有一个例子说明了一个崩溃缺陷中的"显而易见的情况"。

（4）单击"下一步"。
预期结果：你继续游戏。
实际结果：游戏锁定。你必须重新启动控制台。

　　项目团队的所有成员都明白，游戏不应该崩溃。不要浪费时间和空间来阐述不必要的预期和实际结果声明。

　　你应该在缺陷报告中谨慎使用这些语句，但必要时应该使用它们。当开发工程师想要以"这是按设计写的代码"（by design）、"和预期一样"（working as intended）或"不是缺陷"（not a bug）这样的理由来关闭数据库中的缺陷时，写上预期结果和实际结果会让事情变得不一样。

■　一篇采访

　　游戏玩家数量比以往任何时候都多。随着科技的发展，游戏玩家的数量在过去 10 年中呈指数级增长，玩家类型也变得越来越多样化。玩家各异，对游戏有不同的经验水平，玩游戏的原因也不尽相同。有些玩家想要一种竞争性的体验，有些玩家想要一种沉浸式的体验，有些玩家想要一个温和的消遣环境。

　　任何团队中的游戏测试工程师肯定没有被测游戏的玩家那么多样化。游戏测试工程师是专业人士，他们具有操纵软件界面的技能，他们通常是（但不一定必须是）经验丰富的游戏玩家。情况有可能是这样，如果你的工作是创造游戏，那么你已经玩过大部分的电子游戏。但不是每个玩家都像你一样。

　　游戏开发商 Mobile Deluxe 公司的 QA 主管 Brent Samul 是这么说的：“测试手机游戏最大的不同在于你的观众。有了移动设备，你拥有广泛的用户。我自己玩游戏的时间也很长了，有时可能很容易忽略掉一些东西。没有这些东西，缺乏游戏经验的人会被困住或者感到困惑。”（关于这个主题的更多信息，参见 12.1.3 小节的“避免从众思维”部分。）

　　这是一个浩大的工程。Samul 先生说：“通过移动设备，我们能够不断更新、添加或删除我们游戏的功能。对于现在人们拥有的智能手机和平板电脑的不同配置，总是有很多东西需要测试。”

　　虽然测试工程师应该根据设计规范来编写缺陷报告，但是该规范的作者并不是无所不知的。随着每个平台上的游戏变得越来越复杂，测试工程师的工作就是在编写缺陷报告时为所有玩家辩护。（Brent Samul 授权。）

6.4.5　要避免的习惯

　　为了清楚、有效地沟通和项目团队成员之间的和谐，尽量避开两个常见的编写缺陷报告时的陷阱：幽默和术语。

　　虽然在压力大的情况下幽默经常受到欢迎，但在缺陷追踪数据库中它并不受欢迎，也永远不会受欢迎，因为它太有可能造成误解和混乱。在项目的冲刺阶段，一个人往往脾气差、脸皮薄、神经紧张。缺陷追踪数据库可能已经是一个争论点，因此避免幽默让问题变得更糟糕（即使你认为你讲的笑话很搞笑）。最后，正如 William Safire 先生警告的，你应该“避免陈词滥调，就像避免瘟疫一样”。

　　避免在缺陷报告中使用术语，即专门的技术文字，这看上去是违反直觉的，但这是明智的做法。虽然一些术语是不可避免的，但是每个项目团队都很快就开发出针对他们项目的命名系统，测试工程师应该避免使用（或滥用）太多晦涩的技术术语或首字母缩略词。请记住，你的受众范围是从开发工程师到财务或营销高管，因此尽可能使用简单的语言。

　　虽然测试一个又一个构建可能看起来重复乏味，但其实每一个新构建的成功（缺陷修复了，测试通过了）和失败（新的缺陷和未通过的测试）都带来了令人兴奋的新挑战。用结构化的方式对每个构建进行测试的目的是减少时间和资源上的浪费，并充分利用游戏团队。每一次，你都会获得新的构建数据，将这些数据用于重新规划测试执行策略和更新或改进测试套件。接下来你准备测试环境并执行冒烟测试，以确保构建能很好地运行，然后才能部署到整个测试团队。如果测试团队的节奏缓了下来，你的首要任务通常是执行回归测试，以验证最近修复的缺陷。之后，你可以执行许多其他类型的测试，以便找到新的缺陷，并检查旧的缺陷是否会重新出现。经过适当调查后，应该以清晰、简洁、专业的方式上报新的缺陷。一旦你完成了这段流程，你就有机会再来一遍。

6.5 练习

1. 简要描述缺陷报告中预期结果与实际结果之间的差异。

2. 回归测试的目的是什么？

3. 简要描述准备测试配置的步骤。

4. 什么是"拆解列表"？它为什么如此重要？

5. 回答是或否：黑盒测试是指检查实际的游戏代码。

6. 回答是或否：缺陷报告的简要描述字段应包含尽可能多的信息。

7. 回答是或否：白盒测试是描述游戏可玩性的测试。

8. 回答是或否：版本控制应仅适用于开发工程师的代码。

9. 回答是或否：缺陷的"验证修复"状态意味着它将保留在拆解列表中至少一个测试周期。

10. 回答是或否：报告缺陷时，测试工程师应该尽可能多地编写步骤，以确保可以可靠地复现缺陷。

11. 床旁边的桌子上有一个按键式的固定电话。编写使用该固定电话拨打以下本地号码的步骤说明：555-1234。假设阅读该说明的人以前从未见过或使用过固定电话。

第 7 章

使用数据度量测试

本章主要内容如下。

- 测试进度；
- 测试有效性；
- 测试工程师的表现。

产品指标（例如每行代码中找到的缺陷数量）可以告诉你游戏代码是否能够发布。测试指标可以告诉你测试工作和测试结果的有效性和效率。你可以把一些基本的测试数据结合起来，用这种方式揭示重要信息，而这些信息可以帮助测试工作一直按计划进行，同时充分利用你的测试用例和测试工程师。

7.1 测试进度

收集数据对于了解团队的测试进度以及方向很重要，包括是否满足了整个游戏项目的需求和期望。数据和图表可以由测试主管或某个测试工程师采集。你负责了解团队现在的工作情况。例如，为了评估游戏项目中任意部分的测试执行所需要的时间，你需要预估测试的总数。这个数字与每人每天可以完成的测试数量、每个测试工程师实际花费在测试活动上的时间，以及你预计需要重做的测试数量的数据相结合。

图 7.1 提供了一组测试团队开始测试新一轮代码发布的数据。项目经理和测试主管预估每天能执行 12 次测试，这将作为评估完成此版本测试所需时间的基础。

测试进行到第 13 天时，进度落后于项目预期，如图 7.2 所示。从图中可以看出，进度在第 5 天开始滑落，但团队乐观地认为他们可以赶上进度。到了第 10 天，他们似乎已经成功重回目标，但是在最后 3 天里，尽管重新进行了人员分配，该团队还是没能赶上进度。

日期	每日执行		总执行	
	计划	实际	计划	实际
12月22日	12	13	12	13
12月23日	12	11	24	24
12月28日	12	11	36	35
12月29日	12	12	48	47
12月30日	12	8	60	55
12月4日	12	11	72	66
1月5日	12	10	84	76
1月6日	12	11	96	87
1月7日	12	11	108	98
1月8日	12	16	120	114
1月10日	12	10	132	124
1月11日	12	3	144	127
1月12日	12	7	156	134

图 7.1 计划和实际测试执行进度数据

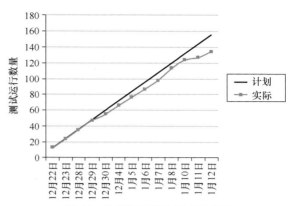

图 7.2 计划和实际测试执行进度图

为了理解这里发生的情况，我们收集了测试工程师每天可以进行测试的数据，以及他们每天完成的测试数量。这个信息可以放入图表中，如图 7.3 所示。最后的总计显示，一位测试工程师平均每天能完成 4 次测试。

日期	测试工程师					测试工程师 工作天数	完成的测试 数量
	B	C	D	K	Z		
12月22日	*				*	2	13
12月23日	*				*	2	11
12月28日	*				*	2	11
12月29日	*				*	2	12
12月30日	*				*	2	8
12月4日	*		*		*	3	11
1月5日	*		*		*	3	10
1月6日	*		*		*	3	11
1月7日	*		*		*	3	11
1月8日		*	*	*	*	4	16
1月10日	*	*	*			3	10
1月11日	*	*	*			3	3
1月12日			*			1	7
					总计	33	134
所有完成的测试数量/所有测试工程师工作天数							4.06

图 7.3 每位测试工程师每天测试完成率

一旦你有了每人每天的测试工作量数据，你就必须将当初团队成员分配系统测试时估计的工作量与目前的工作量进行比较。理想情况下，这个比例会是 1.00。实际收集到的数据会给你一个你以为是真实的度量，但在此之前无法证实：大多数测试工程师无法将 100%的时间花在测试上。因此，不要期望测试工程师将 100%的时间花在一项任务上。根据不同的参与程度，测量数据将告诉你对系统测试工程师的期望值。一些测试工程师将测试作为他们唯一的任务。其他人也许扮演着双重角色，例如开发工程师/测试工程师或 QA 工程师/QA 测试工程师。收集每个类别的团队成员的工作量数据，如图 7.4 所示。

全职测试工程师

周数	1	2	3	4	5	6	7	总数
测试工程师工作天数	15.5	21.5	35.5	31.5	36.5	22	23.5	186
分配天数	44	50	51	53	50	41	41	330
						全职测试工程师的可用性		56%

兼职测试工程师

周数	1	2	3	4	5	6	7	总数
测试工程师工作天数	0	0	0	18.5	18.5	6	15	58
分配天数	0	0	0	49	54	53	46	202
						兼职测试工程师的可用性		29%

累积

测试工程师工作天数	244
分配天数	532
可用性	46%

图 7.4　测试工程师的参与率计算

这些数据引出了一些重要的观点。如果全职测试工程师被分配了"额外的"任务，如培训、会议、准备演示等，他可能最多只能贡献 75% 的时间，而在一个长期的项目过程中，平均只能贡献 50%～60% 的时间。如果你指望有其他职责的人（例如美术师、开发工程师或 QA 工程师）来帮助进行测试，并且预估只有全职测试工程师总人数的一半参与，从图 7.4 中的数据可以看出，他们的参与度大概占总可用时间的 30%。你需要为你自己特定的项目制定这些度量值。

此外，通过结合单个人的生产力数据来得到团队生产力数据，你可以看到，即使团队用 100% 的时间进行测试，团队也只能执行一半的测试。这个数字可以与你预估的工作量数据相结合，以便在测试完成之前准确统计剩余的日历工作日。使用剩余 125 个测试的数量和全部 11 名测试工程师这两个数据，你将需要约 11 个测试工程师的天数。现在你知道团队的生产力是多少了，然而，你用 11 除以 46%，你会发现还需要 24 个日历工作日，或接近 5 个"常规"工作周。如果你已经承诺了项目经理 11 天这个最初的、乐观的数字，当测试在承诺时间的 3 周之后才真正完成时，项目经理会很抓狂。

你需要这些信息来回答诸如"你需要多少人以便在星期五之前完成测试？"或者"如果我能多给你两位测试工程师，什么时候可以完成？"这样的问题。

小贴士

　你要记住，每天多做一点点，会更容易保持在正轨上，而不是带着恐慌情绪去弥补大坑；记住规则 1：不要恐慌。

回到图 7.1，你可以看到团队在 1 月 8 日只落后于目标 6 次测试。在过去的 6 个工作日中，每天完成一次额外的测试将使团队达到目标。如果你能够信守短期的承诺，走在正轨上，你就能够完成长期承诺的目标，按计划完成测试。

7.2　测试有效性

将所有的缺陷数量除以完成的测试次数来度量测试有效性（Test Effectiveness，TE）。这个度量数据不仅可以告诉你当前版本与以前的版本相比有多么"好"，还可以用于预测该版本在剩余测试中还会发现多少个缺陷。例如，当测试剩余 30 次，TE 为 0.06 时，测试工程师应该还能再发现两个以上的缺陷。这可以作为开发工程师延迟新的代码上线的一个信号，直到两个预期的缺陷被确认、分类和修复。TE 测量的示例表如图 7.5 所示。

代码发布	缺陷		测试运行次数		缺陷/测试	
	新增	总计	发布	总计	发布	总计
开发版1	34	34	570	570	0.060	0.060
开发版2	47	81	1230	1800	0.038	0.045
开发版3	39	120	890	2690	0.044	0.045
演示版1	18	138	490	3180	0.037	0.043
Alpha版1	6	144	220	3400	0.027	0.042

图 7.5　测试有效性的度量

你应该为每个版本以及整个项目度量 TE 值。图 7.6 显示了该 TE 数据的图形视图。

注意累积的 TE 是随着每次发布而减少的，并最终停留在 0.042。你可以通过使用每个测试工程师的测试完成数据和缺陷上报数据来进一步深化这个度量数据，以便计算单个工程师的 TE。图 7.7 显示了整个项目的测试工程师 TE 的快照。你还可以计算每个测试工程师在每个发布周期的 TE。

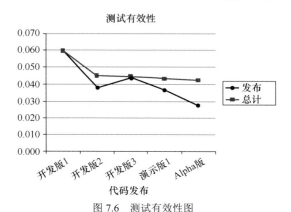

图 7.6　测试有效性图

测试工程师	B	C	D	K	Z	总计
测试运行次数	151	71	79	100	169	570
发现的缺陷	9	7	6	3	9	34
缺陷/测试	0.060	0.099	0.076	0.030	0.053	0.060

图 7.7　度量单个测试工程师的 TE

请注意，对于该项目，每个测试工程师的有效性范围为 0.030 至 0.099，平均值为 0.060。测试有效性可能与要求每位测试工程师执行的特定测试的功能相同，都是对每位测试工程师技能的一种度量。然而，与总体 TE 度量一样，该数字可用于预测特定测试工程师在执行了已知数量的测试后还能找到多少额外的缺陷。例如，如果测试工程师 C 还有 40 个以上的测试要执行，那么就能预计他还能找到大约 4 个以上的缺陷。

除了度量你发现的缺陷数量（数量上）外，了解每个版本引入的缺陷的严重程度（质量上）也是很重要的。使用 1～4 的缺陷严重性等级，其中 1 是最高严重级别。在交付游戏之前，新的严重级别为 1 和 2 的缺陷数量应该减少到 0。严重级别为 3 和 4 的缺陷数量应该呈下降的趋势，并接近于 0。图 7.8 提供了严重级别数据的示例。

图 7.9 显示了图 7.8 中列出的严重级别数据的趋势。花一点时间查看该图，你看到了什么？

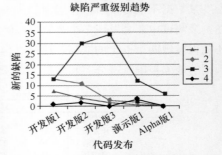

发布	缺陷严重性等级				
	1	2	3	4	All
开发版1	7	13	13	1	34
开发版2	4	11	30	2	47
开发版3	2	3	34	0	39
演示版1	1	2	12	3	18
Alpha版1	0	0	6	0	6

图 7.8   缺陷严重级别趋势数据

图 7.9   缺陷严重级别趋势图

请注意，严重级别为 3 的缺陷占了主导地位。除了在演示版 1 中出现一些额外的严重级别为 4 的缺陷，它们也是开发版 1 测试后显著增加的唯一类别。当你设定了一个目标，即不允许任何严重级别为 2 的缺陷出现在交付的游戏版本中时，将会有一个倾向，把严重级别为 2 的边界推到严重级别为 3 的一类中。另外一个可能是开发工程师把重点放在了严重级别为 1 和 2 的问题上，所以他们在这个项目的早期就搁置了严重级别为 3 的问题，打算稍后再处理。这种方法在图 7.8 和 7.9 中得到了证实，其中演示版 1 中严重级别为 3 的缺陷数量在降低，并在 Alpha版 1 中持续降低。一旦你看到"什么"事情正在发生，就试着理解"为什么"是这样发生的。

7.3   测试工程师的表现

你可以设计一些其他度量手段，以鼓励测试工程师寻找缺陷，并使他们为自己的技能感到自豪。其中一个手段是"星型图"，将该图贴在测试工程师的工位区域，并根据每位测试工程师发现的每个严重程度的缺陷数量来展示每位测试工程师的成就。测试工程师的名字列在图的一侧，粘上去的一个星星表示一个缺陷。星星的颜色表示缺陷的严重级别。例如，你可以使用蓝色代表严重级别为 1，红色代表严重级别为 2，黄色代表严重级别为 3，银色代表严重级别为 4。还可以给每个缺陷严重级别指定分数（例如 A = 10、B = 5、C = 3、D = 1），在项目结束时分数最高的可以荣膺"测试之星"。

注意

根据我们的经验，该图让测试工程师之间产生了友好竞争的氛围，增加了他们找到缺陷的决心，树立了测试者对缺陷的主人翁意识，并且使得测试工程师们更加关注给他们找到的缺陷定的严重级别。这种方法将测试变成测试工程师在测试游戏时玩的游戏。

图 7.10 展示了在填入测试工程师的星星之前星型图的外观。

STAR CHART FOR XYZZY	
TESTERS	STARS (Sev. 1 = BLUE, 2 = RED, 3 = YELLOW, 4 = SILVER)
B	
C	
D	
K	
Z	

图 7.10　空的星型图

如果你担心测试工程师因为缺陷而相互较量，导致无法快速完成分配给他们的测试任务，那么你可以针对每位测试工程师在执行测试和发现缺陷方面的贡献创建一个综合度量。将发现的测试缺陷总数加起来，并根据每位测试工程师发现的缺陷数量除以项目总数，为每位测试工程师计算一个百分比。然后用同样的方法去计算执行的测试次数。你可以将每位测试工程师的两个百分比加起来，谁的总和最高，谁就是这个项目的"最佳测试工程师"。这和之前的"测试之星"有可能是或者不是同一个人。看看这种度量方法在开发版 1 的测试工程师 B、C、D、K 和 Z 身上是怎么实施的。

- 测试工程师 B 执行了团队的 570 次开发版 1 测试中的 151 次，约占总量的 26.5%。B 还发现了 34 个开发版 1 的缺陷中的 9 个，约占总量的 26.5%。所以 B 的综合评级为 53。
- 测试工程师 C 执行了 570 次测试中的 71 次，约占总量的 12.5%。C 还发现了 34 个开发版 1 的缺陷中的 7 个，约占总量的 20.6%。所以 C 的评级是 33.1。
- 测试工程师 D 进行了 79 次测试，约占总量的 13.9%。D 还发现 6 个缺陷，约占总量的 17.6%。所以 D 的评级为 31.5。
- 测试工程师 K 进行了 100 次测试，发现了 3 个缺陷，分别约占测试总数的 17.5%、缺陷总数的 8.8%。所以 K 具有 26.3 的评级。
- 测试工程师 Z 进行了 169 次测试，约占总量的 29.6%。Z 还发现 9 个缺陷，约占总数的 26.5%。所以 Z 的评级为 56.1。
- 测试工程师 Z 获得了"最佳测试工程师"称号。

小贴士

　　当你的团队中有人持续赢得这些奖项时，就请他去吃午餐吧，了解他在做什么，这样你也可以赢得一些奖项！

小心使用这个方法，用在对的地方，别用错地方。执行更多的测试，或者给新发现的缺陷定责，都不应该牺牲其他成员或者项目的整体利益。你可以给高严重级别的缺陷增加权重，防止测试工程师将所有时间都花在寻找和报告低严重级别的缺陷上，这些缺陷对游戏的贡献远不如一些很重要且严重级别高的缺陷。

使用这种方法来鼓励和宣传积极向上的测试行为。提醒你的团队（和你自己）花一些时间用于自动化测试，这可能会在测试执行方面获得丰厚的回报。同样，在你开始使用游戏手柄之前，花一点时间去设计更有效的测试，这可能会帮助你发现更多的缺陷。你将在本书的其余章节中进一步了解到这些策略和技巧。

本章介绍了一些你可以收集并用来跟踪和改进测试结果的指标。下面列出了本章中的每个指标，以及你需要为每个指标收集的原始数据（括号中会提到）：

- 测试进度表（团队每天完成的测试数量、每天需要完成的测试数量）；
- 测试完成度/测试天数（完成的测试数、每个测试工程师的测试天数）；
- 测试参与度（每个测试工程师的工作天数、每个测试工程师分配的测试天数）；
- 测试有效性（缺陷数、每个版本或测试工程师总的测试数）；
- 缺陷严重性分析（每个版本的每种严重级别缺陷的数量）；
- 星型图（每个测试工程师的每种严重级别缺陷的数量）；
- 测试之星（每个测试工程师的每种严重级别缺陷的数量、每个严重级别的分数）；
- 最佳测试工程师（每个测试工程师的测试次数、总测试次数，每个测试工程师的缺陷数、总缺陷数）。

测试工程师或测试主管可以使用这些度量指标来帮助规划、预测和执行游戏测试。然后你就可以使用数据来度量测试了。

7.4   练习

1. 图 7.3 中的数据如何解释图 7.2 中发生的事情？

2. 为了让图 7.1 和图 7.2 所示项目的测试在未来的 10 个工作日内赶上计划的进度，你还需要多少个测试工程师？假设测试工程师在图表上绘制时间点的第二天就能投入工作。

3. 图 7.7 所示的测试工程师 C 具有最好的 TE，但并没有成为"最佳测试工程师"。请解释这是如何发生的。

4. 假设你是测试工程师 X，正在处理图 7.7 所示的项目。如果你已经进行了 130 次测试，你需要找到多少个缺陷才能成为"最佳测试工程师"？

5. 描述一下对每位测试工程师的参与度和有效性进行度量，会带来哪 3 个正面和哪 3 个负面的影响。不要包括本章已经讨论过的任何方面。

第 **8** 章

组合测试

本章主要内容如下。

- 配对组合测试；
- 构建组合表；
- 组合模板；
- 生成组合测试；
- 组合经济学。

像"金凤花姑娘"[1]一样，测试工程师和项目经理们也在不断地纠结测试量太少或太多的问题。游戏质量对消费者来说必须是足够好的，但如果游戏临近发布日期，测试就不能一直持续下去。在这些情况下，尝试测试各种可能出现的游戏事件、配置、功能和选项组合既不实际也不划算。然而，走捷径或者跳过某些测试又是有风险的。

配对组合测试（pairwise combinatorial testing）是一种在游戏软件中找到缺陷并获得信心的方式，同时保持最少的测试集合以覆盖最多的功能。"配对组合"意味着你用于测试的每个值至少需要与其余参数的其他值组合一次。

8.1 参数

参数是组合测试中所包含的游戏的各个元素。你可以通过查看各种类型的游戏元素、函数和选项来查找测试参数，如：

- 游戏活动；
- 游戏设置；

---

① 由于金凤花姑娘喜欢不冷不热的粥、不软不硬的椅子，总之是"刚刚好"的东西，因此后来美国人常用金凤花姑娘（goldilocks）来形容"刚刚好"。（资料来自百度百科。）——译者注

- 游戏选项；
- 硬件配置；
- 角色属性；
- 自定义选项。

你创建的测试可以是同类的（homogenous），设计用于测试相同类型的参数组合；也可以是异类的（heterogeneous），设计用于测试同一表中多种类型的参数。

例如，可以通过同类的组合表在游戏选项屏幕上测试选项对游戏效果的影响。如果你通过不同的菜单来选择不同角色、设备和用于特定任务的选项，则会生成一个异类表。

8.2　值

每个参数都可能有自己的值。值可以是数字输入、文本形式输入或从列表中选择。一个玩家可以做出很多选择，但是在测试中是否都需要考虑这些选择？也就是说，每个值或选项是否具有相同的权重或发现缺陷的概率，或者你是否可以在不影响测试在游戏中发现缺陷的能力的情况下减少测试的值的数量？

8.2.1　默认值

考虑一下，测试中是否应该使用默认值？如果你没有选择任何特殊的设置，只是按安装的方式开始玩游戏，这些设置和值就是你得到的默认值。你可能还需要考虑任何列表中的第一个选项，例如，为你的角色选择一种发型作为一种默认值，因为如果你想尽可能快地开始玩游戏，并连续单击"选择"按钮来跳过所有的强制性选择，这些都是你将要使用的默认值。

如果组合测试是唯一使用这些参数的测试，则应包括默认值。它们是最常用的值，所以你不能忽视这些几乎会影响所有玩家的缺陷。

另一方面，如果组合测试是对其他测试类型的补充，那么你可以通过将默认值从表中删除来减少测试负担。这个策略依赖于这样一个事实，即默认值会被频繁使用，以至于你可以期待它们在游戏的其他测试中出现。如果你考虑不使用这些值，请与正在测试的其他组或人员联系，以确保他们计划使用默认值。如果你有游戏测试计划，请使用它来记录哪些测试集合将包含默认值以及哪些不包含。

8.2.2　枚举值

游戏中的许多选择是由一组不相关的数值或选项组成的，这些值或选项彼此之间没有任何特定的数字或顺序关系。例如，选择驾驶哪辆车，要哪支棒球队，或者使用哪位战士。

不管有多少唯一选项（团队、汽车、战士、武器、歌曲、发型等），每个选项都应该包含在你的测试中。我们可以很容易找到独立发生的缺陷，而这些缺陷是由特定的选项决定的。而那些被忽视的缺陷往往只在很少的选项中发生。

8.2.3 范围

许多游戏选项和选择需要玩家从一个范围或列表中选择一个数字。这可以通过直接输入数字或滚动列表进行选择来完成。对于每个数字范围，3 个特定值常具有特殊的发现缺陷的特性：零、最小值和最大值。

在任何时候，零（0）都有可能是一个选择或输入，所以它应该包含在测试中。这在一定程度上是因为值 0 可能以独特或不明确的方式影响游戏源代码。以下是一部分由零值引起的意外效果的例子：

- 循环可能会过早退出，或者在检查是否为 0 之前就执行了循环体内的代码；
- 搞混循环是从 0 还是 1 开始计数；
- 搞混数组或列表是从索引 0 还是索引 1 开始；
- 0 通常用于表示特殊含义，例如表示无限制的计时器或某种错误发生了；
- 0 与 C 语言、C++、C# 和 Objective-C 中的字符串终止（NULL）字符的值相同；
- 0 与 C 语言、C++、C# 和 Objective-C 中的逻辑（布尔）False 值相同。

最小值也是很好的缺陷来源。它们可以应用于数值参数或列表选择。寻找机会使用与以下参数相关的最小值：

- 时间；
- 距离；
- 速度；
- 数量；
- 尺寸；
- 出售或购买金额。

例如，使用"最短时间"可能会阻止某些效果在启动后完成，类似于第 2 章中看到的《涂鸦保龄球》的缺陷，并且可能会使某些目标无法实现。

最大值也可能导致副作用。最大值非常重要，测试工程师需要花额外的时间或者技能去达到最大值。为了测试方便，开发工程师和测试工程师都倾向于忽略这些值。

使用和测试最小值相同的参数类别来测试最大值。除了测试游戏中的元素，还必须确保测试内容包含最多玩家数量、连接的最多手柄数量、最多保存文件数量以及最大存储量（如磁盘、磁带盒、移动设备内存等）。

8.2.4   边界值

当一个孩子（甚至一个成年人）在着色书的页面上涂色时，我们会根据他们在轮廓线内涂色的表现来判断好坏。同样，游戏测试工程师也有责任检查游戏软件的边界。游戏行为不"保持在线内"会导致缺陷。

需要测试的一些边界可能是物理渲染的游戏空间，例如：

- 城镇、领地或城市边界；
- 运动场或球场上的球门线、边线、罚球线和终点线；
- 任务或比赛的路标点；
- 开始和结束线；
- 入口和出口。

也有可能不是物理空间的边界，其中包括：

- 任务、游戏或比赛的计时器；
- 游戏人物或车辆能达到的速度；
- 导弹可以发射的距离；
- 图形元素变得可见、透明或不可见的距离。

深入挖掘游戏规则以确定隐藏或暗示的边界。

例如，在美式橄榄球中有与比赛时间相关的规则和活动。美式橄榄球比赛的时间被均分为 4 节，第二节结束后有一个中场休息。如果一支队伍在第四节结束时比另外一支球队有更多的分数，比赛就结束了。距离每个半场结束前两分钟，裁判停止计时，并发出两分钟提示。为了测试一场美式橄榄球比赛，两分钟是一个很好的边界值，看看比赛的第二节和第四节是否能正常开始，或者是否能发出特别的两分钟提示。3 分钟的持续时间也可能很有趣，因为它是在发出两分钟提示之前一段最小持续时间的时间段。

另一个边界值的例子来自《劲爆橄榄球》（*Madden NFL*）移动版。当一个赛季结束、新赛季开始时，"劲爆赛季得分"里保留了玩家的"劲爆现金"余额，但重置了玩家的金币、物品绑定、级别、完成的赛季、等级和成就。

8.3   构建组合表

要了解一张组合表是如何构建的，你可以从一个简单的只有两个可能值的参数表开始。游戏里有很多是这些类型的参数，例如打开或关闭、男性或女性、马里奥或路易吉、黑夜或白天等选项。以下测试结合了星球大战游戏中的绝地武士的角色属性，以测试其对战斗动画和伤害计算的影响。3 个测试参数分别是角色性别（男性或女性）、角色是使用单手光剑还是双手光剑，以及角色是属于原力的光明面还是黑暗面。

教程

该表从前两列中的前两个参数开始，以便覆盖所有 4 种可能的组合，如表 8.1 所示。

表 8.1 　《绝地武士战斗》（*Jedi combat*）测试的前两列

性别	光剑
男性	单手
男性	双手
女性	单手
女性	双手

要构建一张完整的组合表，请重复每个性别和光剑的组合，然后将每个组合与两个可能的原力值组合。当以这种方式添加光明和黑暗"原力"选项时，表的大小将增加一倍，这从行数可以看得出来，如表 8.2 所示。

表 8.2 　完整的《绝地武士战斗》测试的 3 种组合表

性别	光剑	原力
男性	单手	光明
男性	单手	黑暗
男性	双手	光明
男性	双手	黑暗
女性	单手	光明
女性	单手	黑暗
女性	双手	光明
女性	双手	黑暗

在配对组合表里，每个参数的每个值与其他参数的每个值至少组合一次。出现在表中的一组称为"符合"，而表中未出现的一组则称为"不符合"。对于绝地武士战斗表，以下 6 个配对条件必须要满足：

（1）男性与每个光剑选择（单手、双手）配对；

（2）女性与每个光剑选择（单手、双手）配对；

（3）男性与每个原力选择（光明、黑暗）配对；

（4）女性与每个原力选择（光明、黑暗）配对；

（5）单手光剑与每个原力选择（光明、黑暗）配对；

（6）双手光剑与每个原力选择（光明、黑暗）配对。

要创建配对表格，请为表 8.1 添加一列原力值来进行重建。接下来，输入男性角色的光明和黑暗选项，如表 8.3 所示。这符合配对条件 1 和 3：男性与光剑选择配对和男性与原力选择配对。

表 8.3   为男性行添加原力选择

性别	光剑	原力
男性	单手	光明
男性	双手	黑暗
女性	单手	
女性	双手	

将"黑暗"值添加到第一个女性行将符合单手光剑与每个原力选择配对的标准，如表 8.4 所示。

表 8.4   添加女性角色测试的第一个原力选择

性别	光剑	原力
男	单手	光明
男	双手	黑暗
女	单手	黑暗
女	双手	

最后，在第二个女性行中填写"光明"值来生成表 8.5，该表完成了所有参数的配对条件。最后一行包含了女性与每个光剑选择配对、女性与每个原力选择配对，以及双手光剑与每个原力选择配对。

这个新表的大小只有表 8.2 的一半，它是为了考虑所有可能的 3 种组合方式而开发的，而不只是考虑使用参数对。把原力参数加入这些测试中，"不会"增加测试用例数。在许多情况下，配对组合表可以增加复杂性和覆盖率，但不会增加你需要运行的测试次数。这并不总是如此，有时当你继续向表中添加参数时，还需要进行更多的测试。然而，对于同一组参数及其值，配对表的增长将比完整的组合表慢得多。

表 8.5   完整的 3 个绝地武士战斗参数的配对组合表

性别	光剑	原力
男	单手	光明
男	双手	黑暗
女	单手	黑暗
女	双手	光明

在这个简单的例子中，和创建所有相关参数在数学上可能的组合相比，配对技术将所需测试的数量减少一半。该技术及其优点不仅限于具有两个值参数的表，而且具有 3 个或更多选择的参数，可以有效地与任何维度的其他参数组合。当它初见成效之后，可以加入更多的参数来使你的表更高效。

　　我们把被测参数的选项（值）的个数称为维度（dimension）。表具有每个参数的维度特征，每个参数的维度可以按降序写，用上标表示每个维度的参数数量。使用这种标记方法，表 8.5 中完成的绝地武士战斗表被描述为 2^3 表。如果一个表格里，其中一个参数有 3 个值、两个参数有 4 个值以及 3 个参数有两个值，我们称它为 $4^2 3^1 2^3$ 描述表。另一种方法是按降序分别列出参数维度，每个值之间用短横线连接。使用这种标记方法，绝地武士战斗表是一个 2-2-2 表，上述第二个例子可描述为 4-4-3-2-2-2 表。你可以观察到当有大量参数时，第二种标记方法会占用大量的空间。请使用最适合你的描述表的标记方法。

　　使用以下步骤为你的游戏测试创建任意大小的配对表。这些步骤可能并不会总是生成最佳（尽可能小的）尺寸的表，但是你仍然可以获得一个高效的表格。

　　（1）选择具有最多维度的参数。

　　（2）通过列出第一个参数的每个测试值 N 次来创建第一列，其中 N 是下一个最多维度参数的维度数量。

　　（3）通过列出下一个参数的测试值开始填充下一列。

　　（4）对于表中剩余的每一行，在新列中输入参数值，该列提供了表中输入的所有之前参数相关的最大数量的新配对。如果没有找到这样的值，请更改之前在这列输入的一个值，并继续执行此步骤。

　　（5）如果表中有不符合要求的配对，请创建新行并填写创建其中一个配对所需的值。如果所有配对都符合，则返回步骤（3）。

　　（6）使用表中的空白点添加更多不符合要求的配对，以创建最可能的新配对。完成后返回到步骤（5）。

　　（7）使用对应列（参数）的任何一个值来填充空的单元格。

　　下一个例子比之前的例子要复杂一点。使用之前的步骤来完成游戏设置菜单下的一些 *FIFA 15* 比赛参数的配对组合表，以便能够测试其在游戏过程中对用户视觉体验的影响。图 8.1 显示了一部分可用的比赛设置。为了完整的测试，还要验证游戏设置的对话框底部显示的每个设置描述的内容、拼写、大小写和标点符号。例如，当难度级别选择被突出显示时，描述的内容是"根据你的技术，设置对手的难度级别"。

　　半场时间是现实世界中完成一场比赛所需时间的一半。半场时间可选择范围有 4～10 分钟、15 分钟或 20 分钟。该测试设计将使用 4 和 10，以及 20 作为范围边界，因为 20 是该参数的最大值。比赛难度级别的选择范围是从初学者到传奇，所以这两个极端值应该体现出来。比赛裁判在吹犯规哨和掏牌方面各有不同的严厉程度。针对吹犯规哨和掏牌，我们分别选取代表宽容、平常和严厉的裁判来进行测试。只要确保你选择一位对于掏牌的严格程度和吹犯规哨的严厉程度具有相同的属性的裁判。例如，你可以选择 H. G. Monksfield 作为"宽容的"裁判，F. Fredskild 作为"平常的"裁判，M. Barbosa 作为"严厉的"裁判。最后，我们将测试两个极限的游戏速度选择：慢和快。因此，你将创建一个 $3^3 2^3$ 表，由 3 个参数组成，每个参数都有半场时间、裁判和天气 3 种选择；其次是 3 个参数——难度、草地磨损状况和游戏速度，各有两种选择。

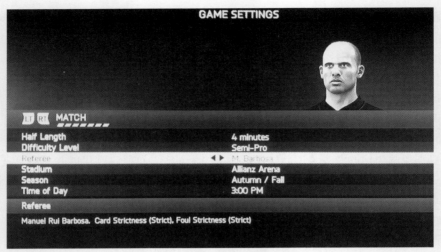

图 8.1　*FIFA 15* 比赛设置的界面

　　如果你不熟悉游戏或足球的详细规则，也没有关系，你只需要理解并遵循构建一个配对组合表的 7 个步骤即可。

　　从步骤（1）和步骤（2）开始制表，并在表的第 2 列中列出 3 个半场时间值。这是因为半场时间是具有最高维度（3）的参数之一。下一个最高维度的参数之一是裁判，裁判也有 3 个维度。

　　接下来，执行步骤（3）并将 3 个裁判中的每一个值放在第 3 列的前 3 行中。表 8.6 显示了此时表格的样子。表中包含了行号，以便可以轻松地指代每个组合（测试用例）。

表 8.6　开始创建 *FIFA 15* 比赛设置测试表

	半场时间	裁判
1	4 分钟	宽容的
2	10 分钟	平常的
3	20 分钟	严厉的
4	4 分钟	
5	10 分钟	
6	20 分钟	
7	4 分钟	
8	10 分钟	
9	20 分钟	

　　执行步骤（4）继续填写下一行。从第四行开始，输入创建最多新配对的裁判参数。因为这只是第 3 列，所以只能创建一个新的配对。"宽容的"裁判已经搭配了"4 分钟"半场时间，所以你可以在第 4 行放置"平常的"来创建一个新的配对。同样，"严厉的"和"宽容的"应该分别列在第 5 行和第 6 行，并分别创建与"10 分钟"和"20 分钟"的新配对。表 8.7 显示了

此过程之后的结果组合。

表 8.7 添加第二组裁判值

行	半场时间	裁判
1	4 分钟	宽容的
2	10 分钟	平常的
3	20 分钟	严厉的
4	4 分钟	平常的
5	10 分钟	严厉的
6	20 分钟	宽容的
7	4 分钟	
8	10 分钟	
9	20 分钟	

继续执行步骤（4），完成裁判列。在第 7 行，输入一个裁判员类型，和"4 分钟"半场时间值构成一个新的配对。"宽容的"（第 1 行）和"平常的"（第 4 行）已经配对过，因此"严厉的"是此行的正确值。用同样的方法继续配对，"宽容的"在第 8 行，"平常的"在第 9 行。表 8.8 显示了以这种方式完成的前两列。

表 8.8 完成了的裁判列

行	半场时间	裁判
1	4 分钟	宽容的
2	10 分钟	平常的
3	20 分钟	严厉的
4	4 分钟	平常的
5	10 分钟	严厉的
6	20 分钟	宽容的
7	4 分钟	严厉的
8	10 分钟	宽容的
9	20 分钟	平常的

执行步骤（5），检查前两列所需的所有配对是否符合要求：

- 半场时间为"4 分钟"与"宽容的"（第 1 行）、"平常的"（第 4 行）和"严厉的"（第 7 行）配对；
- 半场时间为"10 分钟"与"宽容的"（第 8 行）、"平常的"（第 2 行）和"严厉的"（第 5 行）配对；
- 半场时间为"20 分钟"与"宽容的"（第 6 行）、"平常的"（第 9 行）和"严厉的"（第 3 行）配对。

因为前两列所需的所有配对都已经展示在表中了，所以我们将从步骤（5）返回到步骤（3），继续完成"天气"选项及其 3 个测试值的配对。执行步骤（3），在第 4 列的顶部列出天气值"晴天""雨天""阴天"，如表 8.9 所示。

表 8.9　开始配对天气列

行	半场时间	裁判	天气
1	4 分钟	宽容的	晴天
2	10 分钟	平常的	雨天
3	20 分钟	严厉的	阴天
4	4 分钟	平常的	
5	10 分钟	严厉的	
6	20 分钟	宽容的	
7	4 分钟	严厉的	
8	10 分钟	宽容的	
9	20 分钟	平常的	

继续执行步骤（4），为第 4 行（"4 分钟"和"平常的"）添加创建最多配对的天气值。"晴天"已经与第 1 行中的"4 分钟"配对，"雨天"已经与第 2 行中的"平常的"配对，因此"阴天"是此行的正确条目。以相同的方式继续配对，"晴天"在第 5 行中创建两个新配对，"雨天"在第 6 行中创建两个新配对。表 8.10 显示了此时的测试表。

表 8.10　添加第二组天气值

行	半场时间	裁判	天气
1	4 分钟	宽容的	晴天
2	10 分钟	平常的	雨天
3	20 分钟	严厉的	阴天
4	4 分钟	平常的	阴天
5	10 分钟	严厉的	晴天
6	20 分钟	宽容的	
7	4 分钟	严厉的	
8	10 分钟	宽容的	
9	20 分钟	平常的	

继续执行步骤（4）以完成"天气"列。"雨天"在第 7 行中创建两个新配对，"阴天"在第 8 行，"晴天"在第 9 行。表 8.11 显示了完成了的"天气"列。

现在再次检查所有需要的配对是否满足要求。由于前两列已经被验证过，因此不需要再次检查它们。根据之前的两列，检查新的"天气"列，如下所示：

- 半场时间为"4 分钟"与"晴天"（第 1 行）、"雨天"（第 7 行）和"阴天"（第 4 行）配对；

表 8.11 完成天气列

行	半场时间	裁判	天气
1	4 分钟	宽容的	晴天
2	10 分钟	平常的	雨天
3	20 分钟	严厉的	阴天
4	4 分钟	平常的	阴天
5	10 分钟	严厉的	晴天
6	20 分钟	宽容的	雨天
7	4 分钟	严厉的	雨天
8	10 分钟	宽容的	阴天
9	20 分钟	平常的	晴天

- 半场时间为"10 分钟"与"晴天"（第 5 行）、"雨天"（第 2 行）和"阴天"（第 8 行）配对；
- 半场时间为"20 分钟"与"晴天"（第 9 行）、"雨天"（第 6 行）和"阴天"（第 3 行）配对；
- 裁判为"宽容的"与"晴天"（第 1 行）、"雨天"（第 6 行）和"阴天"（第 8 行）配对；
- 裁判为"平常的"与"晴天"（第 9 行）、"雨天"（第 2 行）和"阴天"（第 4 行）配对；
- 裁判为"严厉的"与"晴天"（第 5 行）、"雨天"（第 7 行）和"阴天"（第 3 行）配对。

此时所有必需的配对都满足了，我们将从步骤（5）返回到步骤（3）以添加"难度"参数。表 8.12 显示了添加到第 5 列顶部的两个难度测试值。

表 8.12 启动难度列

行	半场时间	裁判	天气	难度
1	4 分钟	宽容的	晴天	初学者
2	10 分钟	平常的	雨天	传奇
3	20 分钟	严厉的	阴天	
4	4 分钟	平常的	阴天	
5	10 分钟	严厉的	晴天	
6	20 分钟	宽容的	雨天	
7	4 分钟	严厉的	雨天	
8	10 分钟	宽容的	阴天	
9	20 分钟	平常的	晴天	

执行步骤（4），并在第 5 列第 3 行（"20 分钟""严厉的""传奇"）中添加配对最多的极限难度值。"初学者"或"传奇"和此行中的其他 3 个值都能创建一个新配对。对于此练习，请为第 3 行选择"初学者"。继续为第 4 行到第 6 行添加正确的值。第 4 行中的"初学者"

将只创建一个和"初学者"的新配对，因此"传奇"才是放在这里正确的值，可以和"4 分钟"和"阴天"创建新的配对。第 5 行和第 6 行填写"传奇"以在每行中创建两个新配对，即第 5 行中的"严厉的"和"晴天"、第 6 行中的"20 分钟"和"雨天"。表 8.13 显示了第 3 至 6 行中新满足配对的表。

表 8.13　生成新的难度值配对

行	半场时间	裁判	天气	难度
1	4 分钟	宽容的	晴天	初学者
2	10 分钟	平常的	雨天	传奇
3	20 分钟	严厉的	阴天	初学者
4	4 分钟	平常的	阴天	传奇
5	10 分钟	严厉的	晴天	传奇
6	20 分钟	宽容的	雨天	传奇
7	4 分钟	严厉的	雨天	
8	10 分钟	宽容的	阴天	
9	20 分钟	平常的	晴天	

现在为剩下的行选择正确的难度值。第 7 行中的"传奇"不会创建任何新的配对，因为"4 分钟"已经在第 4 行与"传奇"配对，"严厉的"已经在第 5 行与"传奇"配对，"雨天"已经与第 6 行中的"传奇"配对。第 7 行中的"初学者"确实创建了一个新的和"雨天"的配对，所以它是唯一正确的选择。第 8 行和第 9 行必须填写"初学者"，以创建半场时间为"10 min"、裁判为"平常的"的新配对。表 8.14 显示了完成的"难度"列。

表 8.14　完成难度列

行	半场时间	裁判	天气	难度
1	4 分钟	宽容的	晴天	初学者
2	10 分钟	平常的	雨天	传奇
3	20 分钟	严厉的	阴天	初学者
4	4 分钟	平常的	阴天	传奇
5	10 分钟	严厉的	晴天	传奇
6	20 分钟	宽容的	雨天	传奇
7	4 分钟	严厉的	雨天	初学者
8	10 分钟	宽容的	阴天	初学者
9	20 分钟	平常的	晴天	初学者

现在检查"难度"列所有必需的配对是否满足：

- 半场时间为"4 分钟"与"初学者"（第 1、7 行）和"传奇"（第 4 行）配对；
- 半场时间为"10 分钟"与"初学者"（第 8 行）和"传奇"（第 2、5 行）配对；

- 半场时间为"20分钟"与"初学者"（第3、9行）和"传奇"（第6行）配对；
- 裁判为"宽容的"与"初学者"（第1、8行）和"传奇"（第6行）配对；
- 裁判为"平常的"与"初学者"（第9行）和"传奇"（行2、4）配对；
- 裁判为"严厉的"与"初学者"（第3、7行）和"传奇"（第5行）配对；
- 天气为"晴天"与"初学者"（第1、9行）和"传奇"（第5行）配对；
- 天气为"雨天"与"初学者"（第7行）和"传奇"（第2、6行）配对；
- 天气为"阴天"与"初学者"（第3、8行）和"传奇"（第4行）配对。

到现在为止进展很好！满足"难度"列中所需的所有配对后，再次返回到步骤（3），继续填充"草地磨损状况"选项。将"无"和"严重"这两个值添加到第6列顶部，如表8.15所示。

表8.15 开始填充草地磨损状况列

行	半场时间	裁判	天气	难度	草地磨损状况
1	4分钟	宽容的	晴天	初学者	无
2	10分钟	平常的	雨天	传奇	严重
3	20分钟	严厉的	阴天	初学者	
4	4分钟	平常的	阴天	传奇	
5	10分钟	严厉的	晴天	传奇	
6	20分钟	宽容的	雨天	传奇	
7	4分钟	严厉的	雨天	初学者	
8	10分钟	宽容的	阴天	初学者	
9	20分钟	平常的	晴天	初学者	

步骤（4）需要在第6列第3行中填入一个能创建最多配对数量的值，只有草地磨损状况"严重"这个选项会与此行中的其他4个值创建一个新配对。在第4行重复此方法，选择"无"，创建3个新配对（"平常的""阴天""传奇"），而"严重"将只创建一个和"4分钟"的新配对。在第5行和第6行填写"无"，因为它在每一行中创建两个新配对，而"严重"将在每种情况下只添加一个新配对。从表8.16可以看出，第3行选择了"严重"，第4、5和6行选择了"无"，组成了"滚动的阵容"。

表8.16 给草地磨损状况列添加值

行	半场时间	裁判	天气	难度	草地磨损状况
1	4分钟	宽容的	晴天	初学者	无
2	10分钟	平常的	雨天	传奇	严重
3	20分钟	严厉的	阴天	初学者	严重
4	4分钟	平常的	阴天	传奇	无
5	10分钟	严厉的	晴天	传奇	无
6	20分钟	宽容的	雨天	传奇	无

续表

行	半场时间	裁判	天气	难度	草地磨损状况
7	4 分钟	严厉的	雨天	初学者	
8	10 分钟	宽容的	阴天	初学者	
9	20 分钟	平常的	晴天	初学者	

其余行中的"严重"值会为每行创建一个新的配对："4 分钟""宽容的""晴天"。表 8.17 显示了完成了的"草地磨损状况"列。

表 8.17   完成了的草地磨损状况列

行	半场时间	裁判	天气	难度	草地磨损状况
1	4 分钟	宽容的	晴天	初学者	无
2	10 分钟	平常的	雨天	传奇	严重
3	20 分钟	严厉的	阴天	初学者	严重
4	4 分钟	平常的	阴天	传奇	无
5	10 分钟	严厉的	晴天	传奇	无
6	20 分钟	宽容的	雨天	传奇	无
7	4 分钟	严厉的	雨天	初学者	严重
8	10 分钟	宽容的	阴天	初学者	严重
9	20 分钟	平常的	晴天	初学者	严重

现在再次检查新列中所有必需的配对是否满足要求：
- 半场时间为"4 分钟"与"无"（第 1、4 行）和"严重"（第 7 行）配对；
- 半场时间为"10 分钟"与"无"（第 5 行）和"严重"（第 2、8 行）配对；
- 半场时间为"20 分钟"与"无"（第 6 行）和"严重"（第 3、9 行）配对；
- 裁判为"宽容的"与"无"（第 1、6 行）和"严重"（第 8 行）配对；
- 裁判为"平常的"与"无"（第 4 行）和"严重"（第 2、9 行）配对；
- 裁判为"严厉的"与"无"（第 5 行）和"严重"（第 3、7 行）配对；
- 天气为"晴天"与"无"（第 1、5 行）和"严重"（第 9 行）配对；
- 天气为"雨天"与"无"（第 6 行）和"严重"（第 2、7 行）配对；
- 天气为"阴天"与"无"（第 4 行）和"严重"（第 3、8 行）配对；
- 难度为"初学者"与"无"（第 1 行）和"严重"（第 3、7、8、9 行）配对；
- 难度为"传奇"与"无"（第 4、5、6 行）和"严重"（第 2 行）配对。

这就确认了"草地磨损状况"列所需的配对都满足了。该过程之后将返回到步骤（3），以配对最终列中的游戏速度值。将"慢"和"快"值添加到此列的顶部，如表 8.18 所示。

当你从这里继续制表时，新的状况出现了。添加到第 3 行的游戏速度值中的任一个都会创建 4 个新配对，因此两个值都不能选。"慢"创造出新的配对："20 分钟""严厉的""阴天"

"严重"。而"快"创造出新的配对："20 分钟""严厉的""阴天""初学者"。当你浏览一遍表格后，你会发现没有找到适合任何剩余行的首选值。在这件事情上不要相信我。（还记得规则 2 吗？）你可以自己检查！根据步骤（4）"如果没有找到这样的值，请更改之前在这列输入的一个值，并继续执行此步骤"，所以前两行中的其中一行的游戏速度值应该要进行修改。表 8.19 是一张将第二个游戏速度值修改为"慢"的更新表。

表 8.18　开始填充游戏速度列

行	半场时间	裁判	天气	难度	草地磨损状况	游戏速度
1	4 分钟	宽容的	晴天	初学者	无	慢
2	10 分钟	平常的	雨天	传奇	严重	快
3	20 分钟	严厉的	阴天	初学者	严重	
4	4 分钟	平常的	阴天	传奇	无	
5	10 分钟	严厉的	晴天	传奇	无	
6	20 分钟	宽容的	雨天	传奇	无	
7	4 分钟	严厉的	雨天	初学者	严重	
8	10 分钟	宽容的	阴天	初学者	严重	
9	20 分钟	平常的	晴天	初学者	严重	

表 8.19　重新开始填充游戏速度列

行	半场时间	裁判	天气	难度	草地磨损状况	游戏速度
1	4 分钟	宽容的	晴天	初学者	无	慢
2	10 分钟	平常的	雨天	传奇	严重	慢
3	20 分钟	严厉的	阴天	初学者	严重	
4	4 分钟	平常的	阴天	传奇	无	
5	10 分钟	严厉的	晴天	传奇	无	
6	20 分钟	宽容的	雨天	传奇	无	
7	4 分钟	严厉的	雨天	初学者	严重	
8	10 分钟	宽容的	阴天	初学者	严重	
9	20 分钟	平常的	晴天	初学者	严重	

　　从这继续执行步骤（4），可以看到在剩下的行中有明确的选择。第 3 行中的"快"能与前 5 列的每一列创建新配对，而"慢"只会创建 4 个新配对。第 4 行中的"快"创建了 4 个新配对，而"慢"只能创建 3 个新配对，第 5 行和第 6 行从"快"中获得两个新配对，而从"慢"中只获得一个新配对。表 8.20 所示为填写这些值之后的表格。

　　用相同的方法填写表的最后 3 个值。"慢"是在最后 3 行的每一行中创建一个新配对的唯一值。完成了的表格如表 8.21 所示。

表 8.20　添加到游戏速度列

行	半场时间	裁判	天气	难度	草地磨损状况	游戏速度
1	4 分钟	宽容的	晴天	初学者	无	慢
2	10 分钟	平常的	雨天	传奇	严重	慢
3	20 分钟	严厉的	阴天	初学者	严重	快
4	4 分钟	平常的	阴天	传奇	无	快
5	10 分钟	严厉的	晴天	传奇	无	快
6	20 分钟	宽容的	雨天	传奇	无	快
7	4 分钟	严厉的	雨天	初学者	严重	
8	10 分钟	宽容的	阴天	初学者	严重	
9	20 分钟	平常的	晴天	初学者	严重	

表 8.21　完成了的比赛游戏设置测试表

行	半场时间	裁判	天气	难度	草地磨损状况	游戏速度
1	4 分钟	宽容的	晴天	初学者	无	慢
2	10 分钟	平常的	雨天	传奇	严重	慢
3	20 分钟	严厉的	阴天	初学者	严重	快
4	4 分钟	平常的	阴天	传奇	无	快
5	10 分钟	严厉的	晴天	传奇	无	快
6	20 分钟	宽容的	雨天	传奇	无	快
7	4 分钟	严厉的	雨天	初学者	严重	慢
8	10 分钟	宽容的	阴天	初学者	严重	慢
9	20 分钟	平常的	晴天	初学者	严重	慢

检查游戏速度列的所有必需的配对是否满足要求：

- 半场时间为"4 分钟"与"慢"（第 1、7 行）和"快"（第 4 行）配对；
- 半场时间为"10 分钟"与"慢"（第 2 行）和"快"（第 5、8 行）配对；
- 半场时间为"20 分钟"与"慢"（第 9 行）和"快"（第 3、6 行）配对；
- 裁判为"宽容的"与"慢"（第 1、8 行）和"快"（第 6 行）配对；
- 裁判为"平常的"与"慢"（第 2、9 行）和"快"（第 4 行）配对；
- 裁判为"严厉的"与"慢"（第 7 行）和"快"（第 3、5 行）配对；
- 天气为"晴天"与"慢"（第 1、9 行）和"快"（第 5 行）配对；
- 天气为"雨天"与"慢"（第 2、7 行）和"快"（第 6 行）配对；
- 天气为"阴天"与"慢"（第 8 行）和"快"（第 3、4 行）配对；
- 难度为"初学者"与"慢"（第 1、7、8、9 行）和"快"（第 3 行）配对；
- 难度为"传奇"与"慢"（第 2 行）和"快"（第 4、5、6 行）配对；

■ 草地磨损状况为"无"与"慢"（第 1 行）和"快"（第 4、5、6 行）配对；

■ 草地磨损状况为"严重"与"慢"（第 2、7、8、9 行）和"快"（第 3 行）配对。

干得漂亮！通过创建配对组合表，你完成了 9 个测试用例，可用于测试这些游戏参数和值，而它们包含 216 个可能的数学组合（$3 \times 3 \times 3 \times 2 \times 2 \times 2$）。省掉了 207 个测试用例，创建这个表格当然是值得的！还要注意，对于这个表，你不需要使用步骤（6）和（7）。因为不是每一种情况都是这样，所以未来不要排除这种可能。

现在你可以使用表格中的组合来测试游戏，检查和你预期不一样的任何不规则或差异的地方。尽可能早地创建测试表，例如，在生成任何工作代码之前，先把设计文档中提供的信息利用起来创建表。检查任何现有的文档，看看每个组合对应该发生什么是否有明确的定义。这将使你能够提出也许还没有被考虑过的与游戏相关的问题。这是一个预防缺陷和改进游戏的简单方法。

第二种方法是询问与编程或需求相关的人员"如果……会发生什么"这样一些问题，然后去检查你的组合。你可能会惊讶于你得到的答案，例如"我不知道"或"我要去看一下，等会与你联系"。比起在项目后期才发现这些"惊喜"，这是一种更经济的替代方案。在编写代码时，你提的缺陷有可能已经修复了，或者至少被考虑在内了。

不要只是关注当前或近期组合测试产生的效果。重要的是确保菜单选项可用，或按下按钮时功能可用，但中期和长期影响可能会锁定或一直对游戏产生负面影响。其中如下的一些影响要考虑。

■ 我的游戏或会话是否能正确结束？

■ 成就是否能正确存档？

■ 我可以顺利进入游戏或故事吗？

■ 在游戏中采取的行动是否能正确统计到赛季/职业的成就和记录中？

■ 我可以正确地启动游戏和玩新的模式吗？

■ 我可以存储和读取会话或文件吗？

看看下面的故事，我在 *FIFA 11* 比赛设置中进行类似的组合测试时，曾经发现过异常行为。

▋ 关于进球得分的问题 ————————————————————

在我测试的第一场长时间的比赛中，我注意到当比赛进行到尾声，进球得分后继续游戏时，进球时间和进球的球员名字记录错误。进球时间记录的是过去的一个时间。而同一时间，玩家的名字一直被显示。我检查了游戏的比赛屏幕，发现正在报道的这次进球是我的球队打进的第 30 个球。通过表中的其他几个测试案例证实，第 30 个进球，不管发生在比赛的上半场或下半场，这个异常都会持续发生。

当我完成一场比分为 107-0 的比赛时，出现了第二个问题。个人"玩家等级"：目标界面总共只记录了 100 个进球。赛事：目标界面仅列出最近 100 个进球，在前 4 分钟的进球得分没有算进去。

在我玩过的 10 分钟和 20 分钟半场时间的比赛中，我在游戏快结束时遇到了一些延迟和屏幕转换的卡顿。也许这是由于游戏中所有记录事件的日志积累太多，或者出现图形内存管理的问题或其他一些恶意的问题。

在我玩一系列游戏的某个时间点，我注意到当设置"天气＝雨天"开始游戏时，雨水最初在"大厅"中可见，但在短时间后就停了。比赛过程中也没有下雨。这只是其中一个例子，测试工程师需要进行进一步测试和试验以确定哪种组合或组合序列会触发这种现象。

图 8.2 显示了在下半场第 55 分钟的进球情况，被显示成发生在上半场的第 23 分钟。

图 8.2　进球事件的错误报告

8.4　组合模板

本书配套资源

附录 C 和本书配套资源中包含一些预先构建的表。你可以把模板中的条目替换成要测试参数的名称和值来使用它们。这将是一种快速生成少于 10 个测试的表的方法，而不必从头开发它们，然后再验证是否覆盖了所有必需的配对。如果模板中的字母后面出现"＊"（如 B＊），这意味着你可以替换该参数的一些测试值，并且该表仍然是正确的。

教程

要了解这是如何工作的，请根据《光晕：致远星》高级控制器设置界面（见图 8.3）创建一张测试表。首先确定有多少待测试的参数和值。图 8.3 显示了 9 个高级控制器参数及其值的示例。作为练习，将视角反转、视角灵敏度、视角自动居中、蹲伏控制和握紧保护设置互相结合测试。视角灵敏度参数可以是 1～10 的值，其余参数有反转/没有反转、启用/禁用或切换蹲伏/保持蹲伏选项。因为视角灵敏度的范围为 1～10，所以良好的被测值组合将是默认值、最小值和最大值，分别为 3、1 和 10。该测试需要 5 个参数的组合表，其中一个参数值（视角灵敏度）具有 3 个测试值，其余参数具有两个测试值。浏览附录 C，你会发现表 C.18 对应于此配置。

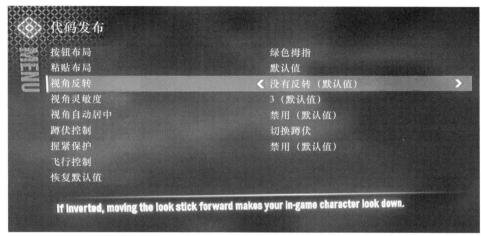

图 8.3　游戏《光晕：致远星》（*halo: Reach*）的高级控制器设置界面

对于每个参数，将一个测试值分配给表格模板中的字母数字占位符。因为视角灵敏度是唯一具有 3 个值的参数，所以把它放在第一列。默认值（3）将分配给 A1，最小值（1）分配给 A2，最大值（10）分配给 A3。将表中的 A1、A2 和 A3 的每个实例替换为其分配的值。此时的表应该如表 8.22 所示。

表 8.22　表格模板中的视角灵敏度值

测试序号	视角灵敏度	参数 B	参数 C	参数 D	参数 E
1	3	B1	C1	D1	E1
2	1	B2	C2	D1	E1
3	10	B1	C2	D2	E1
4	3	B2	C2	D2	E2
5	1	B1	C1	D2	E2
6	10	B2	C1	D1	E2

接下来，选择两个值参数的其中一个，并在模板的参数 B 列中替换其名称和值。选择"视角反转"参数，为表中的每个 B1 实例分配默认值（没有反转），并向每个 B2 实例分配反转值。现在测试表如表 8.23 所示。

表 8.23 添加到表中的视角反转值

测试序号	视角灵敏度	视角反转	参数 C	参数 D	参数 E
1	3	没有反转	C1	D1	E1
2	1	反转	C2	D1	E1
3	10	没有反转	C2	D2	E1
4	3	反转	C2	D2	E2
5	1	没有反转	C1	D2	E2
6	10	反转	C1	D1	E2

剩余列也按照这种方法来填写，第一个条目使用默认值，另一个选项用剩余的值。完整的设计如表 8.24 所示。

表 8.24 完成了的控制器设置表

测试序号	视角灵敏度	视角反转	视角自动居中	蹲伏控制	握紧保护
1	3	没有反转	禁用	保持蹲伏	禁用
2	1	反转	启用	保持蹲伏	禁用
3	10	没有反转	启用	切换蹲伏	禁用
4	3	反转	启用	切换蹲伏	启用
5	1	没有反转	禁用	切换蹲伏	启用
6	10	反转	禁用	保持蹲伏	启用

8.5 生成组合测试

在某些时候，你会发现很难构建和验证数量大的参数和值。幸运的是，James Bach 已经为公众提供了一个可以解决这个问题的工具——Allpairs，本书配套资源提供了该工具。**Allpairs** 工具使用制表符分隔的文本文件作为输入，并生成包含配对组合表的输出文件以及表中每一配对有多少次满足要求的报告。

教程

要使用 Allpairs 这个工具，首先创建一个包含以制表符分隔参数名称列和下表中的测试值的文件。以下是一个基于格斗游戏《死或生 3》（*Dead or Alive 3*，DOA3）的比赛设置的示例：

难度	赛点	生命指标	回合时间
一般	1	最小	没有限制
简单	2	小	30
困难	3	一般	40

非常困难	4	大	50
	5	最大	60
			99

记住，这不是一次构建组合表的尝试，Allpairs 工具会生成表格。这是对你要测试的参数的描述：技能等级、游戏速度、四分之一场的时间以及影响玩家在游戏过程中的视图和视角的各种镜头设置。虽然只有 4 个参数，但它们分别有 4、5、5 和 6 个要测试的值，这将难以手动构建用例和验证。这也意味着如果你想尝试测试所有 4 种组合，则有 600（4×5×5×6）个值。根据两个最大参数（6×5）的维度，预计你会从这些选项的配对组合测试（30～40 的范围内）中获得一个小得多的测试集。

现在打开一个 DOS 命令窗口并输入 "allpairs input.txt>output.txt"，其中 input.txt 是以制表符分隔的参数列表文件的名称，output.txt 是你要存储生成的组合表的名称。确保你运行的 DOS 窗口位于文件所在的目录中，或者提供完整的路径。

对于此 DOA3 表，该命令可能是 allpairs doaparams.txt>doapairs.txt。以下是输出的部分测试用例：

测试用例

用例序号	难度	赛点	生命指标	回合时间	配对
1	一般	1	最小	没有限制	6
2	简单	2	小	没有限制	6
3	困难	3	一般	没有限制	6
4	非常困难	4	大	没有限制	6
5	困难	1	小	30	6
6	非常困难	2	最小	30	6
7	一般	3	大	30	6
8	简单	4	一般	30	6
9	非常困难	1	一般	40	6
10	困难	2	大	40	6
11	简单	3	最小	40	6
12	一般	4	小	40	6
13	简单	1	大	50	6
14	一般	2	一般	50	6
15	非常困难	3	小	50	6
16	困难	4	最小	50	6
17	一般	5	最大	60	6
18	简单	1	最大	60	4

用例序号	难度	赛点	生命指标	回合时间	配对
19	困难	2	最大	60	4
20	非常困难	3	最大	60	4
21	简单	5	最小	99	5
22	一般	4	最大	99	4
23	困难	5	小	99	4
24	非常困难	5	一般	99	4
25	~一般	5	大	没有限制	2
26	~简单	5	最大	30	2
27	~困难	5	最大	40	2
28	~非常困难	5	最大	50	2
29	~困难	4	最小	60	2
30	~困难	1	大	99	2
31	非常困难	~1	最大	没有限制	1
32	~一般	~1	小	60	1
33	~简单	~2	一般	60	1
34	~简单	~3	大	60	1
35	~一般	2	~最小	99	1
36	~简单	3	~小	99	1

你不用手动去做，是不是很高兴？Allpairs 工具将"用例序号"和"配对"列添加到输出中。"用例序号"是唯一标识每个测试用例的序列号。"配对"数字表示每一行里的值组成了多少个配对。例如，第 18 行中的"配对"值为 4。你可以检查第 18 行是否生成 4 个新的配对：简单和最大、简单和 60、1 和最大以及 1 和 60。表的第 17 行满足了配对最大和 60，而简单和 1 配对首先出现在第 13 行。

以"～"符号开头的数值是通配符。也就是说，该参数的任何值都可以在那里填写，而不需要删除一个必要的配对来完成表。该工具可以任意选择，但是你作为知识渊博的测试工程师，可以替换成更常见或者众所周知的值，例如默认值或者过去导致缺陷的值。

Allpairs 的输出还会生成一个配对详细信息列表，它是每个必需配对的详尽列表，以及包含该配对的所有行。针对 DOA3 表列出的配对之一是：

赛点   难度   1   简单   13、18

这意味着配对"赛点=1"和"难度=简单"分别在表的第 13 行和第 18 行中出现 2 次。

在同一个列表中，条目为：

回合时间   生命指标   60   最大   4   17、18、19、20

将"回合事件=60"和"生命指标=最大"配对对应到组合表的第 17 至 20 行。如果你希望将测试限制在特定配对的所有实例上，这种信息特别有用。这样做的一个原因是限制一个发布的验证测试范围，该发布只修复一个特定配对引起的缺陷。

配对详细信息的另一个用途是通过立即测试这张表中与刚刚失败的测试具有相同配对的其他条目，快速缩小导致新缺陷的可能原因范围。例如，如果第 13 行中的测试失败，请搜索"配对详细信息"列表中的第 13 行中包含的其他配对，然后对除第 13 行以外的其他行进行测试。这是第 13 行满足的配对：

回合时间	赛点	50	1	1	13
回合时间	生命指标	50	大	1	13
回合时间	难度	50	简单	1	13
赛点	生命指标	1	大	2	13、30
赛点	难度	1	简单	2	13、18
生命指标	难度	大	简单	2	13、34

根据这些信息，接下来可以测试 18、30 和 34 来帮助识别导致缺陷的配对。如果上述 3 个配对没有一个测试失败，那么原因将缩小为前 3 个配对，这只有在第 13 行：50 和 1、50 和大或 50 和简单中找到。如果测试 18 失败，那么 1 和简单配对有可能是引起问题的原因。同样，如果测试 30 失败，则推测为 1 和大配对。如果测试 34 失败，你可以将大和简单配对作为缺陷报告中出现问题的原因。

Allpairs 输出文件是制表符分隔的，因此你可以将其粘贴到 Microsoft Excel 或支持该格式的任何其他程序中。你可以在本书配套资源中找到 Allpairs 工具文件和本章中的示例，包括完整的输出文件。

8.6 组合经济学

在本章中的示例中，表格的生成非常高效，仅仅几十个测试用例就涵盖了数百种潜在的组合。事实证明，这些还是非常普通的例子。一些配置甚至可以减少超过 100：1、1,000：1，甚至超过 1,000,000：1 比例的工作量。这一切都取决于你使用参数的数量以及你为每个参数指定的测试值的数量。你总是想少做些测试吗？

一些游戏功能是非常重要的，比起其他游戏功能，他们需要更全面的测试。一种在你测试游戏时使用配对组合测试的方法是对关键功能进行全面的组合测试，对其余部分进行配对测试。假设你将 10% 的游戏功能标识为"关键"，并且每个功能有平均 100 个相关测试（大约 $4 \times 4 \times 3 \times 2$ 的矩阵）。可以合理地进行预期：剩余 90% 的功能可以使用配对组合表进行测试，每个功能只需要使用 20 个测试。所有功能的完全组合测试的成本为 $100 \times N$，其中 N 为要测试的功能的总数。这些功能中 90% 的配对组合测试的成本是 $100 \times 0.1 \times N + 20 \times 0.9 \times N = 10 \times N + 18 \times N = 28 \times N$。在这些 90% 的非关键功能上使用配对测试，可以节省 72% 的成本。

在整体策略中使用组合测试的另一种方法是创建一些表用于"可用性"测试。你在项目初期运行的测试数量将会比较少，然后一旦游戏通过了可用性测试，你可以依靠其他方法进行"传统"或"全面"测试。知道哪些组合可以正常工作也有利于你在录制预发布视频、演练或公开演示时选择要显示的情景。

在每一种情况下，你的团队找到和消除缺陷的成本最低的方法是在游戏生命周期中尽早创建配对组合表，并调查每个测试用例的潜在结果。一旦设计文档或者故事情节成型，就可以根据当时可用的信息创建组合表，并和需求方核对一下你生成的组合场景。

如果你在项目初期就知道人员、工作量或者资金方面的测试预算，你必须选择好如何分配资源，以便尽可能好地测试游戏。配对组合测试在覆盖的广度和深度上提供了良好的平衡，使得你可以测试更多的游戏模块，而不仅仅是将资源集中在少数几个模块。

8.7　练习

1．解释配对组合表和完整组合表之间的差异。

2．解释参数和值之间的差异。

3．使用适当的模板将游戏设置规则中的"越位"（打开/关闭）参数添加到表 8.21 所示的 *FIFA 15* 比赛设置测试表。

4．*FIFA 11* 发现的一些问题与"半场时间"有关，在 *FIFA 15* 比赛设置测试表中添加 3 个新行，将"15 分钟"半场时间与其他 5 个参数配对。

5．使用 Allpairs 工具为 iOS 和 Android 上的手机游戏《王国战争》（*Kingturn RPG*）的一些设置创建组合表。测试的第一个参数是"声音"，值为打开和关闭。第二个参数是"难度"，值为轻松难度、平常难度、战略家难度、大师难度和国王难度。第三个参数是"永久淘汰赛"，值为打开和关闭。最后，加入"手势缩放"参数，其包含了最慢、较慢、默认、较快、最快这些值。

第 **9** 章

测试流程图

本章主要内容如下。

- 创建测试流程图；
- 定义数据字典；
- 路径策略；
- 生成测试用例。

测试流程图（Test Flow Diagram，TFD）是从玩家的视角表示游戏行为的图形模型。测试工程师根据流程图，用熟悉和出人意料的方式进行游戏。

TFD 提供了一种正式的测试设计方法，可以促进测试模块化和提高完整性。如果同样的行为在不同的游戏或功能中都是一致的，测试工程师就可以频繁地使用 TFD。这种好处可以延伸到游戏续集和其他平台的移植版本。TFD 的图形化特性使测试工程师、开发工程师和制作人能够轻松地对测试设计进行评审、分析和提供反馈。

9.1 TFD 的元素

TFD 是通过组合各种被称为"元素"的图形组件来创建的。这些元素根据特定的规则被绘制、标记和相互连接。遵循这些规则，能让测试团队的所有人理解你的测试是如何进行的，并且在以后的游戏项目中更容易复用这些规则。如果你的团队使用开发软件工具来处理或分析 TFD 内容，那么这些规则将变得更加重要。

9.1.1 流

流（flow）是一条连接游戏的一个"状态"到另一个"状态"的线条，箭头表示流的方向。

每个流都有唯一的标识（Identification，ID）号、一个事件和一个操作。冒号（"："）将事件名与流 ID 号分隔开，而斜线（"/"）将操作与事件分隔开。在测试期间，你要执行的是由事件指定的内容，然后检查操作和流的目标状态。图 9.1 显示了一个示例流和它的每个组件。

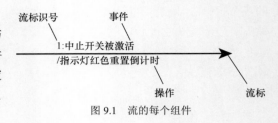

图 9.1　流的每个组件

9.1.2 事件

事件（event）是由用户、外围设备、多人网络或内部游戏机制发起的操作。我们把事件看作在游戏中明确完成的事情。捡起一个物品、施展某个法术、发送聊天信息给另一个玩家等都是事件的例子。TFD 无须代表当前被测游戏部分的所有可能性的事件。现在担任测试设计师的每个测试工程师都有权利用自己的知识和判断来选择正确的事件，以实现单个 TFD 或一组相关的 TFD。一个新的事件应该考虑以下 3 个因素：

（1）可能与其他事件的交互；

（2）与事件相关的独特的或重要的行为；

（3）作为事件结果的独特的或重要的游戏状态。

一个流上只能指定一个事件，但是多个操作可以用单个事件来表示。当每个实例具有完全相同的含义时，同一个事件名称可以在 TFD 上出现多次。事件能让游戏从一个状态过渡到一个新的状态。

9.1.3　操作

一个操作（action）表现为对某一事件做出暂时或过渡的行为，对测试工程师而言，这是导致或执行事件时要检查的结果。操作可以通过人类的感官和游戏平台设备来感知，包括声音、视觉效果、游戏手柄反馈和通过多人游戏网络发送的信息等。操作不会随着时间持续。它们可以在发生时被感知、检测或测量，但是在一段时间后就不能再被感知、检测或测量。

一个流只能指定一个操作，但多个行动可以由一个操作表示。当每个实例具有完全相同的含义时，操作名称可以在 TFD 上多次出现。

9.1.4　状态

状态（state）表示持续的游戏行为，并且是可重入的。只要你不退出当前状态，你就可以继续观察同样的行为，并且每次你回到这个状态时，你应该可以看到完全相同的游戏行为。

用一个带有唯一名字的"气泡"（气泡框）来描绘一个状态。如果相同的行为适用于图上的多个状态，则考虑它们是否可以是相同的状态。如果可以是相同的状态，则删除这些重复项，然后对应地重新连接流。每个状态必须至少有一个流进入，一个流退出。

9.1.5 图元

事件、操作和状态也被统称为图元（primitive）。

图元定义了 TFD 上的行为细节，使 TFD 不会杂乱无章。图元组成了 TFD 的"数据字典"。这些定义可以是文本（例如英语）、软件语言（例如 C++），或可执行的模拟器或测试语言（例如 TTCN）。有关详细信息和示例，参见下面的数据字典部分。

9.1.6 终结者

这个终结者可不是好莱坞电影里在未来为战争而研发的机器。这里的终结者（terminator）指的是 TFD 里特殊的框，一般用于表示测试的开始和结束。确切而言，在每个 TFD 上都应该出现两个这样的框。一个是 IN 框，它通常只有一个指向一个状态的流。另一个是 OUT 框，有一个或多个流从一个或多个状态进入 OUT 框。

9.2 TFD 设计活动

创建一个 TFD 并不仅仅是机械地输入或绘制一些已经以另一种形式存在的信息。这是一项设计活动，要求测试工程师成为一名设计师。一个完成 TFD 并且让它运行起来的可行方法是完成 3 个阶段的活动：准备、分配和构建。

9.2.1 准备

收集游戏功能需求的来源。

根据项目分配给你的工作或游戏测试计划，确定属于计划的测试范围内的需求。这可能包括任何的故事情节、设计文档、演示画面或正式的软件需求，以及新游戏所基于的旧标题，例如续作或衍生产品。

9.2.2 分配

预估需要的 TFD 的数量，并将游戏元素映射到每一个 TFD。

将大量的需求分成小块，并尝试在相同的设计中涵盖相关的需求。解决这个问题的一种方法是测试游戏中提供的各种能力，例如捡起武器、用武器射击、治疗等。根据不同的武器类型或恢复健康的不同方法，为每种能力规划一个或多个 TFD。另一种方法是将情境或场景映射到单独的 TFD 上，并将重点放在具体的成就上，这些可能是单个任务、过关模式、比赛或挑战，具体取决于你测试的游戏类型。在这种情况下，根据你在游戏中选择的路径，你会发现特定的目标或结果是可以实现的。基于成就的 TFD 设计可以代替能力方法，也可以作为能力方法的补充。不要试图把太多的内容集成到一个单一的设计中去。比起一个复杂的 TFD，完成和管理一些简单的 TFD 更容易些。

9.2.3　构建

从"玩家的视角"，在分配给他们的 TFD 上对游戏元素建模。

TFD 不应该基于游戏中任何实际软件设计结构。TFD 代表的是测试工程师在一个图表中对所展现的游戏状态的解读，即他所预估发生的游戏流程走向。创建一个 TFD 并不是机械地构建一个组合表，而是一门艺术。相同的游戏功能，所构建的 TFD 可能会有很大的不同，这取决于构建 TFD 的测试工程师。

使用空白页或模板开始构建 TFD。你可以从纸上开始，然后把你的工作转换成电子形式，或者在你的计算机上一次性地完成所有的工作。本章后面将讨论模板的使用。按照下面的步骤从零开始构建你的 TFD。本章后面的一个例子阐述了这些步骤的应用。

（1）打开一个文件，并给它一个唯一的名称来描述 TFD 的作用域。

（2）在页面的顶部附近绘制一个方框，并在其中添加文本"IN"。

（3）画一个圆圈，把你的第一个状态的名字填写在里面。

（4）从 IN 框到你的第一个状态画一个流，将事件名称添加到流中。

> **注意**
>
> 不要在这个阶段对任何流进行编号，这将在最后完成，来避免由于后续设计流程中你改了图表，你要记住编号和改变编号。

和第 8 章中构建配对组合表的步骤不同的是，构建测试流程图的中间步骤不必遵循任何特定的顺序。你可以一边发散思维地去测试游戏场景，一边去构建图表。你应该迭代和动态地创建图表，因为图表本身也会提出关于可能事件及其结果的疑问。当你毫无头绪或者认为你已经完成的时候，请参考下面的步骤，以确保你不会遗漏任何流程。

（1）从你的第一个状态开始，继续添加流和状态。流可以连接回原始状态，以测试这些必需的行为：短暂的（操作）或丢失的（因忽略而没有操作）。

（2）追踪记录每个流到一个或多个需求、选项、设置或功能。这可以通过简单地在列表中打钩，或者高亮突出游戏设计文档的一部分来完成；或者正式一点，可以在需求追踪矩阵（Requirements Traceability Matrix，RTMX）中记录这些信息来完成。

（3）对于状态（A）和状态（B）之间的每个流，检查从 B 到 A 的可能方法的需求，并适当地添加流。如果有需求既不禁止也不允许出现这种可能性，那么请从游戏、功能或等级设计角度来评审这个问题，以确定需求是否缺失（最可能）、错误或不明确。

一旦所有需求都可以用至少一个流来追踪，检查图表上是否还有其他或者额外的方法去实现每个需求。如果一个流看起来是合适的、必要的或明显的，但是没有被任何游戏文档记录的话，确定是否存在需求缺失或需求不明确的情况。否则，考虑流是否超出了当前正在构建的 TFD 的定义范围。

按本书显示的顺序来完成这些最后的步骤。

（4）添加 OUT 框。

（5）选择哪个状态或哪些状态应该连接到 OUT 框。你的标准应该包含：在测试过程中选择一个合适的位置，停止测试，然后启动下一个测试，或者选择那些在 TFD 建模的技能或者成就结束时自然出现的状态。对于这些状态中的每一个，提供一个流连接到带有"Exit"事件的 OUT 框，但在任何状态下都不应该有多个这样的流。

（6）将 IN 和 OUT 框更名为 IN_xxx 和 OUT_xxx，其中 xxx 是对你的 TFD 的一个简要描述。更名在最后才做，防止在构建 TFD 的过程中你的范围或重点发生了变化。

（7）对所有流进行编号。

9.3 绘制一个 TFD 实例

为了绘制一个 TFD，你需要一个绘图应用程序，该程序可以绘制圆形、带箭头的线条、正方形和其他矩形，并能够为每个元素添加数字和文本。微软的 PowerPoint 是一款足以胜任这项工作的工具，或者你可能更喜欢微软的 Visio 或 SmartDraw 里更丰富的功能。

你的第一个 TFD 实例将基于捡起武器和弹药的能力。游戏要能正确地同步你的弹药数量并执行正确的音效和视觉效果。这是第一人称射击游戏、角色扮演游戏、动作/冒险游戏、街机游戏，甚至一些赛车游戏所需要的能力。这项测试看似微不足道，但是纵观游戏《虚拟竞技场》的整个历史，弹药缺陷始终困扰着玩家们。例如下面的缺陷：

"混乱版《虚幻竞技场》的弹药不能重复使用"

"《虚幻竞技场 2004》具有无限弹药"

"故障：无限来福枪弹药的标签显示 "

注意

当你按照本章的示例来绘图的时候，使用你最喜欢的绘图工具来创建你自己的图表文件。安排自己的布局和编辑方式，然后将你设计的图表与示例图的每一步进行比较。

所有的 TFD 都从 IN 框开始，紧跟着的是指向游戏第一个状态的流。你想要观察或者你需要达到这个状态才能开始测试。不要用启动屏幕开始每一个测试，除非你想用 TFD 测试它。直接跳到游戏中你想要开始做的事情（事件）的地方，在这里检查操作、状态等。

在这个 TFD 中，第一个状态将代表玩家没有武器和弹药的情况。画一个流把 IN 框连接到"没枪没弹药"的状态。根据本章前面描述的过程，在流中输入事件名称"进入"，但先不要输入 ID 号。图 9.2 显示了这时 TFD 的模样。

下一步是对玩家在这种情况下行动后会发生些什么进行建模。一个可能的反应是找到一把枪并捡起它。有枪和没枪会有明显的差异。一把枪出现在你的物品栏里时，你的角色显示为握着枪，而十字准星出现在当前屏幕中央。为这种情况创建一个单独的状态是有原因的。保持命名简洁的风格，并将新状态命名为"有枪"。此外，在获得枪的过程中，游戏可能会产生一些临时的效果，例如播放捡起武器的声音，并在显示屏上显示识别的武器。流中的一个操作代表着多个临时效果。将流的事件命名为"获得枪"，操作命名为"枪特效"。图 9.3 显示了有枪的流和新状态的 TFD。

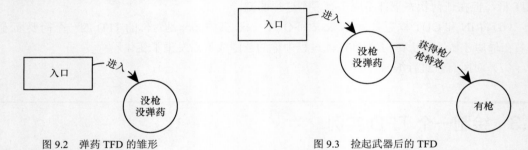

图 9.2 弹药 TFD 的雏形　　　　　　　　　图 9.3 捡起武器后的 TFD

因为在得到武器之前，玩家也有可能先找到并拿起弹药，所以添加另一个流，这个流是从"没枪没弹药"到获得弹药的状态，并检查弹药的音效和视觉效果。还应该添加一个新的目标状态，称之为"有弹药"的状态。这个状态与"有枪"的状态命名规范一致，此时，你的 TFD 应该如图 9.4 所示。

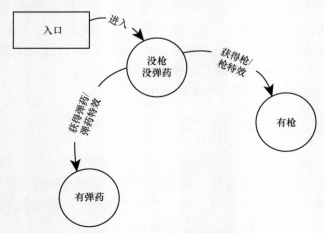

图 9.4 有枪状态和有弹药状态的 TFD

　　现在，图 9.4 中有几个状态，检查是否有任何可以添加的流，从每个状态返回到前一个状态。你通过捡起武器来达到"有枪"的状态，也有可能通过丢弃武器回到"没枪没弹药"的状态。同样地，当玩家以某种方式丢掉弹药时，应该会有一个流从"有弹药"状态回到"没枪没弹药"状态。如果有多种途径可以做到这一点，那么每种途径都应该出现在你的 TFD 中。一种方法可能是将弹药从物品栏中删除，另一种方法可能是执行重新加载功能。对于本例，只需添加通用的移除弹药事件及相应的音效即可。为了阐述在一个 TFD 中复用动作，图表将显示同样的音效，这类音效被用来移除武器或弹药。这意味着，"移除枪"事件也会触发"移除音效"操作。图 9.5 显示了从"有枪"状态和"有弹药"状态返回的流。

　　现在这个测试代表了只有枪和只有弹药的状态，把这两个概念联系在一起，一旦你有了枪并拿到了弹药，其结果所产生的状态称为"有枪有弹药"状态。你应该意识到，一旦你有了弹药并捡起了枪，也会把你带到这个同样的状态。图 9.6 显示了添加到 TFD 中的新的流，以及"有枪有弹药"状态。

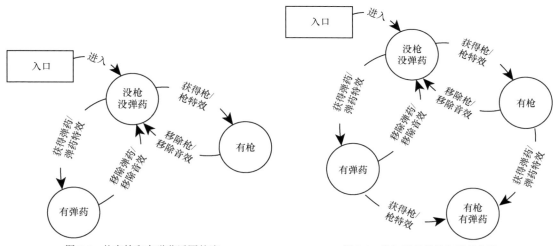

图 9.5　从有枪和有弹药返回的流　　　　图 9.6　增加了获得枪和弹药的流

　　你也许已经注意到了，当添加新的状态时，最好在图中留一些空间，以便在进一步设计过程中添加一些流或状态。对"有枪有弹药"状态，用之前你处理"有弹药"和"有枪"两种状态相同的方法处理，这样会用掉一些空间：创建返回流来表示当枪或弹药被丢弃时所发生的事情。产生的一个问题是，你的弹药是还在物品栏里，还是当枪被丢弃时就随枪消失。这个测试是基于当你有相匹配的武器时弹药会自动加载，所以这个"移除枪"事件会让你从"有枪有弹药"状态回到"没枪没弹药"状态。注意不要执着于图表的对称性，这只是有时会出现，因为流并不总是返回到之前的状态。图 9.7 显示了带有这些附加流的 TFD。

　　移除枪时，评估一下是否有添加其他流的可能性，让余下的部分与测试目的保持一致。也就是说，有没有什么方法可以在操纵弹药或枪时用到新的 TFD 流或状态？从最下游的状态开始，然后向上走。如果你有枪和弹药，除了丢弃弹药，还有什么办法可以达到有枪但是没有弹药的状态？这可以通过射击来使用弹药，所以你可以一直射击，直到所有的弹药耗尽，最后回到"有枪"状态。因为这个转换中所涉及的两个状态都已经在图上了，所以你只需要添加一个新的流，就是从"有枪有弹药"状态到"有枪"状态的流。同样地，除了捡起一把没子弹的枪，你可能还会幸运地捡到一把有一些子弹的枪。这就产生了一个新的流，即从"没枪没弹药"状态到"有枪有弹药"状态的流。图 9.8 所示的 TFD 中添加了这些全新而有趣的流。

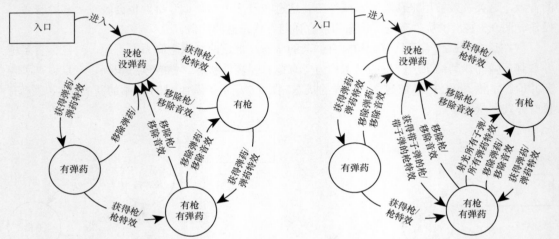

图 9.7   返回的流是从"有枪有弹药"状态中添加的   图 9.8   增加了带有弹药的枪和射击的流

注意，一些现有的流被稍微移动了一下，以便为新流和它们的文本腾出空间。"射光所有子弹"状态会触发声音、图形效果和对其他玩家或环境造成伤害。执行"获得带子弹的枪"操作将会产生类似于单独捡起无弹药的枪和弹药的结合效果。这些新事件的操作被命名为"所有弹药特效"和"带子弹的枪特效"，以反映这样一个事实：这些多重效果是会出现的，并且测试工程师需要对它们进行检查。"射光所有子弹"事件说明你的测试事件不必过于强调"原子性"。对于每一回合的弹药射击，你不需要执行一个单独的事件和流，除非这正是你测试所关注的。

就和你刚刚为"有枪有弹药"状态所做的一样，对"有枪"状态和"有弹药"状态也进行同样的操作。有一个问题：那些状态是否会产生其他效果，从而产生一个过渡状态或新的动作。你应该意识到你随时可以尝试射击，不管你是否有弹药，所以当你试图无弹药射击时，应该有一个流代表游戏的行为，这个流是从"有枪"状态产生的流。这个流的方向何去何从？它会回到"有枪"状态。这是一个循环，如图 9.9 所示。

这时，根据本章之前给出的步骤，只剩下两件事情要做：添加 OUT 框、对流编号。请记住，完全可以任意编号，唯一的要求是每个流都有一个唯一的编号。

另一件事是命名 IN 和 OUT 框来标识这个特定的 TFD，它可能是为游戏各种功能而创建的多个 TFD 集合的一部分。这也在数据字典定义中，也能使这些框独一无二地指定测试设置和销毁过程。本章后续部分将对其进行进一步详细讲述。

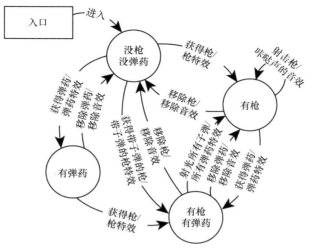

图 9.9　增加了无弹药射击的流

　　一旦完成了你的图表，请确保保存你的文件并给它命名一个适当的描述性名称。图 9.10 显示了已完成的弹药 TFD。

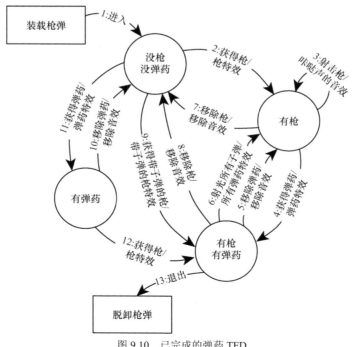

图 9.10　已完成的弹药 TFD

9.4 数据字典

数据字典（data dictionary）为 TFD 集合中的每个唯一命名的图元提供了详细说明。这意味着，在 TFD 和多个 TFD 中，任何复用的图元名称在测试期间都将具有相同的含义。将 TFD 上的图元名称看作包含其定义的页面的超链接。当你在脑海中"单击"其中一个名字时，你会得到相同的定义，无论你单击哪个名字。

9.4.1 数据字典应用

如果你使用 SmartDraw 来创建和维护你的 TFD，通过高亮显示事件、操作或状态的文本，并从"工具"下拉列表中选择"插入超链接"，你可以实现这一点。然后，手动浏览一个包含图元描述的文本或 HTML 文件。如果你使用 HTML 文件进行描述，那么你也可以导出你的图表以使你的测试可以作为网页访问。通过从"文件"菜单中选择"发布到 Web"来实现这一点。

由你决定你的定义应该多正式。在对产品比较熟悉的小型团队中，如果你信任执行测试的人员（规则 2），那么 TFD 本身就已经足够了。对大型团队而言，在项目过程中，尤其是新成员进出测试团队时，数据字典将提供更加一致和彻底的检查，同时帮助测试工程师更好地遵守测试的目的。你也许也希望在开发初期 TFD 不要很正式，直到开发团队更加清晰地了解他们想要呈现怎样的游戏。一旦游戏趋于稳定，就可以在数据字典中获取信息。

9.4.2 数据字典复用

当在不同游戏或游戏元素之间复用 TFD 时，数据字典也是一个重要的工具。例如，图 9.10 中的弹药 TFD 抽象地说明了"枪"和"弹药"。大多数涉及武器的游戏都提供多种武器和弹药，而这些武器和弹药是某款游戏特定的。通过为每个不同的武器类型制作 TFD 的副本，更改事件、操作和状态名称去匹配，你可以为其他游戏构造 TFD。另一种可选择的方法是保留一个通用的 TFD，然后应用不同的数据字典来明确地说明每个武器和弹药类型的 TFD。

对《虚幻竞技场》或任何其他第一人称射击游戏而言，一个好的策略是使用单个 TFD，但是对于不同的武器/弹药组合，例如防空加农炮/防空弹药、肩扛式导弹发射器/导弹弹药包、冲击步枪/冲击核心子弹等，都有不同的数据字典。每个数据字典都可以详细阐述每一对相关的不同音效、视觉和伤害效果。

9.4.3　数据字典实例

通过定义图中的每个元素来构建数据字典。"执行"项（事件）通常被编写至字典中。"检查"项（操作和状态）应以列表形式用破折号或项目符号作为前置，以将其与"执行"项从视觉上分隔。在测试时，你还可以使用复选框字符□，在运行测试时可以勾选或者不勾选该复选框。这非常有助于测试工程师记录测试情况。

下面定义了图 9.10 中生化步枪的弹药 TFD 数据字典，按照字母顺序排列以便于搜索。本书配套资源里也提供了单独的定义文件。

弹药特效

❑ 检查：确定触发了生化步枪弹药的音效。

❑ 检查：确定游戏画面底部、枪图标上方以白色字体的文字短暂地显示"你捡到了一些生化步枪弹药"。

❑ 检查：确定游戏画面上所有临时文字会慢慢消失。

移除枪

按"\"键移除你选择的武器。

移除物品的音效

检查：确定物品发出了掉落的声音。

进入

选择一个比赛，然后单击"FIRE"按钮开始比赛。

退出

按 Esc 键退出比赛。

获得弹药

在竞技场的地板上发现一个生化步枪的弹药包，然后朝它走过去。

获得枪

找到一把悬浮在竞技场地板上方的无弹药的生化步枪，然后走近它。

获得带子弹的枪

找到一把悬浮在竞技场地板上方的带子弹的生化步枪，然后走近它。

枪特效

❑ 检查：确定触发了生化步枪的音效。

❑ 检查：确定游戏画面底部、枪图标上方以白色字体的文字短暂地显示"你获得了生化步枪"。

❑ 检查：确定在"你获得了生化步枪"的文字上方，游戏同时短暂地以蓝色文字显示"生化步枪"。

❑ 检查：确定游戏画面上所有临时文字会慢慢消失。

有弹药

❑ 检查：确定在画面底部的武器栏中，生化步枪的图标是空的。

❑ 检查：确定在你的角色身前的生化步枪枪管没有渲染出来。

❑ 检查：确定你不能使用鼠标滚轮选择生化步枪武器。

❑ 检查：确定屏幕中心瞄准线标没有变化过。

有枪

❑ 检查：确定生化步枪图标出现在画面底部的武器栏中。

❑ 检查：确定你的角色身前的生化步枪枪管渲染出来了。

❑ 检查：确定你可以使用鼠标滚轮选择生化步枪武器。

❑ 检查：确定画面中央，生化步枪瞄准准星以一个小的蓝色三角形的形式出现。

❑ 检查：确定画面右下角的弹药数量显示为 0。

有枪有弹药

❑ 检查：确定生化步枪图标出现在画面底部的武器栏中。

❑ 检查：确定你的角色身前的生化步枪枪管渲染出来了。

❑ 检查：确定你可以使用鼠标滚轮选择生化步枪武器。

❑ 检查：确定画面中央，生化步枪瞄准准星以一个小的蓝色三角形的形式出现。

❑ 检查：确定画面右下角的弹药数量显示为 40。

IN_GunAmmo 框

在测试计算机上启动《虚幻竞技场》。

带子弹的枪效果

❑ 检查：确定触发了生化步枪的音效。

❑ 检查：确定游戏画面底部、枪图标上方以白色字体的文字短暂地显示"你获得了生化步枪"。

❑ 检查：确定在"你获得了生化步枪"的文字上方，游戏同时短暂地以蓝色文字显示"生化步枪"。

❑ 检查：确定游戏画面上所有临时文字会慢慢消失。

没枪没弹药

❑ 检查：确定在画面底部的武器栏中，生化步枪图标为空。

❑ 检查：确定在你的角色身前的生化步枪枪管没有渲染出来。

❑ 检查：确定你不能使用鼠标滚轮选择生化步枪武器。

OUT_GunAmmo 框

在主菜单中，单击"EXIT"按钮来退出游戏。

甚至可以包括屏幕截图、美术设计文档或者美术原画，以便为测试工程师提供视觉参考，这与超链接和网页发布方法很好地配合。当游戏接近完成时，更新参考用的上述的图，这样可以展示出画面布局的变化和成熟度，以及游戏的艺术度。图 9.11 所示的屏幕截图中包含了用于测试生化步枪的弹药特效，它显示了"拾取"的确认文本信息在屏幕上是如何渲染出来的。

图 9.11 《虚幻竞技场 2004》生化步枪的弹药特效

同样，图 9.12 所示的屏幕截图阐述了一个有用的实例，利用屏幕截图展示了生化步枪的持枪特效动作，说明玩家拾取了生化步枪，而且这把枪现在是玩家正在使用的武器。

图 9.12 《虚幻竞技场 2004》生化步枪的持枪特效

9.5 TFD 路径

测试路径是一系列的流，流的编号是它们被遍历的顺序。路径从 IN 状态开始，到 OUT 状态结束。一组路径提供了适合原型、模拟或测试的行为场景。

路径定义了一个单独的测试用例，可以"执行"它来探索游戏行为。路径执行遵循 TFD 上的事件、操作和状态。文本化的脚本可以按照在路径上出现的顺序剪切和粘贴图元来构建。然后测试工程师按照脚本执行每个测试，并参考数据字典的每个图元的详细信息。自动化脚本以相同的方式创建，只是代码行被粘贴在一起，而不是给测试工程师的文本指令。

单个 TFD 中，可能有许多路径。可以根据项目期间的单个策略执行测试，或者根据游戏代码在不同里程碑的成熟度而变化。只要不改变正确的游戏需求和游戏行为，TFD 就会保持不变。以下所示的一些策略有助于选择测试路径。

9.5.1   最小路径的生成

此策略的设计意图是生成最小数量的路径，从而覆盖图中所有的流。在这种背景下，"覆盖"意味着在测试中至少使用每条流一次。

运用最小路径集的好处是你有一个较低的测试数量，而且你至少运行了图中所有部分一次。缺点是这种方式倾向于使用长路径，图上有些部分在项目后期才会测到，而且长路径在一开始就有可能是错误的。

下面是在图 9.10 中找到 TFD 的最小路径的过程。从 IN 开始，从流 1 移至"没枪没弹药"状态。然后通过流 2 到"有枪"状态。由流 3 循环回到"有枪"状态，接着，通过流 4 退出"有枪"状态。到目前为止，最小的路径是 1、2、3、4。

现在从"有枪有弹药"状态通过流 5 回到"有枪"状态。因为流 6 也从"有枪有弹药"状态到"有枪"状态，所以再次进行流 4，这次用流 6 回到"有枪"状态。这个阶段的最小路径是 1、2、3、4、5、4、6，但是仍然需要覆盖更多的流。

通过流 7 从"有枪"状态回到"没枪没弹药"状态。至此，你可以用流 9 到达"有枪有弹药"状态，然后用流 8 返回。现在路径是 1、2、3、4、5、4、6、7、9、8。现在剩余要做的就是使用 TFD 左边的流。

你又一次处于"没枪没弹药"状态，所以要通过流 11 来到达"有弹药"状态，然后通过流 10 回到"没枪没弹药"状态。当前只剩下流 12 和流 13，所以从流 11 回到"有弹药"状态，你可以在那个位置从流 12 到达"有枪有弹药"状态，然后通过流 13 到达 OUT 框。完成的最小路径是 1、2、3、4、5、4、6、7、9、8、11、10、11、12、13。TFD 上的所有 13 个流都包含在 15 个测试步骤中。

对于任何给定的 TFD，通常都有超过一个"正确"的最小路径。例如，1、11、10、11、12、8、9、5、7、2、3、4、6、4、13 也是图 9.10 中 TFD 的最小路径。有多个流到 OUT 框的图将需要不止一条最小路径。即使你没有从数学定义上得到最短路径，但它的目的仍是用最少的路径去覆盖全部流，这是一个弹药 TFD 的路径。

9.5.2 基本路径法

生成基本路径首先要建立尽可能直接的路径，开始于 IN 终端，结束在 OUT 终端，在不重复或循环的情况下，该路径要遍历尽可能多的状态，这被称为基本路径。其他路径是从多个基本路径中派生出来的，在可能的情况下，回到基本路径并跟随它到达 OUT 终端。这个过程将持续，直到图中的所有流都至少被使用一次。

基本路径比最小路径更好理解，但是相比试图覆盖图中的每一条可能的路径而言，它的成本更低。在基本路径里，一个路径和另一个路径会有不同之处，因此，路径有成功的也有失败的，游戏的缺陷可以追溯到具体是哪些操作引起的。和最小路径相比，基本路径的一个缺点是，它需要额外的代价去生成，然后执行。

仍然使用图 9.10 中的 TFD，创建一个从 IN 框开始的基本路径，然后穿过最多数量的状态到达 OUT 框。一旦从流 1 进入"没枪没弹药"状态后，到达 OUT 框最远的距离是通过"有枪"状态和"有枪有弹药"状态，或者通过"有弹药"状态和"有枪有弹药"状态。通过采用流 2，然后是流 4 并通过流 13 退出路线。这样基本路径为 1、2、4 和 13。

接下来要做的是尽可能地在基本路径上的第一个流中创建分支。这些分支被称为流 1 的"派生"路径。流 2 已经在基本路径中使用了，所以要采用流 9 来到达"有枪有弹药"状态。从那里，流 8 会回到基本路径。沿着流 2、流 4 和流 13 遵循基本路径的其余部分。第一个从流 1 得到的派生路径是 1、9、8、2、4、13。

在流 1 之后继续检查其他可能的分支。从"没枪没子弹"状态到"有弹药"状态，并且"没枪没子弹"状态还未被使用，这样就生成了流 11。然后使用流 10 返回到基本路径。通过跟踪基本路径的其余部分到 OUT 框来完成这条路径。从流 1 中得到的第二条派生路径是 1、11、10、2、4、13。

这时候，"没枪没弹药"状态覆盖不了更多的新流，接下来沿着基本路径移动到流 2，在这里停下，寻找未使用的流。你需要使用流 3 创建一条路径。因为它回到了"有枪"的状态，继续沿着基本路径的剩余部分到达路径 1、2、3、4、13。从"有枪"状态出来的另一个流只有流 7，这让你回到了流 2 的基本路径。从流 2 中得到的派生路径是 1、2、7、2、4、13。

现在开始流 4，流 4 将带你到达"有枪有弹药"状态，它有 3 个不在基本路径中的流：5、6 和 8。我们已经在先前的路径中使用了流 8，所以这里没有使用它的必要。流 5 和流 6 以同样的方式被合并到我们的基本路径中，因为它们都回到了"有枪"状态。从流 5 中得到的派生路径是 1、2、4、5、4、13，而从流 6 中得到的派生路径是 1、2、4、6、4、13。

你现在看似已经完成了，因为沿着基本路径的下一个流进入了 OUT 框，并且从基本路径的其他流中，你已经有了派生路径。然而，在进一步审查后，发现图中仍然有一个没有包含在任何路径中的流：来自"有弹药"状态的流 12。虽然它与基本路径的状态没有关联，很容易漏掉它，但不要掉入这个陷阱。通过使用流 1 和流 11 来到达 "有弹药" 状态，然后使用流 12。你现在已经是 "有枪有弹药" 状态，你必须回到基本路径来完成这条路径。采取最短的流 8，让你回到 "没枪没弹药" 状态。遵循基本路径的其余部分，最终完成该路径。最后一条路径是 1、11、12、8、2、4、13。

正如你所看到的，使用基本路径技能生成的路径和测试这些路径所需要的时间比最小的路径要多得多。我们的弹药 TFD 最终的基本路径和派生路径如下所列。

基本路径：

1、2、4、13

流 1 的派生路径：

1、9、8、2、4、13

1、11、10、2、4、13

流 2 的派生路径：

1、2、3、4、13

1、2、7、2、4、13

流 4 的派生路径：

1、2、4、5、4、13

1、2、4、6、4、13

流 11 的派生路径：

1、11、12、8、2、4、13

9.5.3　专家构建的路径

简单来说，专家构建的路径就是一个测试 "专家" 或者功能 "专家" 追溯的路径，这条路径基于专家的认知：这个功能失败的可能性有多大，或者在何处需要通过一系列特定的行为对游戏建立信心。它们可以单独使用，也可与最小路径或基本路径策略相结合。专家构建的路径不必覆盖图中所有的流，也不必是最小或最大的流长度。唯一的限制是，和所有其他路径一样，它们从 IN 开始，并在 OUT 结束。

当团队都熟知过去哪些测试是没通过的，或者新游戏的哪些特征最敏感时，专家构建的路径可以有效地发现问题。这些路径可能并不会出现在由最小或基本的路径标准生成的一个路径列表中。依赖这种方法的缺点在于：未能覆盖每一个流程，存在风险；测试工程师可能会倾向于创建那些按部就班的事件序列的路径，而忽略异常路径。

以下是一些专家构建路径的策略：

- 在与其他路径变化相结合的情况下，重复特定的流或序列流；
- 创建重点是异常或罕见事件的路径；
- 创建重点是关键或复杂状态的路径；

- 创建极其长的路径，必要时重复流；
- 对游戏功能最常被用到的方式建模，并创建路径。

例如，"以关键或复杂状态为重点"的策略可用于图 9.10 所示的弹药 TFD。在这种情况下，将会着重于"有枪"的状态。这意味着每条路径至少要经过一次"有枪"状态。这也是一个目标，用这条路径来覆盖所有的流。为了让路径足够短，一旦"有枪"状态被使用，就直接进入退出流。

一个可行的方法就是进入"有枪"状态，尝试射击，然后退出该状态。这条路径是 1、2、3、4、13。另一个是包含流 7 的"移除枪"事件。从那里出发的最短路径是经由流 9，紧接着经由流 13，从而形成路径 1、2、7、9、13。你还需要包含从"有枪有弹药"状态进入"有枪"状态的两个流。这就产生了路径 1、2、4、5、4、13 和 1、2、4、6、13。完成覆盖所有离开"有枪有弹药"的流，方法是在路径 1、2、4、8、9、13 中使用流 8。

剩下所要做的是覆盖 TFD 左侧的稍长一些的路径。流 1、11、12 到达"有枪有弹药"状态。流 5 或 6 皆可以最快的方式到达"有枪"状态。选择流 5，其结果是路径 1、11、12、5、4、13。你可以消除或保留先前的路径，这些路径的目的是单独地覆盖流 5（1、2、4、5、4、13）。因为你现在还需要流 12 所需的路径，所以流 5 就不再是必需的了。

最后要覆盖的是流 10，从"有弹药"状态开始，采用流 10，通过流 2 回到"有枪"状态，这就得到了最终路径：1、11、10、2、4、13。清单上列出的所有路径如下。

专业路径的设置：

1、2、3、4、13□

1、2、7、9、13

1、2、4、6、4、13

1、2、4、8、9、13

1、11、12、5、4、13□

1、11、10、2、4、13□□

最初构建了但随后被消除的路径：

1、2、4、5、4、13 □

9.5.4　组合路径策略

测试耗费时间和资源，随着游戏项目的进行，这些时间和资源变得更加关键。为了在项目的不同阶段尽可能充分地使用这些资源，这里讲述一种运用多种策略的方法。

（1）在项目初期使用专家构建的路径，即使游戏的编程还没有完成，所有的游戏模块都还不能正常工作。限制你的路径，使其只包括开发人员最感兴趣的部分，或者只覆盖可测部分的路径。

（2）使用基本路径来建立对被测功能的信心。一旦 TFD 描述的功能完成，就可以开始测试基本路径。在尝试使用其他路径之前，你可能会想先看看游戏是否能通过基本路径的测试。任何未通过的测试都可以缩小到几个步骤，未通过的路径和通过的路径是不一样的。

（3）一旦所有的基本路径都测试通过，请持续使用最小路径来关注你的功能，以确保它没有出问题。

（4）随着交付点的临近，例如参加投资者演示、交易展示或者准备发布，都可以重新使用基本路径和专家构建的路径进行测试，或者二选其一。

虽然构建测试路径给测试工程师带来了更大的负担，但是在一个长期项目过程中，它能高效地使用测试工程师和开发工程师的时间。

9.6   根据路径生成测试用例

下面讲解从单个 TFD 路径生成一个测试用例的方法。本例的主题仍然是图 9.10 中的弹药 TFD。测试用例将测试获得弹药，然后拿到枪，之后退出。这是路径 1、11、12、13。为了描述这个测试用例，请使用本章之前提供的《虚幻竞技场》生化步枪武器的数据字典定义。

教程

开始使用数据字典的文本为 IN 框构建测试用例，随后是流 1 的文本，即输入流：

在测试计算机上启动《虚幻竞技场》；

选择比赛模式，然后单击"FIRE"按钮开始比赛。

现在，从数据字典中添加"没枪没弹药"状态的文本。

❏ 检查：确定在画面底部的武器栏中生化步枪图标为空。

❏ 检查：确定在你的角色身前的生化步枪枪管没有渲染出来。

❏ 检查：确定你不能使用鼠标滚轮选择生化步枪武器。

现在要采取流 11 获得生化步枪弹药。对"获得弹药"事件和"弹药特效"操作使用数据字典条目：

在竞技场的地板上找到一个生化步枪的弹药包，然后走过去。

❏ 检查：确定触发了生化步枪弹药的音效。

流 11 进入"有弹药"状态，所以在"流 11"的文本之后，将"有弹药"状态的数据粘贴到测试用例中。

❏ 检查：确定在画面底部的武器栏中生化步枪图标为空。

❏ 检查：确定在你的角色身前的生化步枪枪管没有渲染出来。

❏ 检查：确定你不能使用鼠标滚轮选择生化步枪武器。

❏ 检查：确定画面中心的瞄准线标没有改变。

接下来，在流 12 中加入"获得枪"事件和"获得枪特效□"操作的文本：

找到一把悬浮在竞技场地板上方的没弹药的生化步枪，然后走近它。

❏ 检查：确定触发了生化步枪的音效。

❏ 检查：确定在游戏的画面底部、枪图标上方以白色文字短暂显示"你获得了生化步枪"。

❏ 检查：确定在"你获得了生化步枪"的文字上方，游戏同时短暂地以蓝色文字显示"生化步枪"。

❏ 检查：确定画面上所有临时文字会慢慢消失。

然后粘贴"有枪有弹药"状态的定义。

❏ 检查：确定生化步枪图标存于画面底部的武器栏中。

❏ 检查：确定生化步枪枪管在你的角色前面被渲染了。

❏ 检查：确定你可以使用鼠标滚轮选择生化步枪武器。

❏ 检查：在画面中央确定生化步枪瞄准的准星显示为一个小的蓝色的三角形。

❏ 检查：确定画面右侧角落的弹药数量为 40。

流 13 是路径上的最后一个流。它是输出到 OUT_GunAmmo 的出口流。通过为这两个元素添加文本来完成测试用例：

按 Esc 键退出比赛。

在主菜单上，单击"EXIT"按钮退出游戏。

就这么简单！以下是所有这些步骤组合在一起时的样子。

在测试计算机上启动虚拟竞技场。

选择比赛模式，然后单击"FIRE"按钮开始比赛。

❏ 检查：确定在画面底部的武器栏中生化步枪图标为空。

❏ 检查：确定生化步枪枪管在你的角色身前没有被渲染。

❏ 检查：确定你不能使用鼠标滚轮选择生化步枪武器。

在竞技场的地板上找到一个生化步枪的弹药包，然后走过去。

❏ 检查：确定触发了生化步枪弹药的音效。

❏ 检查：确定在画面底部的武器栏中生化步枪图标为空。

❏ 检查：确定生化步枪枪管在你的角色身前没有被渲染。

❏ 检查：确定你不可以使用鼠标滚轮选择生化步枪武器。

❏ 检查：确定画面中心的瞄准线标没有改变。

找到一把悬浮在竞技场地板上方的没弹药的生化步枪，然后走近它。

❏ 检查：确定触发了生化步枪的音效。

❏ 检查：确定游戏的画面底部、枪图标上方以白色文字短暂显示"你获得了生化步枪"。

❏ 检查：确定在"你获得了生化步枪"的文字上方，游戏同时短暂地以蓝色文字显示"生化步枪"。

- ❏ 检查：确定画面上所有临时文字会慢慢消失。
- ❏ 检查：确定生化步枪图标存在于画面底部的武器栏中。
- ❏ 检查：确定生化步枪枪管在你的角色身前被渲染了。
- ❏ 检查：确定你可以使用鼠标滚轮选择生化步枪武器。
- ❏ 检查：确定生化步枪瞄准准星在画面中央显示为一个小的蓝色三角形。
- ❏ 检查：确定画面右侧角落的弹药数量为 40。

按 Esc 键退出比赛。

在主菜单上，单击"EXIT"按钮退出游戏。

如你所见，操作和状态定义的缩进（指的是排版上的缩进）让测试工程师更容易区分测试操作和你想让测试工程师检查的内容。当在测试中出现问题时，你能够记录导致问题的步骤，并确定具体的情况与你预估的情况不同的地方。

为了在其他的武器上复用该测试用例，你可以使用两种方法。一种是复制生化步枪的版本，把"生化步枪"的名称和"生化步枪弹药"的弹药类型替换成另一种武器的名称和弹药类型。这只适用于除了枪和弹药名称不同，所有其他事件、流和状态的细节内容都一样的情况。在这种情况下，我们会定义生化步枪的具体细节，给测试工程师应该检查的内容一个精确的描述。

"枪特效"的检查项包含不同的武器有不同的文本颜色。生化步枪是蓝色的，但对于其他武器则不同，例如肩扛式火箭发射器是红色的、加特林机枪是白色的。

- ❏ 检查：确定在"你获得了生化步枪"信息上方的蓝色文本中，同时短暂地显示了"生化步枪"。

同样，"有枪有弹药"状态描述了生化步枪瞄准准星的特定颜色、形状以及弹药数量。两者都因武器类型而异。

- ❏ 检查：确定生化步枪瞄准准星在画面中央显示为一个小的蓝色三角形。
- ❏ 检查：确定画面右侧角落的弹药数量为 40。

另外一个方法是，复制生化步枪数据字典文件到新武器的单独目录中。然后编辑这些文件，换成你想要测试的新武器类型的详细信息。用这些文件来构建你的新武器的测试用例，就像你构建生化步枪时一样。

请记住，在数据字典中使用文本并不是你唯一的选择。你还可以使用屏幕截图或自动化代码。当测试路径上的每个 TFD 元素对应的可执行代码被放到一起时，你应该可以得到一个可执行的测试用例。在 IN 定义中引入代码元素，例如包含头文件、数据类型的声明和主要例程的开括号。在 OUT 定义中执行清理操作，例如释放内存、清除临时文件和提供闭括号。

你不仅可以将数据字典信息存储在单独的文件中，还可以将它们保存在电子表格或数据库中。当要使用的时候，用查询语句将每个 TFD 元素的"记录"组合到一个报告中。然后，手动执行游戏测试的时候，就可以使用该报告。

9.7　TFD 模板

附录 D 提供了 8 种 TFD 模板，可以应用到各种各样的游戏情境中。你可以在自己喜欢的绘图工具中重新创建图表，或者使用本书配套资源的 SmartDraw（.sdf）和 Windows Metafile（.wmf）格式文件。在绘图文件中，我们建议基本路径用蓝色流表示。

模板文件中的流没有被编号。有时你需要编辑或定制 TFD，以匹配你自己游戏的特定行为。如果你需要一个操作，而 TFD 中没有，那就把你需要的东西添加进去。如果在 TFD 上有一个操作，但是在你的游戏中没有这个操作，那就删除它。更改事件、操作或状态的名称来适配你的游戏。你也可以随意添加任何你想要测试但我们并没有提供的状态。一旦你完成了所有的步骤，再给流编号来定义你的路径。

9.8　是否需要用 TFD

对于到底是选择使用组合表还是 TFD 这一问题，表 9.1 提供了一些指导意见。如果一个功能或场景有同时属于两个类别的属性，那么可以考虑分别对每个类型进行单独设计。此外，任何对游戏成功至关重要的东西，都尽可能使用两种方法创建测试。

表 9.1　测试设计选择的方法论

属性 / 依赖	组合	游戏流程图
游戏设置	X	
游戏选项	X	
硬件配置	X	
游戏状态转换		X
可重复的功能		X
并发状态	X	
操作流程		X
平行的选择	X	X
故事路径或路线		X

TFD 用于从玩家角度创建游戏应该如何工作的模型。通过探索这个模型，测试工程师可以创建出乎意料的连接并发现意料之外的游戏状态。TFD 还包含无效和重复的输入，可用来测试游戏的行为。TFD 测试还能告诉我们是否预期的行为已经发生，而意外的行为没有发生。复杂的功能可以用复杂的 TFD 来表示，但最好使用一系列较小的 TFD。优秀的 TFD 是集洞察力、

经验和创造力于一体的结果。

9.9 练习

1. 描述将图 9.10 中的弹药 TFD 应用于在线角色扮演游戏中的弓箭手的过程。其中包含对 TFD 结构以及对单个状态、事件或操作所做的任何修改。

2. 更新图 9.10 中的 TFD，当玩家拿起与他所持有的枪类型不符的弹药时，请说明会发生什么。

3. 针对你在练习 2 中所更新过的 TFD，请创建一组基本路径和一组最小路径。创建数据字典条目，并为你的最小路径编写测试用例。复用本章中已经提供的数据字典条目，并创建你需要的任何新的数据字典条目。

4. 为一款手机游戏构建一个 TFD。当用户接听电话或者屏幕因为长时间不触碰被锁定的时候，游戏会被挂起。尽量让状态数量维持在较少的水平。在通话结束或用户解锁屏幕时，游戏应该继续。

第 *10* 章

净室测试

本章主要内容如下。

- 使用概率；
- 生成净室测试；
- 逆向用法。

净室测试是从净室软件工程（一种软件开发实践）中提取出来的技术。运行净室测试的初衷是在项目测试的过程中测量平均无故障时间（Mean Time To Failure，MTTF）。在游戏发布前，要经历数千小时的测试，但用户为何还会在游戏中发现问题？在本章中，我们会运用净室测试解决这类问题。如果衡量游戏成功的一个标准是用户（玩家）没有发现任何缺陷，那么游戏团队的测试策略应该包含一种方法，那就是检测和移除最有可能被用户发现的缺陷。

用户如何发现测试工程师遗漏的缺陷呢？用户用自己的方式来使用该软件，并发现缺陷。虽然这话有点拗口，但它指出了一种测试方法，就是根据玩家的使用方式来测试游戏。这就是开发净室测试要做的事情，它生成的测试可以按照玩家的方式操作游戏。

10.1 使用概率

使用概率（也被称为使用频率）可以告诉测试工程师游戏功能的使用情况，从而实际地模拟用户使用游戏的方式。使用概率可以基于你从对游戏玩家的研究中获得的实际数据，也可以基于你自己预估的游戏玩法，同时也要考虑玩家在游戏过程中可能发生的演变过程。一个刚刚体验完游戏教学的玩家和到达最后一关直面大 boss 的玩家相比，他们玩游戏的方法是不一样的。一开始玩家只会使用基本的操作，并且很少有特殊的物品（如果有的话）被解锁。相较于键盘指令和用户定义宏，单击操作画面上的按钮在这个阶段出现得更频繁。对于竞技比赛类型的游戏，越到后期，难度越高，并且游戏内的对手技术也越接近玩家，此时玩家就需要更长的时间来结束比赛。游戏的使用信息可以通过下面 3 种不同方式定义和使用：

- 游戏模式的使用；
- 玩家类型的使用；
- 现实数据的使用。

10.1.1　使用不同的游戏模式

游戏的使用情况因游戏模式的不同而不同，比如单人模式、战役模式、多人模式或者在线模式。

单人模式可能包含一个或几个对抗或任务。游戏通常会立即开始，所以玩家不太可能执行"补强"操作，比如建造高级单位[1]和在昂贵的技能提升物品上花钱或技能点。一些功能可能在单人模式中根本就不可用，比如某些角色、武器或车辆。单人玩家的角色可能也只有有限的种族、部落和任务选择。

在战役模式里，玩家往往从基本装备和对手开局，随着战役的进行，越来越复杂的元素会被引入。对体育游戏而言，加盟模式或赛季模式给玩家提供了独特的选择和体验，这些是在单人模式的游戏中无法得到的，比如选秀大会、训练营、球员交易和劳资谈判等。在角色扮演类的游戏中，随着你的角色升级，游戏将提供更强大的魔法、盔甲、武器和对手。而赛车游戏可以提供更强大的车辆、附加组件和动力推进，以及更具挑战性的赛道。

多人模式的游戏可以在同一台设备上进行，通常有 2～4 个玩家，通过两个相互连接的游戏主机，或者通过互联网以体验更大规模的多人游戏。耳机配件常用于团队对抗，除非游戏有语音命令，否则你不太可能自己使用。文字聊天也用于多人模式的 PC 游戏，这时会用到键盘。你可以在游戏手柄上指定一些短语和手势，用来快速地与其他玩家进行交流。玩家在多人模式的游戏中花费的时间可能比单个玩家花费的时间要长得多，有时甚至会熬夜奋战至凌晨（请勿模仿）。这也告诉了我们一个事实：多人游戏可能涉及来自不同时区和地域的玩家，而且也使得游戏要提供各种游戏时间和语言设置。

10.1.2 使用不同的玩家类型

英国作家兼游戏研究员 Richard A. Bartle 教授撰写的文章 *Hearts, Clubs, Diamonds, Spades: Players Who Suit MUDs* 中揭示了另一个影响游戏使用的因素：4 种多人游戏玩家类别的分类。他根据玩家在多人游戏里的倾向和重心，把玩家分成了 4 类：成就型玩家、探索型玩家、社交型玩家和杀手型玩家[2]。

---

[1] "建造高级单位"指的是在有一定的经济基础或一定的等级后，可以建造比较高级的兵种或者建筑物。——译者注
[2] 成就型是"方块"（*Diamonds*，他们总是在寻找财宝）；探索型是"黑桃"（*Spades*，有铁铲的意思，他们掘地三尺寻找线索）；社交型是"红桃"（*Hearts*，他们乐于助人）；杀手型是"梅花"（*Clubs*，有棍棒的含义，他们总是用它来攻击他人）。——译者注

成就型玩家（achiever）执着于完成游戏目标、任务和探索。他们会尽可能地以最有效的方式提高角色的等级、积分和金钱总数，从而得到满足感。成就型玩家通常会在更高难度的比赛中或者在困难的情况下重玩游戏，例如使用最后一名的队伍或者只带着刀参加战斗。他们也会对达成奖金目标和完成奖金任务感兴趣。

探索型玩家（explorer）兴致盎然地想知道这款游戏能提供什么，他们会东奔西走地在地图中寻找隐蔽的地方和边缘地带，地图中未标明的区域会更吸引他们的注意力。他们会到处探寻，欣赏游戏中的艺术和独具匠心的美，例如观察透过教堂彩色玻璃窗户闪耀的光，或者欣赏美轮美奂的皓月升起，同时他们还可能会尝试一些有趣的功能、画面效果、组合和物理效果。探索型玩家会尝试打开每一扇门，检查所有商店的商品列表，这也是意料之内的事情。他们想要弄清楚事情是如何运作的。想想"我想知道如果我……，会发生什么"。

社交型玩家（socializer）的目标是将游戏作为一种角色扮演和了解其他玩家的手段。对他们而言，重要的是聊天功能、消息功能和游戏中的社交团体，例如部落、公会等。社交型玩家可能会主持会议或比赛，或召集许多玩家在一处地方宣布消息、交易，甚至是偶尔举行婚礼。一旦社交型玩家从其他玩家那里发现了这些游戏功能的特别之处，他们将会使用这些功能。

杀手型玩家（killer）享受击败其他玩家的乐趣。他们参与玩家与玩家的对抗以及大范围的战斗。杀手型玩家知道如何嘲讽对手，也知道如何定制和激活终点区的庆祝活动。耳机、聊天和私人信息也是杀手型玩家用来引诱和嘲讽对手的工具。

最后，当你准备按照玩家的玩法去测试游戏时，可以考虑以下其他玩家"子类型"。

- 休闲玩家（casual gamer）：大多数时候只使用教程、用户手册和屏幕用户界面中描述的功能。
- 硬核玩家（hard-core gamer）：使用功能键、宏、加速按钮和特殊的输入设备，如操纵杆和方向盘。他们会在互联网上查询技巧和攻略，还可能拥有改装过的游戏硬件，可以在最高的图形分辨率和帧率下玩游戏。大型多人在线角色扮演类游戏和即时战略类游戏［如暴雪公司的《魔兽世界》和《星际争霸2》（*Starcraft 2*）］都是这类游戏玩家频频涉猎的游戏，其中一些玩家能够同时操作多个角色和多台计算机。
- 按钮粉碎玩家（button masher）：对速度和重复性的重视超过了谨慎和防御操作。为了让角色跑得更快、跳得更高或先发制人，手柄上的A按钮都快被磨烂了。这类玩家会将弹药耗尽。在任天堂DS设备和触控智能手机上，基于触摸笔的游戏已经培育出了按钮粉碎玩家的兄弟——屏幕划痕玩家（screen scratcher）。对于这种类型的玩家，《涂鸦冒险家》（*Scribblenauts*）是一款非常适合的游戏。
- 定制玩家（customizer）：使用游戏的所有自定义功能，并使用自定义元素来玩游戏。此外，他们还会解锁物品、贴纸、球衣、球队等。你可以在许多体育项目中看到这些自定义的能力，例如Electronics Arts的*Madden*和*FIFA*系列。
- 外挂玩家（exploiter）：总是在寻找游戏捷径。这种类型的玩家使用作弊的代码，寻找区域墙壁上的裂缝，并从一个隐蔽或不可到达的地方来淘汰对手；他们还可能会制作外挂来精炼道具、赚取积分，并提升等级。例如，在集换式卡牌游戏（Collectable Card Game，CCG）当中，对人工智能的对手使用无限卡牌连击的招数。

10.1.3 使用现实数据

有些游戏有内置机制，可以捕捉你在游戏中的行为。你也许可以在游戏中拿到这些数据，其他玩家可以在你的游戏个人档案中看到这些数据，或者这些数据将以原始数据的形式发回给游戏发行商以进行分析或调试。我们可以从现实世界里的游戏"伙伴"或游戏内的 NPC 那里获取数据，例如教练、小妖精、战争兔子等，用这些数据帮助你练习对抗他们的战术打法，这样在下一次真正的战斗中，你就可以击败他们。2015 年版的《劲爆橄榄球》将实时数据引入每一场游戏中，这样玩家就有了真实的数据。

图 10.1 所示的是一个例子，屏幕上的"之前比赛"（PREVIOUS PLAY）信息框将球员的码数和所有在线玩家在这个时刻所获得的码数进行了对比，这些玩家包括当时所有《劲爆橄榄球》的在线玩家。某个玩家操控的球队可能在游戏中倒退了 4 码，但他也看得到玩家社区内的玩家的数据：平均推进值为 10.1 码。

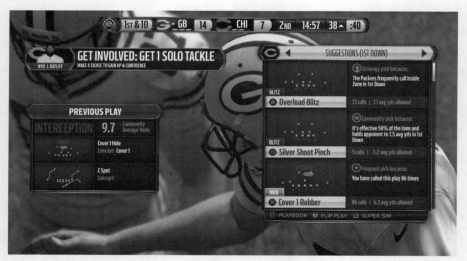

图 10.1　《劲爆橄榄球》的"之前比赛"信息框

此外，Xbox One 和 PS4 版本通过在 iPhone 或 Android 平板上运行一款名为 CoachGlass 的配套应用程序，提供了更多的信息。把它想象成教练的一块电子战术板吧！以下是《劲爆橄榄球 25》（*Madden 25*）的游戏创意总监 Kolbe Launchbaugh 对此新体验的描述。

"当我们坐下来打造我们的 CoachGlass 应用功能时，我们想要为你打造一名防守助理。CoachGlass 有 3 种不同的使用方法。图 10.2 中的数字是进攻方不同位置上阵容的使用时间占比。一旦对手选择好了上场球员，我们将自动提供 3 种防守阵型供你选择。这些防守阵型来自所有在线游戏的人群数据。我们一边追踪比赛，一边和进攻方数据进行比对。我们会翻转到一个窗口，当他们出现在某套阵容中时，屏幕上会显示这是一名具有头号威胁能力的球员、这是一名具有二号威胁能力的球员等相关情况。

"第二种使用 CoachGlass 的方法更高深一些。和坐等对方选择好阵容不同的是，当玩家操控的球员们在跑阵进攻时，你就知道他们会把球立刻传向右边。不管是传球还是跑阵，你都可以根据场地上的区域来选择，然后选择玩家要投球或跑向的地方。单击该区域，CoachGlass 将会给你推荐策略，这些策略都是根据对手比赛中的表现来制定的。我们推荐的都是针对对手的最好的策略。

"使用 CoachGlass 的最后一种方法（或许是最硬核的）是，我们只需在整个游戏中跟踪所有比赛对局数据，你会从对手玩家的一举一动中发现对方的套路，然后你就会开始明白他所发布的战术指令。"

有了这样的信息（无论是游戏公司收集的数据还是来自个人玩家的数据），测试工程师就可以根据不同玩家风格和不同

图 10.2　《劲爆橄榄球》游戏的 CoachGlass 应用程序界面

游戏的动作、选择和选项的预期使用概率来练习游戏。把这些趋势数据考虑进来很重要，因为完全基于均衡地使用游戏功能的测试是无法发现所有缺陷的，例如，在最大长度的游戏过程的每一次游戏中，反复按 A 键会导致内存溢出，像这样的缺陷，一般情况是发现不了的。

10.2　生成净室测试

你可以使用本书涵盖的任何方法生成净室测试，同时还可以快速地创建你自己的净室测试。测试中的每个步骤都必须分配一个使用概率，你可以书面记录下来，也可以在脑海中记录。按照使用概率去选择测试步骤、值或分支，并将它们按顺序进行排列，以生成反映你的使用情况的测试。例如，如果你预估一个模拟游戏的玩家用 50% 的时间开发住宅资产，用 30% 的时间开发商业资产，用 20% 的时间开发工业资产，那么你的净室测试将反映出相同的频率。

10.2.1　净室组合表

净室组合表不一定是"成对"的组合表（参见第 8 章）。需要创建的测试数量由测试设计人员决定，并且每个测试的值将根据其使用概率而定，而不是根据它们是否满足一个或多个必要的值对来决定。

生成净室组合表时，要将使用概率分配给每个参数的测试值。与单个参数相关联的一组值的概率总和必须达到 100%。

为了阐述实现步骤，请回顾一下在表 8.24 里你完成的游戏《光晕：致远星》的控制器设置表的参数和值的选择。以下列出了每个参数的测试值，并标识了默认值。

- 视角灵敏度：1、3（默认）、10。
- 视角反转：反转、没有反转（默认）。
- 视角自动居中：启用、禁用（默认）。
- 蹲伏控制：保持蹲伏（默认）、切换蹲伏。
- 握紧保护：启用、禁用（默认）。[①]

接下来，需要为每个表的参数确定使用概率的百分比。如果你正在考虑对多个玩家的配置文件进行测试，则可以为每个参数单独创建一个使用情况表格，其中包含一列你要测试的参数在配置文件中的使用概率百分比。表 10.1～表 10.5 展示了每个《光晕：致远星》高级控制器参数（共有 5 个）在配置文件中的使用概率百分比，你可以将这些参数合并到净室测试组合表中。

注意

为了描绘不同用户类型之间的区别，本章根据个人的经验介绍了各种各样的使用概率数据。如果你可以通过科学的手段收集数据，那么你应该使用你收集的数据。如果本章中的这些数据对你毫无意义，那么当你继续阅读本章的实例时，请把它们视作"仅供教学用途"的参考资料。

表 10.1 提供了不同的"视角灵敏度"（look sensitivity）参数的使用概率百分比来反映每种玩家类型的预期趋势。

表 10.1　视角灵敏度值的使用概率百分比

视角灵敏度	休闲玩家	成就型玩家	探索型玩家	多人游戏玩家
1	10	0	10	5
3	85	75	70	75
10	5	25	20	20
总计	100	100	100	100

表 10.2 提供了不同的"视角反转"使用概率百分比的集合，包括反转和没有反转选项。

表 10.2　视角反转值的使用概率百分比

视角反转	休闲玩家	成就型玩家	探索型玩家	多人游戏玩家
反转	10	40	30	50
没有反转	90	60	70	50
总计	100	100	100	100

---

① 握紧保护是为了防止手柄握得太紧，按住了按钮导致连击。——译者注

表 10.3 介绍了一种情景，即视角自动居中的禁用值的权重为 100%。因此，在成就型玩家的净室测试中，这个参数将使用相同的值进行测试。

表 10.3　视角自动居中的使用概率百分比

视角自动居中	休闲玩家	成就型玩家	探索型玩家	多人游戏玩家
启用	30	0	20	10
禁用	70	100	80	90
总计	100	100	100	100

表 10.4 提供了蹲伏控制的使用概率百分比，其他类型的玩家在该值的选择上主要偏向于保持蹲伏值，而探索型玩家在保持蹲伏和切换蹲伏两个选项的选择上有着相同的概率。

表 10.4　蹲伏控制值的使用概率百分比

蹲伏控制	休闲玩家	成就型玩家	探索型玩家	多人游戏玩家
保持蹲伏	80	75	50	90
切换蹲伏	20	25	50	10
总计	100	100	100	100

表 10.5 包括生成净室测试所需的最后一组概率值。

表 10.5　握紧保护的使用概率百分比

握紧保护	休闲玩家	成就型玩家	探索型玩家	多人游戏玩家
启用	25	60	50	90
禁用	75	40	50	10
总计	100	100	100	100

在你按照以下小节练习时，可以使用表 10.1～表 10.5 来完成你的第一个净室组合表。

10.2.2　净室组合实例

对于任何你定义的玩家的使用配置文件，都能构建一个净室组合表。就本例来讲，你将为"休闲玩家"创建一个净室组合表。为了确定每个参数选择什么值，你需要一个能产生随机数的源。你可以在脑海中想一个数字、编写一个程序来创建一个数字列表，或者在智能手机上掷电子骰子来决定这些数字。如果你在微软的 Excel 上安装了分析工具的组件，你可以使用 RAND()函数或 RANDBETWEEN()函数来生成随机数字。你也可以下载免费的手机应用程序来帮你完成这项工作，例如 iGenerateRandomNumbers 每次提供一个随机数，或者 Randoms 这个应用程序可以每次提供最多 100 个随机数。只要数字范围是 1～100，并且选择不偏向于范围的某个区域，那么就不会错。

我们使用一个空模板来创建表格，该模板有一行标题，标题显示了每个参数。根据测试用例的个数，在表内留下相应的空间。表 10.6 显示了一个用于测试游戏《光晕》（*Halo*）的高级控制器的净室组合表的"壳"，表有 6 个测试用例的空间。

表 10.6　《光晕》（*Halo*）游戏的高级控制器的净室组合表的壳

测试序号	视角灵敏度	视角反转	视角自动居中	蹲伏控制	握紧保护
1					
2					
3					
4					
5					
6					

因为有 5 个参数，所以我们在 1～100 的范围内选取 5 个随机数，一次一个，作为第一个测试用例中的每个参数。比如，用 5 个随机数字 30、89、13、77 和 25 来构建第一个测试用例（测试 1）。

回顾表 10.1，"视角灵敏度"有 10%的时段，休闲玩家会把"视角灵敏度"设置成"1"；有 85%的时段设置成"3"；有 5%的时段设置成"10"。为每一个选择分配一个连续的数字范围将产生这样一个映射，"视角灵敏度"="1"是 1～10、"视角灵敏度"="3"是 11～95，而"视角灵敏度"="10"是 96～100。第一个随机数是 30，它属于 11～95，所以在测试表的"视角灵敏度"列中输入"3"。

同样，表 10.2 提供了"视角反转"="反转"的随机范围为 1～10，"视角反转"="没有反转"的随机范围为 11～100。第二个随机数是 89，它在 11～100 的范围内，所以在测试 1 的"视角反转"列中输入"没有反转"。

在表 10.3 中，对休闲玩家来说，"视角自动居中"的"启用"范围是 1～30，而"禁用"范围是 31～100。第三个随机数是 13，因此在测试 1 的"视角自动居中"列中输入"启用"。

在表 10.4 中，"蹲伏控制"="保持蹲伏"占 80%，"切换蹲伏"占 20%。第四个随机数是 77，所以在测试 1 的"蹲伏控制"列中输入"保持蹲伏"。

最后，表 10.5 定义了休闲玩家对于"握紧保护"的使用，"启用"百分比为 25%，而"禁用"百分比为 75%。最后一个随机数是 25，它位于启用设置的 1～25 的范围内，所以在测试 1 的"握紧保护"列中输入"启用"。

表 10.7 展示了根据随机数 30、89、13、77 和 25 构建的第 1 个测试用例。

我们使用一组新的随机数 79、82、57、27 和 8，来生成第二个测试用例（测试 2）。

表 10.7　第一个高级控制器的净室组合测试用例

测试序号	视角灵敏度	视角反转	视角自动居中	蹲伏控制	握紧保护
1	3	没有反转	启用	保持蹲伏	启用

第一个随机数是 79，它在 11～95 的范围内，所以"视角灵敏度"＝"3"，我们在测试 2 的"视角灵敏度"列中输入一个"3"。第二个随机数是 82，它在 11～100 的范围内，所以"视角反转"＝"没有反转"，我们在测试 2 中的该列中填写"没有反转"。第三个随机数是 57，这个数字在"视角自动居中"＝"禁用"的 31～100 范围内，所以在测试 2 的该列中填写"禁用"。第四个随机数是 27，这个数字在"蹲伏控制"＝"保持蹲伏"的 1～80 范围内，所以在测试 2 的该列中填写"保持蹲伏"。最后一个随机数是 8，对应"握紧保护"参数的启用值，其范围是 1～25，我们在最后一列中输入"启用"以完成测试 2。从表 10.8 可以看出，这个净室组合表的前两行已完成。

表 10.8　两个高级控制器的净室组合测试用例

测试序号	视角灵敏度	视角反转	视角自动居中	蹲伏控制	握紧保护
1	3	没有反转	启用	保持蹲伏	启用
2	3	没有反转	禁用	保持蹲伏	启用

第三个测试用例（测试 3）是由随机数序列 32、6、11、64 和 66 构建的。同样，第一个随机数对应"视角灵敏度"的默认值，数值为"3"。第二个随机数是 6，因为该值落在 1～10 范围内，所以"视角反转"参数第一次出现"反转"。第三个随机数是 11，对应"视角自动居中"的参数值为"启用"。用于决定"蹲伏控制"测试值的随机数是 64，映射"保持蹲伏"选项，其范围是 1～80。第五个随机数使"握紧保护"参数首次出现了"禁用"，因为它落在 26～100 范围内。表 10.9 显示了输入的前 3 个测试用例。

表 10.9　3 个高级控制器的净室组合测试用例

测试序号	视角灵敏度	视角反转	视角自动居中	蹲伏控制	握紧保护
1	3	没有反转	启用	保持蹲伏	启用
2	3	没有反转	禁用	保持蹲伏	启用
3	3	反转	启用	保持蹲伏	禁用

我们继续使用随机数 86、64、22、95 和 50 来构建第四个测试用例。因为 86 落在 11～95 范围内，对应"视角灵敏度"＝"3"，所以在第 1 列中再次放置"3"。下一个随机数是随机序列中的 64，它映射到"视角反转"的"没有反转"范围。下一个随机数是 22，对应"视角自动居中"的"启用"项。在这组测试中，95 提供了"蹲伏控制"的第一个"切换蹲伏"值。握紧保护的随机数是 50，它将另一个"禁用"值填入该列中。表 10.10 显示 6 个测试用例中已经有 4 个定义好了。

第五组随机数是 33、21、76、63 和 85。随机数 33 在"视角灵敏度"列中放置了一个"3"。21 属于"视角反转"内的"没有反转"范围。76 对应于"视角自动居中"的"禁用"。63 所对应的值是"蹲伏控制"的"保持蹲伏"值。而 85 则将另一个"禁用"放在"握紧保护"列中。表 10.11 展示了已经完成了 5 个测试用例的净室组合表，现在只剩下最后一个了。

表 10.10　4 个高级控制器的净室组合测试用例

测试序号	视角灵敏度	视角反转	视角自动居中	蹲伏控制	握紧保护
1	3	没有反转	启用	保持蹲伏	启用
2	3	没有反转	禁用	保持蹲伏	启用
3	3	反转	启用	保持蹲伏	禁用
4	3	没有反转	启用	切换蹲伏	禁用

表 10.11　5 个高级控制器的净室组合测试用例

测试序号	视角灵敏度	视角反转	视角自动居中	蹲伏控制	握紧保护
1	3	没有反转	启用	保持蹲伏	启用
2	3	没有反转	禁用	保持蹲伏	启用
3	3	反转	启用	保持蹲伏	禁用
4	3	没有反转	启用	切换蹲伏	禁用
5	3	没有反转	禁用	保持蹲伏	禁用

我们还需要一组随机数集合来完成该表，此处使用 96、36、18、48 和 42。第一个随机数是 96，大到足以进入"视角灵敏度"96～100 的范围，所以我们填入 10 这个值，该值首次出现在表中。在剩下的随机数中，36 在"视角反转"列中放置一个"没有反转"，18 对应于"视角自动居中"的"启用"，48 所对应的值是"蹲伏控制"的"保持蹲伏"值，42 对应"握紧保护"的"禁用"。表 10.12 显示了所有 6 个净室组合测试用例。

表 10.12　已完成的高级控制器的净室组合表

测试序号	视角灵敏度	视角反转	视角自动居中	蹲伏控制	握紧保护
1	3	没有反转	启用	保持蹲伏	启用
2	3	没有反转	禁用	保持蹲伏	启用
3	3	反转	启用	保持蹲伏	禁用
4	3	没有反转	启用	切换蹲伏	禁用
5	3	没有反转	禁用	保持蹲伏	禁用
6	10	没有反转	启用	保持蹲伏	禁用

洞察力十足的你应该发现了吧！这组测试集里从未出现"视角灵敏度"="1"的情况。这是一个使用概率相对较低（10%）的功能，生成的测试用例也很少。这个特定的随机数集是选择填入表格的值的基础。实际上，如果你在完成 5 个测试用例之后停止，不再继续生成

第六个测试，那么"3"这个默认值将是表 10.12 中出现的视角灵敏度的唯一值。对于这样大小的表，这不是一个问题。但是如果一个值有 5%或更高的使用概率，而你在 100 个或更多测试的测试集内根本没有发现它，那么你应该怀疑选择这些值的过程或者随机数的生成是否出了问题。

还要注意，有些值的出现频率比预期的使用概率偏高或者偏低的情况。在休闲玩家的配置文件中，"视角自动居中"＝"启用"只有 30%的使用概率，但是它在生成的测试中出现的频率是 67%（2/3）。这主要是由于表 10.12 所创建的测试的数量很少。如果有 50 个或更多的测试集，你应该会看到使用概率和其在测试集中出现的频率之间的匹配更合理。

要强调一点，净室组合表这种方法不能像配对组合表那样保证提供所有需要测试的值对。例如，"视角自动居中"＝"禁用"和"蹲伏控制"＝"切换蹲伏"就不存在于表 10.12 中。现在花点时间看看你还能找到哪些缺失的配对。

回想一下，配对组合表是垂直构建的，一次一列。在你构建表格之前，你不知道测试用例最后会是什么样的，也不知道会有多少测试结果。因为净室组合表是水平构建的（一次一行），所以不管你生成多少净室组合测试，你在第一行和之后的每一行都能得到一个完整定义的测试用例。

10.2.3　TFD 净室测试

TFD 净室测试来源于你为最小路径、基本路径和专家构建的路径创建的相同图表。基于其自身的使用概率，通过选择后续的流，净室测试路径在状态之间流转。

如果要使用 TFD 来进行净室测试，必须向每个流添加使用概率。退出每个状态的流集合的使用概率加起来必须是 100%。图 10.3 显示了一条操作之后带有使用概率的流。如果流中没有操作，则在事件名之后加上使用概率。

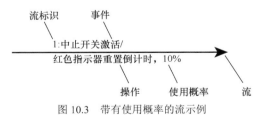

图 10.3　带有使用概率的流示例

图 10.4 展示了一个完整的 TFD，其中包括流的编号和使用概率百分比。请记住，退出每个状态的流的使用概率加起来必须为 100%。你可能会从附录 D 提供的模板中找到这个 TFD。有了流的编号和使用概率百分比，这个 TFD 就做好了净室测试的准备。

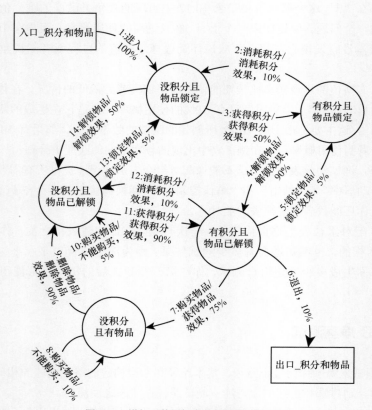

图 10.4 增加了使用概率的解锁项目的 TFD

10.2.4 TFD 结合净室测试的实例

　　根据添加到 TFD 中的使用信息生成随机数，根据随机数遍历 TFD，从一个流到另外一个流，直到 OUT 终端。这样产生的路径就是一个单独的测试用例。你可以继续生成任意多个路径，只需每次使用新的随机数字集即可。经验告诉我们，为退出流分配 10% 的值是一种不错的实践方式。较大的值将导致路径退出太快；而较小的值会导致在最终退出之前有太多的路径，好像会一直持续下去。在净室测试中退出流的 10% 这个值提供了长路径、中路径和短路径的良好组合。

　　我们使用净室路径的流编号序列来描述每个净室测试用例。因为不同的测试，路径的长度会有所不同，所以你无法提前知道需要为所有路径生成多少个随机数。这就导致了你可能在几个流之后就退出了测试，或者你在到达 OUT 框之前会绕图表好几圈。正常情况下，你可以按需生成随机数，但为了方便起见，本小节中示例的随机数集是 30、27、35、36、82、59、92、88、

80、74、42 和 13。

　　我们从 IN 框开始，为图 10.4 中的 TFD 生成一个测试用例。只有一条流从 IN 框流出，所以它有 100% 的使用概率，因此不需要产生一个随机数字，你必须从这个流开始测试。下一步，从"没积分且物品锁定"状态出发有两条路径：流 3 和流 14。它们的使用概率均为 50%。根据它们的数字顺序来为它们分配一个随机数范围。如果随机数在 1~50 范围内，则使用流 3；如果在 51~100 范围内，则使用流 14。从上面的序列中获取到随机数字 30，所以从流 3 移动到"有积分且物品锁定"状态。截至当前，测试路径是 1、3。

　　有两个流从"有积分且物品锁定"状态退出。流 2 有 10% 的使用概率，流 4 有 90% 的使用概率。也就是流 2 的范围是 1~10，流 4 的范围是 11~100。使用 27 作为此流的随机数，所以测试沿流 4 进入"有积分且物品已解锁"状态。此时的测试路径为 1、3、4。

　　到目前为止，"有积分且物品已解锁"状态是最有意思的，在下一步测试中，它有 4 个流可供你选择。流 5 有 5% 的使用概率，流 6 有 10% 的使用概率，流 7 有 75% 的使用概率，而流 12 有 10% 的使用概率。对应的数值范围为流 5 的 1~5、流 6 的 6~15、流 7 的 16~90，以及流 12 的 91~100。你会心急如焚地等待着下一个随机数，它就是 35。现在，你的测试路径沿着流 7 移至"没积分且有物品"状态。这条路径现在是 1、3、4、7。

　　"没积分且有物品"状态有两个流可供选择：使用概率为 10% 的流 8 和使用概率为 90% 的流 9。如果随机数在 1~10 范围内，使用流 8；如果在 11~100 范围内，那就使用流 9。你的随机数是 36，所以把流 9 移至"没积分且物品已解锁"状态。测试路径当前为 1、3、4、7、9。

　　流 10、流 11 和流 13 都是从"没积分且物品已解锁"状态出来的。流 10 的使用概率是 5%（1~5），流 11 有 90%（6~95）的使用概率，而流 13 有 5%（96~100）的使用概率。另一个生成的随机数是 82。它在流 11 的范围内，因此该流会到达"有积分且物品已解锁"状态，路径已经增长至 1、3、4、7、9、11，但还未完成。

　　你回到了"有积分且物品已解锁"状态，而下一个随机数是 59。这符合流 7 所属的范围 16~90，你将到达"没积分且有物品"状态。这里 92 的使用概率将与流 9 匹配，进入"没积分且物品已解锁"状态。测试路径现在是 1、3、4、7、9、11、7、9。

　　下一个随机数字是 88。"没积分且物品已解锁"状态通过流 11 到达"有积分且物品已解锁"状态。在此路径中的随机数 80 将带你第三次沿着流 7 前进。下一个随机数 74 通过流 9 带你进入"没积分且物品已解锁"状态。随机数序列中的 42 选择了流 11，这将再次带你来到"有积分且物品已解锁"状态。这些流将路径拓展到 1、3、4、7、9、11、7、9、11、7、9、11。

　　下一个使用的随机数是 13。这个随机数是在 6~15 范围内，对应流 6。它就是退出流，通向 OUT 框。这标志着测试路径的结束。完整的路径是 1、3、4、7、9、11、7、9、11、7、9、11、6。

　　一旦定义了路径，请使用在第 9 章中阐述的数据字典技术创建测试用例。为了概括这个测试用例，按照它们在图 10.4 中出现的顺序，列出流、操作和状态。在每行开头的括号中列出每个步骤的流的编号，如下所示。

进入_积分和物品

（1）进入，"没积分且物品锁定"；

（3）"获得积分""获得积分效果""有积分且物品锁定"；

（4）"解锁物品""解锁效果""有积分且物品已解锁"；

（7）"购买物品""获得物品效果""没积分且有物品"；

（9）"删除物品""删除物品效果""没积分且物品已解锁"；

（11）"获得积分""获得积分效果""有积分且物品已解锁"；

（7）"购买物品""获得物品效果""没积分且有物品"；

（9）"删除物品""删除物品效果""没积分且物品已解锁"；

（11）"获得积分""获得积分效果""有积分且物品已解锁"；

（7）"购买物品""获得物品效果""没积分且有物品"；

（9）"删除物品""删除物品效果""没积分且物品已解锁"；

（11）"获得积分""获得积分效果""有积分且物品已解锁"　；

（6）结束，退出_积分和物品。

生成此路径产生了一些预期的结果。路径强制性地从 IN 开始，到 OUT 结束。具有大百分比的流经常会被选中，例如流 9 和流 11，它们各自具有 90%的使用概率。

有没有察觉到一些意外？某些流和状态在这条路径中根本就没出现过。对单一路径而言，这是可以接受的。当你创建一组路径时，你应该期望探索到范围更广的流和状态。

流是不是比你预计的更长？流 7、流 9 和流 11 多次出现在这条路径中。这并不是你所预计的最小或基本路径集。同样有趣的是，你会发现这 3 个流形成了一个循环。在最后退出和结束路径之前，它们被连续使用了 3 次。

路径是不是比你想要的更长？这是你自己选择的路径吗？因为这种技术是基于一个流程而不是某个测试工程师的想法或先入之见，所以路径是没有倾向性或局限性的。净室路径还强调了一个事实：游戏不是一次只执行一个操作，然后就关闭了。如果你的百分比是合理的，那这些路径测试的将是现实的游戏使用场景。因此，净室测试能够帮助你发现在延长或重复游戏使用期间才会暴露出来的缺陷。

10.2.5　流使用概率的维护

有时你需要在 TFD 中移动一个或更多的流，这也许会影响你的使用概率值。当一个流的目标（箭头末端）发生变化时，你无须更改其使用概率百分比。反之，如果你要更改一个流的源头，那么你必须重新评估来自新状态和原始状态的所有流的使用概率值。

图 10.5 展示了解锁物品 TFD 的一个更新过的版本。图左边的流 9 现在又回到了"没积分

且物品锁定"状态,而不是回到"没积分且物品已解锁"状态。流 9 的使用概率百分比无须更改。所有来自"没积分且有物品"的流的百分比之和仍然为 100%:分别是 10%使用概率的流 8 和 90%使用概率的流 9。

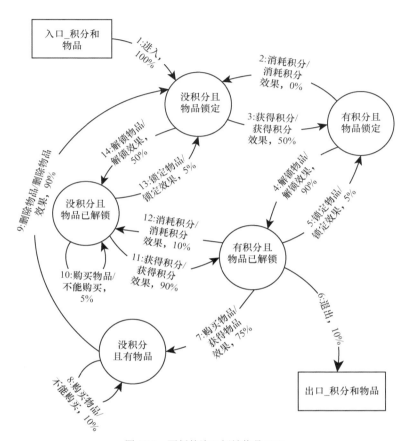

图 10.5 更新的流 9 解锁物品 TFD

图 10.6 包含了对解锁物品 TFD 的第二次更新。流 6 最初起始于"有积分且物品已解锁"状态,但现在它从"没积分且有物品"状态到 OUT 框。对于这种情况,所有来自"有积分且物品已解锁"状态和"没积分且有物品"状态的流都要被重新评估,以保证从这两个状态出来的流的百分比之和都是 100%。

解锁物品对"有积分且物品已解锁"状态而言,需要增加一个或多个百分比,因为该状态丢失了一个流。你可以把过去分配给流 6 的 10%分配给流 12。这不会过度地提高流 7 的使用概率,并且让流 5 的使用概率保持在低水平。流 12 现在有 20%的使用概率,而不是原来的 10%的使用概率,如图 10.6 所示。

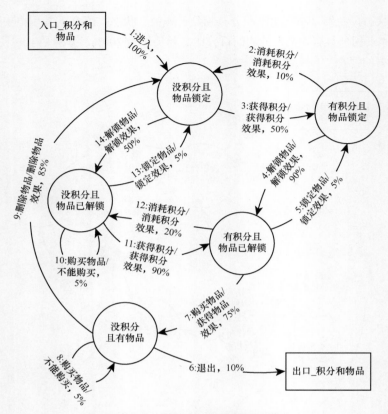

图 10.6 第二次更新的流 6 和流 9 的解锁物品 TFD

此外，现在必须降低"没积分且有物品"状态的一个或多个流的使用概率，以便为新的流腾出空间。因为流 6 是一个退出流，它必须持有 10% 的使用概率。另外两个流来自"没积分且有物品"状态：流 8 的使用概率为 10%，流 9 的使用概率为 90%。将流 8 减少 10% 的使用概率，那么其结果变成 0% 的使用概率，这意味着它永远不会被选作为这个 TFD 的任何净室路径。那么就从流 8 和流 9 中各自取走 5% 的使用概率。这些流的新百分比反映在图 10.6 中。另外一种方法是，你也可以从流 9 取走 10% 的使用概率，让流 8 保持在 10% 的使用概率。你的选择取决于你认为最能反映出这些流预期相对使用情况的分布，这取决于你试图建模的游戏玩家、模式或数据。

10.2.6 流使用概率的配置文件

在创建 TFD 净室路径时，你可能希望有多个使用概率配置文件可供选择。实现此目的有两种方法：第一，创建 TFD 的副本，并更改使用概率以匹配每个配置文件；第二，对组合配置文件进行相同的处理——为一个或多个游戏玩家、类型或模式创建每个测试元素和它的使用概率之间的映射。在这种情况下，使用概率就不会出现在 TFD 上。图 10.7 显示了在流上没有使用概率百分比的解锁物品的 TFD。

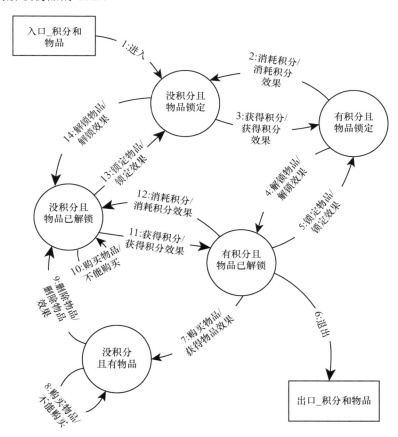

图 10.7 不带使用概率的解锁物品 TFD

表 10.13 展示了配置文件里使用概率和 TFD 上的流是如何映射的。记录每个流的使用概率对应的随机数的范围。例如，因为流 3 和流 14 从"没积分且物品锁定"状态出来，那么流 3 获取的范围是 1～50，流 14 获取的范围是 51～100。当你通过编辑 TFD 来添加、删除或移动流时，你必须回到此表并更新使用概率和范围数据。

表 10.13 休闲玩家的解锁物品 TFD 流的使用概率表

流	休闲玩家
1	100
2	10
3	50
4	90
5	5
6	10

续表

流	休闲玩家
7	75
8	10
9	90
10	5
11	90
12	10
13	5
14	50
总计	600

　　流使用概率表底部的总数是一个检查概率百分比加起来是否正确的好方法。总数应该等于 100（输入流）加上图中的状态数的 100 倍（退出每个状态的流的使用概率的总和必须是 100%）。图 10.6 中的 TFD 有 5 个状态，所以 600 是正确的总数。

　　从流使用概率表中生成你的净室测试，类似于你在流程图中使用概率。唯一的区别是：有一个额外步骤，就是在表中查找流的范围。如果你正在创建一个自动化的过程或工具来构建 TFD 净室路径，则表 10.13 可以存储在数据库中或导出至文本文件中。

> **小贴士**
>
> 　　不可否认，在表中记录流的使用概率情况会存在一些问题。因为流编号不一定能与图中显示的流关联起来，所以需要额外地去识别流来自哪个状态。例如，出自"没积分且物品锁定"状态的流 3 和流 14 处于流列表的两端。当你添加、移动或移除了许多流，以适应游戏软件的变化时，这个问题就会愈演愈烈。当你面对这种情况时，一定要仔细地检查你的数字。

10.3　逆向用法

　　当你想着重测试一下游戏中不常用的功能和行为时，可以采用逆向用法。这创造了一种使用模式，这种模式能反映出人们是否试图利用游戏缺陷或故意破坏游戏来满足一己私利。逆向用法也有助于暴露那些在之前的测试中遗漏的缺陷，因为实际上很少有人会想到或者根本没有人想到游戏还能这么玩。

10.3.1　计算逆向用法

　　逆向用法是通过以下 3 个步骤来计算的。

（1）为某个测试参数（组合）或从某个状态退出来的所有路径（TFDs）计算每个使用概率的倒数。

（2）把这些倒数相加。

（3）将步骤（1）中的每个倒数除以步骤（2）中计算的倒数的总和。结果是每个单独使用值的逆向概率。

例如，假设有 3 个值 A、B、C，使用概率分别是 10%、50%、40%。

运用步骤（1）的逆向方法来获得相应的倒数，$A\left(\dfrac{1}{0.10}\right)$ 的倒数是 10，$B\left(\dfrac{1}{0.5}\right)$ 的倒数是 2，$C\left(\dfrac{1}{0.4}\right)$ 的倒数是 2.5。

将这些倒数做加法运算，得到的和为 14.5。每个值的倒数除以这一总和得到逆向概率，A 的逆向概率约为 69.0% $\left(\dfrac{10}{14.5}\right)$，$B$ 的逆向概率约为 13.8% $\left(\dfrac{2}{14.5}\right)$，$C$ 的逆向概率约为 17.2% $\left(\dfrac{2.5}{14.5}\right)$。为了创建测试，这些可以四舍五入为 69%、14% 和 17%。

这个过程的特点之一是：对于给定的一组使用值，它在每个概率之间取逆向比例，并与其他组的数据做比较。

在前面的例子中，B 的使用概率 5 倍于 $A\left(\dfrac{50}{10}\right)$，1.25 倍于 $C\left(\dfrac{50}{40}\right)$。

A 的倒数与 B 的倒数之间的关系是 $\dfrac{69\%}{13.8\%}$，也就是 5.00。

同样，C 的倒数与 B 的倒数之间的关系是 $\dfrac{17.2\%}{13.8\%}$，约等于 1.25。

针对仅有两个使用值需要逆向使用的情况，你可以跳过该数学运算，直接对两个值进行逆向使用。如果你采用完整的步骤，虽然你会得到同样的结果，但你可以用这些时间做更多的测试，不用多此一举。

> **小贴士**
>
> 如果有一项只有 0% 的使用概率，那么逆向过程中的第一步将导致除以 0 的情况。要记住在进行 3 步逆向计算之前，通过对每个值加 0.01% 来避免这种情况的发生。这将使结果精确到小数点后一位，并保持同一组中的使用值的比例。

10.3.2 逆向使用组合表

表 10.1 显示了《光晕：致远星》的一组"视角灵敏度"值的使用概率，测试值分别为 1、3、10。我们从休闲玩家的配置文件来构建逆向值表。该列中的 3 个使用概率分别为 10、85 和 5。

这些都是百分比，所以这些概率的数值分别为 0.10、0.85 和 0.05。

运用步骤（1）并计算 $\frac{1}{0.10}=10$。

同样计算 $\frac{1}{0.85}$，结果约为 1.18，$\frac{1}{0.05}$ 等于 20。

按照步骤（2）将这些数字做加法运算，10+1.176+20=31.176。最后我们来做步骤（3）。

用 10 除以 31.18，其中 10 是"视角灵敏度"="1"的使用概率的倒数，31.18 是所有 3 个倒数的总和，最后得出逆向概率约为 0.321。因为表中的数字是百分比，所以输入为 32.1。同样，将 1.18 除以 31.18，得到第二个逆向使用概率，其结果约为 0.038 或 3.8%。20 除以 31.18 得出结果约为 0.641，并输入 64.1 作为"视角灵敏度"="10"的逆向使用概率，这样休闲玩家这一列就完成了。

将逆向使用概率值与原始值进行比较，可以确定每个使用值的相关比例也被逆向了。最初，"视角灵敏度"="1"的使用概率为 10%，而"视角灵敏度"="10"的使用概率为 5%，这是一个 2 比 1 的比率。在逆向使用概率表中，"视角灵敏度"="10"的值为 64.2，2 倍于"视角灵敏度"="1"的 32.1% 的使用概率。你可以检查每个参数的值，可以发现每个列中的其他值也是如此。

表 10.14 展示了在所有类型玩家的配置文件中，完整的"视角灵敏度"逆向用法。

表 10.14　"视角灵敏度"参数的逆向使用概率百分比

视角灵敏度	休闲玩家	成就型玩家	探索型玩家	多人游戏玩家
1	32.1	99.9	60.9	75.9
3	3.8	0.0	8.7	5.1
10	64.1	0.0	30.4	19.0
总计	100	100	100	100

注意（本书配套资源）

所有《光晕：致远星》游戏的高级控制参数的"正常"和逆向使用表均由本书配套资源里包含的 Excel 电子表格文件提供。有单独的工作表用于正常和逆向用法。你可以更改"正常使用"工作表上的值，"逆向使用"工作表中的值会自动计算出来。

10.3.3　TFD 流逆向使用

当进行逆向操作的时候，TFD 的输入流和退出流的有些特殊用例需要特别对待。因为这些是真正的"测试"操作与"用户"操作，所以应保留这些流的使用概率百分比。在逆向使用组中，它们和你最初分配的值相同。表 10.15 为休闲玩家的物品解锁 TFD 的逆向使用表，在表初始化的时候，输入流和退出流的值是固定的。

通过对 TFD 里每个状态的退出流执行逆向计算来完成表 10.15。根据每个状态把表格填满。从图 10.4 顶部的"没积分且物品锁定"状态开始，对流 3 和流 14 进行逆向计算。因为这些流具有相同的值 50%，所以没必要进行任何运算。在这种情况下的逆向计算结果与原来并无差异。在表中为这些流填写 50，如表 10.16 所示。

表 10.15 使用输入流和退出流数据进行初始化的逆向流使用表

流	1	2	3	4	5	6	7	8	9	10	11	12	13	14
休闲玩家	100					10								

表 10.16 给从"没积分且物品锁定"状态出来的流添加固定的逆向使用概率

流	1	2	3	4	5	6	7	8	9	10	11	12	13	14
休闲玩家	100		50			10								50

顺时针在图 10.4 中移动，对来自"有积分且物品锁定"状态的流 2 和流 4 进行逆向计算。因为只有两个值，所以你可以交换值而不必进行计算。表 10.17 显示了流 2 的 90%逆向使用概率，以及加到表格内的流 4 的 10%逆向使用概率。

表 10.17 给退出"有积分且物品锁定"状态的流添加逆向使用概率

流	1	2	3	4	5	6	7	8	9	10	11	12	13	14
休闲玩家	100	90	50	10		10								50

在你的 TFD 中，下一个登场的状态是"有积分且物品已解锁"。这是个有退出流的状态，已经在逆向使用表中记录为 10%。这里的诀窍是：对该状态里的其他流进行逆向计算，当它们全部加起来时，总使用概率是 100%，包括退出流。你想到怎么做了吗？对步骤（1）而言，仅计算流 5（5%）、7（75%）和 12（10%）的倒数，这些倒数的结果分别为 20、1.33 和 10。步骤（2）计算出的倒数总和为 31.33。步骤（3）将每个倒数与总和相除，分别得到 0.638、0.042 和 0.319。因为已经确定流 6（退出流）的使用概率总数为 10%，所以其他 3 个流必须占掉余下的 90%。将流 5、流 7 和流 12 的倒数乘以 0.9（90%）。流 5 的最终结果为 0.574（57.4%），流 7 为 0.038（3.8%），流 12 为 0.287（28.7%）。表 10.18 显示了目前为止其他流使用的计算结果。

表 10.18 给退出"有积分且物品已解锁"状态的流添加逆向使用概率

流	1	2	3	4	5	6	7	8	9	10	11	12	13	14
休闲玩家	100	90	50	10	57.4	10	3.8					28.7		50

下一个状态是"没积分且有物品"。这是另一种只有两个流需要逆向的情况。交换流 8 和流 9 的使用概率值。表 10.19 显示了添加到表中的流 8 的逆向使用概率为 90%，流 9 的逆向使用概率为 10%。

表 10.19 给退出"没积分且有物品"状态的流添加逆向使用概率

流	1	2	3	4	5	6	7	8	9	10	11	12	13	14
休闲玩家	100	90	50	10	57.4	10	3.8	90	10			28.7		50

"没积分且物品已解锁"是图 10.4 中最后一个状态。有 3 个流从这个状态退出，所以你必须做一些计算。流 10 具有 5%的使用概率，因此它的倒数为 20。流 11 具有 90%的使用概率，因此它的倒数约为 1.11。流 13 与流 10 具有相同的使用概率，因此具有相同的倒数 20。现在执行步骤（2）并将这些倒数相加，20+1.11+20=41.11，通过将它们的倒数除以该总数，得出每个流的逆向使用概率。

对于流 10 和流 13，计算 $\dfrac{20}{41.11}$，其结果约为 0.486 或 48.6%。

同样，计算出流 11 的倒数使用概率 $\dfrac{1.11}{41.11}$，结果约为 0.027 或 2.7%。将这些值输入表中，以获取表 10.20 中显示的完整版本。

表 10.20　"没积分且物品已解锁"状态的逆向使用概率的完整表格

流	1	2	3	4	5	6	7	8	9	10	11	12	13	14
休闲玩家	100	90	50	10	57.4	10	3.8	90	10	48.6	2.7	28.7	48.6	50

有了这些逆向百分比，执行与你起初对正常用法使用概率所执行的相同步骤，即可生成 TFD 净室路径和测试用例。

有一个技巧可以让记录每个百分比相关的数字范围更容易一点：添加一列范围值到使用表中。表 10.21 显示了"解锁物品"TFD 的逆向使用概率。当从一个状态出来的流分散在各处时，这一列会特别有用，例如流 3 和流 14 都来自"没积分且物品锁定"状态。

表 10.21　休闲玩家的逆向使用概率和范围的物品解锁 TFD

流	休闲玩家的逆向使用概率	范围
1	100	1～100
2	90	1～90
3	50	1～50
4	10	91～100
5	57.4	1～57
6	10	58～67
7	3.8	68～71
8	90	1～90
9	10	91～100
10	48.6	1～49
11	2.7	50～52
12	28.7	72～100
13	48.6	53～100
14	50	51～100

游戏玩家有倾向性和自己的玩法模式，这些都可以纳入游戏测试中，以便使用玩家玩游戏

的方法来测试游戏。这样做是为了找到并修复使用哪些方式玩游戏才会出现的缺陷。如果你成功了，那些玩家将不会发现游戏中的任何错误。这样做对双方都是有利的。

当你的游戏销量达到数百万份的时候，会有一些罕见的情况在游戏中出现。基于配置文件的逆向用法的测试能突出和暴露出游戏中罕见的缺陷。

10.4 练习

1. 你是哪种类型的玩家？如果你不符合本章中列出的任何类型，请给出一个你属于的玩家类型并对此进行描述。现在想想你认识的人，并且找到属于他们的玩家类型，描绘一个场景，在这个场景中你预估你和你的朋友会以不同的方式玩游戏。对于游戏功能、特点和元素的使用，请描述你们两种风格的不同点。

2. 识别并列出在表 10.12 中的净室组合表内所缺少的每对值。解释为何它们不是必需的，以及为何它们在这个应用程序中不可取。

3. 一个净室测试集中是否有可能多次出现相同的测试用例？请具体解释。

4. 针对《光晕：致远星》游戏的每一个高级设置参数，运用休闲玩家配置文件的逆向使用概率去创建一组表。

5. 根据练习 4 中你所创建的逆向使用表生成 6 个净室组合测试。使用相同的随机数集，这些数集是表 10.12 所示的生成组合测试所用的。将新测试与原来的测试进行对比。

6. 从图 10.4 中修改 TFD，结合表 10.21 中的逆向使用法。将使用概率四舍五入以得出最接近的整数百分比。确保从每个状态退出的流概率合计为 100。如果无法确保概率合计为 100，请相应地调整四舍五入值。

7. 为你在练习 6 中完成的 TFD 生成一条路径。按照本章之前所述的相同格式列出路径中的流、操作和状态。将新路径与原来的路径进行对比。

第11章

测试树

本章主要内容如下。

- 测试用例树；
- 树特征测试；
- 测试树设计。

在游戏测试中，测试树有 3 种不同用途：

（1）测试用例树（test case tree）记录了测试用例和游戏特性、元素以及功能之间的层次关系；

（2）树特征测试（tree feature test）反映了游戏中设计的特性和功能的树结构；

（3）测试树设计（test tree design）可用于创建测试，系统地覆盖特定的游戏特性、元素或功能。

11.1 测试用例树

在测试树的应用中，测试用例应该已经创建好并记录在案。每当游戏团队向测试工程师提交一个新的发布版本时，测试树就能大显身手了。测试主管可以根据哪些缺陷已经修复了或者发布版本包含了哪些新功能，来决定测试的范围。像这样的组织结构也可以反映出游戏自身的架构。

我们拿《战锤 40000：战争黎明》［*Warhammer 40,000: Dawn of War*，计算机上的一个实时模拟（Real-Time Simulation，RTS）游戏］的测试树举个例子。在这个游戏中，最多 8 名玩家可以相互竞争或与计算机的人工智能对手竞争。玩家控制和发展自己的战士种族，每个种族都有自己独特的军事单位、武器、建筑物和车辆。游戏根据不同的条件获得胜利，例如控制了某个阵地、在给定的时间内守住了阵地或完全消灭了敌方力量。

从一个较高的层次来看，《战锤 40000：战争黎明》的测试可以被组织成游戏选项测试、用户界面测试、游戏模式测试、特定种族测试和聊天功能测试。选项测试可以分组为图像、音效或控件选项。用户界面测试可以划分为游戏界面的用户界面部分和游戏内的镜头视角移动部分。此外，这款游戏中有 3 种主要的游戏模式（战役、冲突和多人游戏）以及 4 个种族（混沌军团、灵族、兽人和星际战士）可供玩家选择。当通过局域网、在线或直接连接时，可以使用聊天功能。图 11.1 显示了作为树排列的两个层级的组织结构。

在游戏开发过程中，每一个缺陷的修复都可能会影响游戏的一个或多个模块。有了测试用例树，你可以在相关的树节点下找到受新代码影响的游戏模块，这样能很容易确定要执行的测试。某些修复可能需要在较高的层面上进行复查，例如应用于所有聊天编辑器的字体修改。其他修复可能更具体一些，例如聊天文本传递给在线聊天服务器的方式的修改。

为了更精确地选择测试，我们还可以对树进行更细致的定义。例如，冲突游戏模式测试可以进一步进行细分，例如使用哪个地图、在比赛中有多少活跃玩家、玩家选择哪个种族、选择了什么游戏选项，以及采取了哪一种获胜的条件。图 11.2 显示了冲突分支的进一步细分。

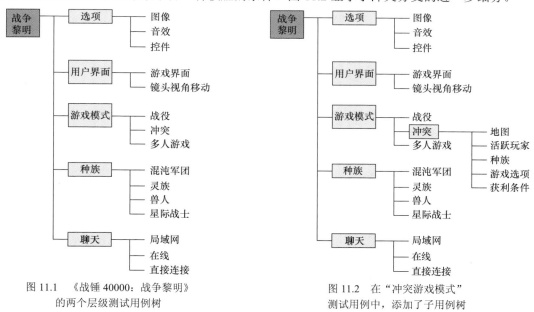

图 11.1　《战锤 40000：战争黎明》的两个层级测试用例树　　　　图 11.2　在"冲突游戏模式"测试用例中，添加了子用例树

展示冲突模式的其他细节是非常重要的，因为当与某个或多个特定种族相关的任何游戏资源或功能发生了更改时，它能告诉我们应该运行另一组相关的测试。无论你的测试用例是存储在常规的目录系统、配置管理存储库还是测试管理工具中，你都可以用它们来匹配游戏功能的树层次结构。当你将测试映射到你测试的每个版本中的代码更改时，这是一种能帮助你找到想要执行的测试的有效方法。

11.2　树特征测试

测试树的第二个功能是用于展示游戏中实现的功能的实际树结构。《战锤 40000：战争黎明》对于每个种族的科技树都有这样的结构。这些科技树定义了生成单位、车辆、建筑物和能力的依赖规则。例如，在灵族可以生产狂嚎女妖（Howling Banshee）之前，他们必须先构建一个骷髅兵训练场（Aspect Portal），并用狂嚎女妖石升级训练场。然后就可以开始生产其他军队了，例如游侠。这些树可能相当复杂，包含多个建筑物、升级器和研究所之间的依赖关系。按照不同的路径去构建不同的军队和建筑物，以此来测试这些树。还要去检查那些未遂的"捷径"，确保它们不会产生预期的结果，例如在没有扭曲蜘蛛石的情况下去生产扭曲蜘蛛（Warp Spider）。请仔细充分检查所有可能尝试的入口，例如从菜单、命令行或单击图标。图 11.3 显示了灵族（Eldar Race）骷髅兵训练场的科技树。

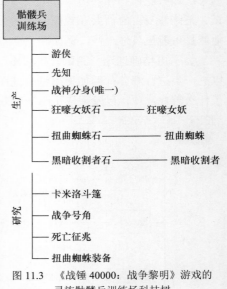

图 11.3　《战锤 40000：战争黎明》游戏的灵族骷髅兵训练场科技树

这种类型的树的另一个案例通常为角色扮演类游戏，例如《最终幻想》（Final Fantasy）或《龙腾世纪》（Dragon Age）游戏系列定义的任务树或者技能树。在新技能或能力可用之前，角色可能需要将技能升级到某一个等级。在某些情况下，技能和角色选择范围由人物种族、职业或阵营的选择而决定。每个连续的选择可能会缩小后续选择的范围。对于这种类型的树，联想一下圣诞树上的灯串。如果一盏灯发生故障，剩下的连接着的灯也不会亮。在这种情况下，如果不满足先决条件（先前选择的所需组合），就无法选择某些阶层或背景。作为一名测试工程师，你需要通过省略必要的前提条件去测试每一种可能的结果，一次一个。另外，你也要去测试所有必要的条件都得到满足的情况。参见图 11.4 描述的案例，了解《龙腾世纪：起源》（Dragon Age: Origins）游戏中的一个男性矮人的游戏画面中是如何描述这一点的。

选择"男性"后会显示出可供选择的种族。在这种情况下，可以选择人类、精灵或矮人这 3 种种族中的任何一种。选择矮人种族后，阶层只能选择战士或盗贼。

如果为男性矮人选择了盗贼为阶层，那么会限制人物背景的可能性为 6 种背景可能性中的两种：平民或贵族。

当游戏画面上没有绘制你的角色树时，你可以自己构建。当你对树进行遍历时，请确定那些允许的角色和技能在树叶节点上都可用，并检查确定该路径上哪些不可用的选项被阻挡住了。

等级树是许多流行游戏中的另一种结构，花点时间来看一下图 11.5，它展示了《最终幻想战略版 A2：封穴的魔法书》（Final Fantasy Tactics A2: Grimoire of the Rift，FFTA2）游戏中修姆族法师职业可用的树形图。

在成为一名幻术士前，玩家的角色必须掌握两个白魔道士技能和 4 个黑魔道士技能。图 11.5 还显示，在他能够成为黑魔道士之前，该角色必须先掌握一个白魔道士技能，然后才能去修炼黑魔道士技能。

图 11.4　《龙腾世纪：起源》游戏的男性矮人角色的生成

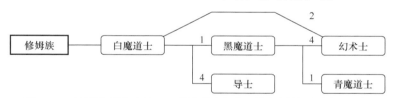

图 11.5　《最终幻想战略版 A2：封穴的魔法书》游戏中修姆族法师等级树

注意

《最终幻想战略版 A2：封穴的魔法书》游戏的整个等级树结构可以在 Final Fantasy Wiki 网站中看到。

通过为树分支中的每个节点提供测试值，定义了一个特定等级的树特征测试。通过只检查"边界"值来确定一个技能、等级和能力是否解锁了，这样你可以只进行最低程度的测试。例如，不需要测试白魔道士的掌握值为 2 的情况，也不需要测试黑魔道士的掌握值为 1 或 2 的情况。测试用例 2 足以说明：只掌握 3 个黑魔道士技能时，幻术士不会被解锁，并且只有当黑魔道士熟练度达到 4 时，它才会被正确地解锁。表 11.1 显示了图 11.5 中等级树的测试用例。

树还能定义和限定在任何给定的时间内，玩家可以进入游戏中的哪些区域和地点。图 11.6 显示了 iOS 设备上的一款 RPG 游戏《战斗之心》（*Battleheart*）中玩家可玩战场的进程图。打钩的区域表示已被攻占的地点，骷髅图代表玩家可玩但未被攻占的地点，而挂锁的区域则表示还不能玩的地点。

表 11.1 修姆族魔道士幻术士的等级测试树

测试编号	白魔道士	黑魔道士	幻术士启用
1	1	4	NO
2	2	3	NO
3	2	4	YES

图 11.6 《战斗之心》游戏战场的选择树

不同的游戏还存在许多其他的特征树。下面列出了一些你可以发现的树：

- 科技树；
- 杯赛的进阶分支；
- 游戏选项菜单结构；
- 添加或升级魔法、能力或超能力；
- 增加制作或烹调项目所需的复杂性和技能的类型；
- 获得新的段位、称号、战利品或奖牌；
- 解锁代码、升级项目或加强项目；
- 解锁新地图、战场、场景或竞赛路线；
- 解锁更好的汽车、装备或对手。

一个有趣的测试场景是，不同的菜单树或树路径可以影响相同的值、能力或游戏元素。你应该通过由游戏提供的所有可行的方法，来设置和检查这些值。例如，在《战锤40000：战争黎明》游戏中，在"冲突"模式中设置的游戏选项也可以用在多人、局域网、在线和主机模式中。

11.3　测试树设计

到目前为止，针对电子游戏方方面面的发展、改进或提高，在游戏中特意构造的路径和模式已经梳理完毕。在另一个极端，有些游戏功能可能看上去混乱得不可思议。举个例子，在卡牌类对战游戏中，玩家从他们洗过的一副牌组中轮流出牌，或许必须要符合游戏规则范围内的某些出牌规范。要赢得卡牌对战，通常要消灭敌人、敌人的军队（兵团生物、敌人的联盟等），或者两者兼而有之。一张卡牌可能有特殊的行为，这是由卡牌类型和印刷在卡牌上的附加说明来定义的。有些卡牌会影响其他玩家或其卡牌。卡牌分为进攻方和防守方。数百种不同的卡牌可能会以出人意料或不合理的方式相互影响。随着时间的推移，越来越多的卡牌可以使用，产生出了新的和时而出人意料的化学作用。记住规则 1：不要恐慌。你可以设计一个测试树来为特殊的卡牌功能定义一组测试。

《万智牌》（*Magic: The Gathering*）游戏是一款流行的集换式卡牌游戏，可以在 Xbox 和 PS3 平台下载该电子游戏的相关内容。《万智牌：旅法师对决》（*Magic: The Gathering, Duels of the Planeswalkers*）有一种"挑战"模式，在此模式内，玩家可以用一个回合对战局扭转乾坤，击败似乎曾拥有不可战胜的优势的对手。只有一种特定的组合卡，以正确的牌序并且正确地使用，才会取得胜利。

在《万智牌：旅法师对决》游戏中，卡牌提供了各种类型（红色、蓝色、绿色、白色、黑色或无色）的能量（魔法），用来召唤生物或法术咒语和异能。为每一张牌分配正确的魔法类型，是同一回合内发动后续咒语和异能的关键。

在挑战模式的第 5 关中，你的角色要用仅有的两点生命值去打败莉莉安娜，从而通关。无论如何，如果你想取胜，你就必须要知道如何在一个回合中给莉莉安娜造成 13 技能点或更多的伤害。你手上有 6 张牌，外加 5 个生物；桌上还有 6 个魔法，3 个绿色（Green，G），3 个黑色（Black，B），用来增强你的卡牌。卡牌和它们的魔法消耗值如下：

横行魔法（Overrun）——2GGG；

地精冠军战士（Elvish Champion）——1GG；

骄傲至美（Imperious Perfect）——2G；

地精勇士（Elvish Warrior）——GG；

地精赞颂人（Elvish Eulogist）——G；

碍眼末日（Eyeblightlogistcti）——2B。

你可以把可能的出牌顺序组织成树状结构，作为后续选择出牌的参考。这将揭示哪些序列（路径）会导致失败，哪些（至少一个）序列会取得成功。作为用图形方式展示树的替代方法，可以使用电子表格对游戏结构、游戏选项和玩家选择之间的关系、每个支线结果进行组织和可视化。

开始定义路径，用最昂贵的卡牌来玩。这样可以减少随后卡牌可用的剩余魔法值，所以它应该是在树/表中比较简单的分支之一。在此场景中，横行魔法的消耗值最高，为 2GGG，这意味着玩家必须用掉 3 个绿色的魔法值和两个额外的魔法值（包括绿色）来施展这个法术咒语。一旦使用了，就只剩下一个黑魔法值。这不够用来打出剩下的任何一张卡牌。出完这张牌后攻击，并且把法术施展到其他卡牌上，都不会取得胜利，所以这是一条失败的路径。表 11.2 显示了列成表格（电子表格）格式的测试树的分支。因为每条路径都是一个测试用例，所以为了方便引用，应该对它们进行编号。

表 11.2　莉莉安娜挑战模式任务中的横行魔法卡牌分支

测试序号	第一次使用的卡牌	付出的卡牌	第二次使用的卡牌	付出的卡牌	结果
1	横行（2GGG）	BGGG	N/A	N/A	失败

下一个最有限制力的卡牌是地精冠军战士，它要消耗 1GG、两个绿魔法和其他任何颜色的魔法，该分支的某些用例可以不打第二张卡牌就结束，因为玩家可以选择完成他们的回合，即使他们没有用尽所有可用的法力。同时，因为"完"意味着用掉任何可用的魔法值，当用掉 1 个绿魔法时，需要有一个单独的子分支；而当使用一个黑魔法时，则需要另一个单独的子分支。这两个选择会对消耗剩余可用魔法的卡牌有所限制。接着，创建一张完整表的关键是要认识到树中每个节点的不同"出牌"组合。为了表示第二张牌不同的可选组合，需要一些额外的分支。请参见测试树中的地精冠军战士卡牌分支，如表 11.3 所示。请注意，在这张表的最后一个分支中，在总共消耗了 BGGG 之后，你还剩两个黑魔法可用，到了这一步可能就没法出招了，因为你手上的魔法值（BB）不够去打出手上的任意一张卡牌。

表 11.3　莉莉安娜挑战模式任务中的地精冠军战士卡牌分支

测试序号	第一次使用的卡牌	付出的卡牌	第二次使用的卡牌	付出的卡牌	结果
2	地精冠军战士（1GG）	GGG	无	N/A	失败
3			碍眼末日（1BB）	BBB	失败
4		BGG	无	N/A	失败
5			碍眼末日（1BB）	BBG	失败
6			骄傲至美（2G）	BBG	失败
7			地精赞颂人（G）	G	失败

> **注意**
>
> 　有时这是对玩家的一种提示，必须用掉所有提供的资源，例如魔法，才能解决问题或赢得挑战。然而这本质上不是缺陷，但是如果它对游戏不利，测试工程师就应该指出来，例如只有一种方法可以用掉资源，而这样就能赢！

下一个是首先出骄傲至美的卡牌分支。这张卡牌消耗掉 2G、绿魔法和另外两种颜色。基于这个挑战模式提供的魔法，这张卡牌的可能成本是 GGG、BGG 和 BBG。在这里你会遇到更多的限制，因为某些颜色的魔法会被用完，例如，当你为骄傲至美消耗 BGG 的时候，你就无法使用地精冠军战士（1GG）了。当你用骄傲至美卡开始你的回合时，表 11.4 分析出了可用的卡牌序列。

表 11.4　莉莉安娜挑战模式任务中的骄傲至美卡牌分支

测试序号	第一次使用的卡牌	付出的卡牌	第二次使用的卡牌	付出的卡牌	结果
8	骄傲至美（2G）	GGG	无	N/A	失败
9			碍眼末日（2B）	BBB	失败
10		BGG	无	N/A	失败
11			碍眼末日（2B）	BBG	失败
12			地精赞颂人（G）	BBG	失败
13		BGG	无		失败
14			碍眼末日（2B）		失败
15			地精冠军战士（1GG）		失败
16			地精勇士（GG）		失败
17			地精赞颂人（G）	G	失败

继续构造地精勇士卡牌分支。这张卡牌只需要两点魔法（GG），所以可能会有超过出两张卡牌的机会，这取决于魔法的消耗情况。如果在打出地精勇士卡牌后紧接着打出地精赞颂人卡牌，你可以选择不出牌，但仍然能用剩余的 3 个黑色魔法打出碍眼末日卡牌。为了放下测试树的"第三个卡牌节点"，需要在测试树表中添加额外的列。表 11.5 显示了地精勇士卡牌的表格，它提供了两个获胜的分支。

表 11.5　莉莉安娜挑战模式任务中的地精勇士卡牌分支

测试序号	第一次使用的卡牌	付出的卡牌	第二次使用的卡牌	付出的卡牌	第三次使用的卡牌	付出的卡牌	结果
18	地精勇士（GG）	GG	无	N/A	N/A	N/A	失败
19			骄傲至美（2B）	BBG	N/A	N/A	失败
20			地精赞颂人（G）	G	无	N/A	失败
21					碍眼末日（2B）	BBB	胜利
22			碍眼末日（2B）	BBG	N/A	N/A	失败
23				BBB	无	N/A	失败
24						G	胜利

记住，要想赢得这个挑战，你必须做的不仅仅是把合适的卡牌放在对战位置。当准备打出碍眼末日卡牌时，你需要瞄准（销毁）对手的梦魇卡牌，这是对手唯一具有飞行异能的生物。在打出地精赞颂人卡牌之后，你需要"单击"在对战开始时就已经就位的无垢官员卡牌，以增加地精勇士卡牌所造成的伤害。没有了梦魇卡牌，对手就无法阻挡地精勇士卡牌，所以当你进

攻时，你就能造成 13 点未受阻的伤害来击败莉莉安娜。

到了这一步，还有两个主要的分支有待探索。地精赞颂人是最后一张需要绿色魔法值的卡牌，表 11.6 展示了另外两个获胜的牌序。

表 11.6　莉莉安娜挑战模式任务中的地精赞颂人卡牌分支

测试序号	第一次使用的卡牌	付出的卡牌	第二次使用的卡牌	付出的卡牌	第三次使用的卡牌	付出的卡牌	结果
25	地精赞颂人（G）	G	无	N/A	N/A	N/A	失败
26			地精勇士（GG）	GG	N/A	N/A	失败
27					碍眼末日（2B）	BBB	胜利
28			骄傲至美	BGG	N/A	N/A	失败
29				BBG	N/A	N/A	失败
30			碍眼末日（2B）	BGG	N/A	N/A	失败
31				BBG	N/A	N/A	失败
32				BBB	N/A	N/A	失败
33					地精勇士（GG）	GG	胜利

从碍眼末日（2B）卡牌开始构建最后一棵树。这样的开局产生了这个挑战模式任务中最大的一张表。这一次，玩家走不到这部分树的两个获胜的分支，因为游戏不会让你付出 3 个黑魔法来发动碍眼末日；反之，游戏会自动付出两个黑魔法和一个绿魔法（BBG）。

随着游戏深入树最终部分的卡牌序列，你应该注意到，当你将碍眼末日卡牌作为第一次使用的卡牌时，游戏将自动选择 BBG。在写这本书的时候，游戏中没有任何机制能让玩家明确地选择卡牌消耗的魔法。因此，在测试分支上，要求玩家付出 BGG 或 BBG 的节点将无法执行，44 和 46 这两个获胜的分支将无法走到，如表 11.7 所示。使用碍眼末日作为开局对玩家来说真的是惨，因为他被深深地挫败了。

表 11.7　莉莉安娜挑战模式任务中的碍眼末日卡牌分支

测试序号	第一次使用的卡牌	付出的卡牌	第二次使用的卡牌	付出的卡牌	第三次使用的卡牌	付出的卡牌	结果
34	碍眼末日（2B）	BGG	无	N/A	N/A	N/A	失败
35			地精赞颂人（G）	G	N/A	N/A	失败
36		BGG	无	N/A	N/A	N/A	失败
37			地精冠军战士（1GG）	BGG	N/A	N/A	失败
38			骄傲至美（2G）	BGG	N/A	N/A	失败
39			地精赞颂人（G）	G	N/A	N/A	失败
40		BBB	无	N/A	N/A	N/A	失败
41			地精冠军战士（1GG）	GGG	N/A	N/A	失败

续表

测试序号	第一次使用的卡牌	付出的卡牌	第二次使用的卡牌	付出的卡牌	第三次使用的卡牌	付出的卡牌	结果
42			骄傲至美（2G）	GGG	N/A	N/A	失败
43			地精勇士（GG）	GG	N/A	N/A	失败
44						G	胜利
45			地精赞颂人（G）	G	N/A	N/A	失败
46						GG	胜利

还有一些输的玩法被同样的原因阻隔，玩家失去了探索这些可能性的机会。例如，在 32 和 33 测试中，在地精赞颂人之后使用碍眼末日，游戏使用的是 BBB，但没有把 GBB 作为一个替代选项。30 和 31 两个测试受阻。回看整个测试树，总共有 21 个分支，而整棵树中，将近一半数量的分支是玩不了的：

- 2、3——地精冠军战士不能支付 GGG；
- 8、9——骄傲至美不能支付 GGG；
- 13~17——骄傲至美不能支付 BBG；
- 28——骄傲至美不能支付 BGG；
- 30——碍眼末日不能支付 BGG；
- 31——碍眼末日不能支付 BBG；
- 34、35——碍眼末日不能支付 BGG；
- 40~46——碍眼末日不能支付 BBB。

这些测试应该仍然在你的测试设计中，但是它们可以被抹掉或者被指定为"阻塞"，直到 AI 角色更新，可以换一种方式来使用魔法，或者提供一种方式让玩家能自己决定每张卡牌消耗的魔法。

注意

在讨论区中，魔法 AI 问题是一个热门话题，但它已经得到了更新和修正。

这是一次良好的思维锻炼。树结构有助于组织测试用例，这样就可以轻易地根据一组给定的游戏更改点来选择适当的测试集。每个下游节点都代表一组比父节点更有具体用途和范围的测试。此外，测试可以反映游戏功能和游戏元素之间存在的树状关系。测试这些结构行为的方法是测试节点上的值，从树的起点穿过每一个分支，当没有更多的动作、决定或者选择时，就是终点。

最后，设计测试树用以提高对复杂游戏特性或问题的理解，并且使得看似混乱不堪或错综复杂的功能变得井然有序。当你需要探索游戏规则、选项、元素和功能的交互时，测试树显得尤为有用。一个结构良好的测试树会逐步地分解特性，直到到达最终的节点，从而定义了在测试期间执行的特定操作。别忘了"移除"由于任何游戏的限制而不可能到达的分支。

11.4 练习

1．参阅图 11.2 中的测试用例树，对于一个修复了兽人"长管大枪"武器音效缺陷的游戏的新版本，你应该重新运行哪一个测试分支对其进行测试？

2．在《战争黎明》（*Dawn of War*）游戏中，实际上有 4 种多人游戏模式：局域网、在线、直接主持和直接加入。此外，在冲突（skirmish）模式中，有地图、活跃玩家、种族、游戏选项和获胜条件，另外，上述这些内容也适用于局域网和直接主持的多人游戏模式。描述你将如何更新图 11.2 中的测试用例树，以包含这些额外的选择。

3．对 Facebook 的《魔法学校》（*The School of Wizardry*）游戏绘制代表课程和项目之间的测试树，此树包含以下关系：

（a）你可以通过学习"发现你拥有魔法力量"课程来找到解除武装的咒语；

（b）"获得自己的魔杖"课程需要解除武装的咒语，并能为你提供圣光宝石；

（c）"去非魔法学校的第一天"课程需要一个圣光宝石，并能提供一种阻碍宝石；

（d）"你与 Mortimer 叔叔的第一个魔法课程——浮起一个物体"课程需要一个阻碍宝石，并可以给你一个混乱咒语；

（e）"学习魔法史"课程需要两个混乱法术，并可以提供铸造火焰宝石；

（f）"和你叔叔学习魔法药水"课程需要两种解除武装的咒语；

（g）"逃离神秘森林中的永无止境的道路"课程需要 3 个铸造火焰宝石；

（h）"安全回家"课程需要 5 个铸造火焰宝石。

4．把本书配套资源中的第 11 章文件夹中的电子表格复制出来，通过编辑它来更新"莉莉安娜挑战"的树表，以展示如果骄傲至美卡牌要付出的是 1GG 而不是 2G，局面会变成什么样。

第 *12* 章

随机测试和游戏可玩性测试

本章主要内容如下。

- 自由测试；
- 定向测试；
- 游戏可玩性测试；
- 外部测试。

尽管本书的多数内容旨在帮助你采用有条理的、结构化的方法去测试游戏，但本章重点讨论的是更为杂乱无序的、非结构化的游戏测试方法，其作用不可小觑。

随机测试（Ad hoc testing）有时被称为"通用"测试，描述的是以一种低结构化、更直观的方式来寻找缺陷。游戏可玩性测试（gameplay testing）指的是通过玩游戏来测试诸如游戏平衡性、难易程度和娱乐因素这些主观体验的质量。

12.1　随机测试

Ad hoc 是一个拉丁语短语，可译为"为了某个特别的目的"。以最纯粹的形式来看，随机测试是一个为回答特定问题而临时进行的测试。

尽管已经有了最全面、最详细的测试计划和测试设计，或者你已经制定了最复杂的测试用例集，即使在经过测试主管或项目经理缜密的评审之后，你（和他们）仍然可能百密一疏。

在游戏中执行结构化测试用例集的过程中，随机测试允许你作为一个独立的测试工程师去探索那些潜意识或无意识想到的路径。在测试一款游戏的过程中，你几乎每天都会有这样的想法："我不知道如果我这样做会发生什么？"

随机测试让你有机会回答这些问题。这是一种最能让你探索游戏的测试模式，让你像探索迷宫一样在游戏中探索。

随机测试有两种主要类型：第一种是自由测试，它允许专业的游戏测试工程师忘记条条框框，去天马行空地测试；第二种是定向测试，旨在解决某个特定的问题或者找到特定的解决方案。

12.1.1 来自右脑的自由测试

因为自由测试是一种更直观、低结构化的测试形式，所以它有时也被称为"右脑测试"。诺贝尔奖得主、精神生物学家 Roger W. Sperry 认为，人脑的两个半球往往以非常不同的方式处理信息。左脑倾向于执行逻辑思维、精确的数学计算和结构化思维；而右脑更凭直觉、更具创造力，并习惯处理情绪和感觉。同时右脑也更能处理好复杂和混乱的事务。

> **小贴士**
>
> 关于 Roger W. Sperry 对这个主题的完整观点，特别是在创造性思维方面的观点，参见 Betty Edwards 的 *Drawing on the Right Side of the Brain* 的第 3 章。

随着电子游戏行业的不断发展，游戏设计的各个方面都面临着"更大、更好、更多"的压力，例如更多的功能、更多的用户定制、更多的内容、更多的风格融合，以及更具有复杂性。在最好的情况下，随机测试会让测试工程师去探索有时可能非常复杂的游戏设计。

随机测试也让你有机会按照你玩游戏的方式去测试游戏。你属于什么类型的游戏玩家？你是否喜欢完成每一个关卡上的所有挑战，并解锁每一个未解锁的关卡？你是喜欢仓促行事还是喜欢从长计议？在比赛中你喜欢快攻战术还是传切战术？你是喜欢急匆匆地冲关还是喜欢慢悠悠地探索关卡？随机测试允许你根据你喜欢的游戏玩法去完整地体验游戏，并进行测试。（对于玩家类型的扩展讨论，参见第 10 章。）

12.1.2 新的视角

疲惫不堪、麻痹大意和了无兴趣都是优秀游戏测试工程师的天敌。那些必须一直重复操作游戏同一部分的测试工程师面对这些天敌的风险最大，但是在一个长期的项目过程中，每个团队成员迟早都有可能会出现上述的这样或者那样的情况。当专注于同一块游戏内容很久时，测试工程师很容易出现"雪盲症"，即使有异常出现，也无法分辨出来。这时候就需要休整了。

随机测试允许你去探索超出你主要职责范围的游戏模式和功能。根据你所在项目的管理方式，作为测试工程师的你，可能会被分派到游戏中的一个特定的区域、模式、功能或者章节。你在每个版本构建中执行的测试用例集合可能只关注特定的一个区域。随机测试能让你涉足其他测试区域，其他测试工程师也能在没有测试用例集合的指引下去探索你负责的部分。

这个方法可以包括以下内容：

- 安排多人游戏的测试工程师去通关单人战役模式；
- 安排战役模式的测试工程师去测试小规模战斗或者多人游戏模式；

- 安排配置/兼容性/安装测试工程师去多人模式的团队；
- 安排其他项目的测试工程师完全投入你的游戏，时间是一天或者一天中的部分时间；
- 邀请公司其他部门的非测试工程师去玩这个游戏（具体可参见 12.2 节）。

以下小故事"谁把灯打开了？"讲述了一个恰当的例子。

谁把灯打开了？

一位有名的 PC 游戏发行商在全国各地都有工作室，这些工作室都配备了测试实验室。当地的测试经理经常会把当前项目的版本发送给其他实验室进行随机测试和"傻瓜测试"。

有一次，某个测试实验室的测试经理将另一个工作室的《一级方程式赛车》（*Formula Onetype racing*）游戏的最新版本交给他的两名游戏测试工程师。几分钟后，他惊奇地发现测试工程师已经回到他的办公室来反馈结果了。这两名游戏测试工程师还得意地说道："游戏已经崩溃了！"

"怎么可能？"，经理喊道，"这点时间，主菜单都没看完吧！"

测试工程师回答："我们只是打开了车的前灯！"

你可能已经想到了，在默认模式下的默认赛道上，游戏的默认时间是"白天"。当测试工程师在默认模式下开始比赛的时候，他们想如果我把车的前灯打开会发生什么。结果游戏立即崩溃了。

不用多说，这对反直观的设置（时间=白天，车前灯=打开）是由经过训练且更睿智的测试主管添加到组合表中的。

通过执行随机测试，你可以重新审视游戏的各个部分，以发现以前被忽视的问题。并且在项目前期进行随机测试还会帮助测试团队迅速发现测试计划、测试组合表以及测试流程图中任何存留的缺陷。

> **小贴士**
> "新的视角"的概念也适用于结构化测试。明智之举是让测试工程师定期地甚至在每个构建中轮换他们负责的特定测试集。

12.1.3　定向测试使混乱变有序

随机测试是对结构化测试的自然补充，但不意味着能取而代之。不管是测试主管指派给你的一个任务，还是你正在通关单人战役"只是为了看看会发生什么"，你都应该将测试过程和结果记录下来，并且应该是可以证明的，同时也是有价值的。

1. 设定目标并坚持

在开始之前，你应该有一个目标。这个目标不需要太复杂，也不需要像之前讨论的测试用例和测试集那样深谋远虑。但是你需要知道测试方向，这样不会浪费你（和项目）的时间。在启动游戏之前，你可以简要地写下你本次的测试目标。

> **注意**
>
> 　　你不必拘泥于是否完成自由测试的目标。如果在努力达到目标的过程中，你偶然发现了一个意料外的缺陷，那将是一件很棒的事情。这才是自由测试的意义所在。

这个目标可以非常简单，但必须是明确的。下面有一些例子。

- 在整场篮球比赛中，我能不能只投 3 分球？
- 在本方基地建造炮塔有数量限制吗？
- 我是否可以偏离任务简报中的策略建议，继续赢得战斗？
- 在这个关卡里有什么地方可以困住我的角色？
- 我能多次购买一件限量稀有物品吗？

如果你正在负责一个多人游戏测试，则需要在测试开始之前让团队成员知道游戏环节的目的。成功的多人玩家游戏测试需要紧密的沟通、协调和合作，即使这些测试工程师看起来只是在关卡里跑来跑去互相射击。在大多数情况下，为了成功地达到一个结果，一位测试工程师应该指导所有其他的参与者，这个过程通常会显得有些举步维艰，就像把一群小猫赶到一起一样。如果一位测试工程师在多人模式测试中没有领会测试的目的，那么浪费的游戏测试时间将会再乘以测试工程师的数量，所以，不要让你的团队掉进这个陷阱。

> **小贴士**
>
> 　　在你的测试生涯中，当提到游戏测试时，避免使用 "去玩" 这个词。这样不仅有助于反驳一个大众广泛认同的概念，就是你的部门 "只是以玩游戏为生" 的说法，也有助于增强团队的思维概念：游戏测试是工作，不是玩游戏。请记住：第一次玩游戏的时候，你是在玩游戏，而重复了 40 次之后，你是在工作。

2. 没有记录就等于没有测试

在游戏测试过程中，你应该持续地记录这些过程。《文明》（*Civilization*）游戏的设计师席德·梅尔（Sid Meier）说过，好的游戏是由 "有趣的选择" 组成的。你必须以非常细致和勤奋的方式记录下这些选择，包括你选择的选项、选择的路径、装备的武器、玩法等。当你秉持了这样的态度和努力，与缺陷不期而遇时，你将能够更好地找到缺陷的复现步骤。关于这一点，参见 12.1.4 小节中的 "如何成为一名专业的复现侠"。

有一款托尼·霍克风格（tony hawk-style）的特技游戏[①]，当你触发一连串的滑板动作的时候，记录事件可能就不是那么容易了。这时候，视频捕获成为几乎不可或缺的测试工具。在设计测试配置时，加入一些 "微创" 视频录制解决方案，这些解决方案不会影响目标硬件上游戏

---

① "托尼·霍克极限滑板" 游戏系列。——译者注

的性能。尽管 Xbox One 和 PlayStation 4 有内置的视频和屏幕截图捕获工具，但它们的局限性使得它们不太适合专业测试。游戏测试工程师通常需要对他们在游戏中所做的每一个动作都做一个视觉性的记录。根据特定的平台，你也许需要在游戏主机和屏幕之间添加一个视频录制设备。如果你在手持终端、平板电脑或智能手机上进行测试，可能需要在三脚架上安装一台摄像机，以便在目标设备上记录游戏操作。

PC 游戏可以用 Bandicam、Fraps 或 Camtasia Studio 等第三方软件工具进行视频录制。当然，使用视频录制软件也有缺点，就是在游戏运行时录制视频会面临增加系统资源消耗的风险，这可能会造成缺陷或降低游戏的性能基准，这通常会比你在没有同时运行视频录制软件的情况下遇到的更少。在制定测试计划的阶段，主要测试工程师应该与硬件和软件工程师一起制定"代码友好"的解决方案，所有方都确保不会引入错误的缺陷。

测试视频不应该成为测试工程师不努力工作的借口，它应该作为一种研究工具和报告缺陷的最后手段。以下步骤为引导指南。

（1）启动 DVR（或录制软件）并在开始游戏前按下录制键。（这一步骤太简单，以至于有人会忘记。）

（2）当你遇到一个缺陷但不能复现步骤时，回放并研究录制的视频，然后把问题反馈给你的测试主管和同事，并且讨论可能造成缺陷的原因，以及是否有其他人在类似的情况下遇到了相同的缺陷。

（3）如果你确实、肯定不能复现缺陷，那么你可以复制一段存在相关缺陷问题的视频剪辑，并将其附加到缺陷报告内，以邮件的方式发送给开发人员，或者将其复制到一个项目文件夹内以备将来参考。

（4）一旦你的 DVR 录满了，将拍摄的视频存档。视频文件往往很大，因此你应该建立一些网络备份，以防止因录满了游戏视频而导致本地硬盘空间不足。

自由测试应该有清晰的目标。所做的工作应该（通过视频）记录下来，并且可以查证到（通过清晰、简洁、可复现缺陷的报告）。自由测试还应该是值得去做的。以下是你在进行自由测试时应避免的一些常见的陷阱。

- 在多人模式的游戏测试中与其他测试工程师竞争。这不是关于你个人胜败得失的记录，而是为了发布一个优秀的产品。
- 在单人游戏中与游戏 AI 角色竞争，或与你自己竞争。花费大量时间去测试有可能被删掉的功能，你可能会意识到某个模式或功能是"在泡沫中"，也就是说，该模式或功能有可能会从游戏中去除。这就需要你相应地调整自由测试的重点。
- 测试游戏中最受欢迎的功能。经常与测试主管和同事交流，这样你就可以了解已经覆盖（和重新覆盖）的领域、功能和模式，把测试时间集中在游戏的"未探索的领域"上。
- 花费时间去测试不经常使用的功能，而且花费的时间与这些不常用的功能是不成比例的。例如，你可能在即时战略类游戏的地图编辑器上浪费大把时间去探究每一个边边角角，而实际上只有大约 15%的用户会进入地图编辑器，只有不到 5%的用户会使用它来创建地图。虽然你希望那些用户有难以忘怀的游戏体验，但并不意味着你应该拿剩余 85%的玩家的体验冒风险。

3. 避免从众思维

因为随机测试依赖于每位测试工程师的直觉、品味和偏爱，所以作为测试经理，创建一个测试人员可以自由思考的环境非常重要。游戏玩家也不是一个统一的、有同样思想的群体，所以你的测试实验室也不应该如此。如果你的实验室雇用的测试工程师都是自认为"硬核"的玩家类型，那么就不会发现所有的缺陷，也不会发布最精益求精的产品。

从众思维是由社会心理学家 Irving Janis 提出的一个术语，用来描述一种场景：在重压之下，一群人会出现"精神效率、现实验证和道德判断"上的衰退，以至于采取了有缺陷的决定或行动。从众思维有一个共同点：倾向于自我审查，即一个群体中的成员因为害怕被批评、排斥或者遇到更糟的情况，而无法质疑或提出异议。大部分凭着满腔热血寻找游戏测试工程师工作的都是 20 岁出头的年轻人，这个岁数的年轻人非常容易从众，这对游戏测试而言是非常危险的。

> **小贴士**
>
> 让硬核玩家转型成为硬核测试工程师吧！硬核玩家与硬核测试工程师不同。通常而言，所谓的"硬核"游戏玩家就是"受虐狂"：他们愿意在游戏发布前几周甚至几个月付费购买游戏；即使发布周的服务器出现过载问题，他们也会欣然接受；他们喜欢下载补丁。使用本书描述的方法，让他们理解修复错误的补丁只是例外，而非惯例。同时也要让他们明白，游戏测试工程师所要做的是谨慎地测试计划、设计和执行。

在你的测试实验室里可能会听到下面这样的话。

- "每个人都有宽带，所以我们不需要配置网络环境去运行游戏。"
- "没人喜欢洛杉矶快船队，所以在测试中，我不想用这支球队作为我操控的球队。"
- "大家都去玩星际争霸，所以我们就不用去测自己的即时战略游戏的教程。"
- "没人喜欢夺旗赛（Capture The Flag，CTF）模式，所以我们无须花太多时间在这件事上。"
- "没人使用近战武器，所以我就只用枪。"

> **小贴士**
>
> 作为测试工程师或测试经理，你的工作是了解你和你的整个测试团队的优点和缺点，营造良好氛围。在这种氛围中，大家无拘无束地讨论各种测试方法，尊重对方所给出的想法和意见。培养和鼓励不同类型的玩家风格。招募体育游戏、临时和非游戏玩家，以促进多样性。

12.1.4　像侦探一样测试

随机测试的第二大类是定向测试，你可以把这个方法描述为"侦探测试"，因为它和侦探一样目标明确。定向测试以最简单的形式回答非常具体的问题，以下是几个问题示例。

- 新的编译工作是否正常？
- 可以使用所有的角色吗？
- 过场动画可以中断吗？
- 还能保存游戏吗？

当测试工程师发现一个看起来很难复现的重大缺陷时，就需要执行更复杂的定向测试了。测试员已经"把游戏弄得支离破碎"，却无法弄清缺陷是如何造成的。就好像一个经典的凶杀案，测试工程师发现有一具尸体（缺陷）和一个目击者（他自己或其他测试工程师）。与凶杀案有着天壤之别的是，所关注的焦点并不是"谁杀人了"，犯罪者只是代码中的一个缺陷，焦点是"这是怎么发生的"。

当一个或多个测试工程师报告游戏中出现"随机"崩溃时，定向测试就拉开序幕了。这可能非常令人沮丧，因为它不仅经常延迟运行完整的测试集，还要花费大量的时间重新启动应用程序并重新进行测试。不稳定的代码，尤其是在项目的后期阶段，可能会使测试工程师显得压力过大。再一次，记住规则 1：不要恐慌。运用你的智慧，这样你才能做好像侦探般的测试工作。你发现的"随机"崩溃是单独的激情犯罪，还是你找到了"连环杀手"？

小贴士

　　"随机"崩溃很少是真正随机的。使用定向测试和科学的方法，能够减少不确定的测试路径并且能够最大限度地复现缺陷，这样你就可以让开发团队找到并修复它。

1. 如何成为一名专业的复现侠

在任何缺陷报告中，最关键的信息之一就是复现率。在缺陷追踪数据库中，该字段可能被称为（除此之外）频率、发生率、"发生"或"复现"率。所有这些不同的术语都用来描述同一件事。

注意

　　复现率可以定义为：遵循错误报告中描述的步骤，任何人都能够复现该缺陷的概率。

复现率通常被认为发生的范围是 100%到"一次"，但这可能会误导其他人。例如，假设你在自由测试过程中发现了缺陷，经过一番研究，你精简了复现的步骤。你按照精简后的操作步骤复现缺陷。你尝试了两次，缺陷出现了两次，或许你可以理所应当地报告这个缺陷 100%发生。但这个缺陷可能只有 50%或者更低的复现率，或许你只是像抛硬币一样幸运，连续两次正面都朝上。

出于这个原因，许多质量保证实验室报告的复现率是观察到的次数除以尝试的次数（例如"10 次尝试出现了 8 次，即 8/10"）。这个信息更有用、更准确，因为它可以让你的测试主管、项目经理，以及团队中的任何其他人来评估此缺陷测试的完整性。这个信息还可以帮助你在撰写报告之前保持对缺陷测试量的诚实。如果只尝试复现缺陷一次，你就在报告里写崩溃缺陷出现过一次，这哪里是秉持了公平公正的原则？作为测试团队成员，如果你想保持个人信誉，就不要养成这样的习惯。

另一方面，有一些缺陷，即使是一个新入行的测试工程师也可以确定在没有迭代测试的情况下，100%的时间内都会发生缺陷。与固定资源相关的缺陷，例如游戏内文本中的拼写错误，可以安全地假设 100%的时间发生。

"任何人"这个词对于上述的复现率的定义至关重要。如果发现缺陷的测试工程师是唯一能够复现它的人，那么缺陷报告就没有多大帮助。因为电子游戏测试通常都是基于技巧操控的，所以有一类情况屡见不鲜，在游戏（特别是运动类、格斗类、平台类或特技类游戏）中遇到只有某个测试工程师能够复现的缺陷，而且此测试工程师可以 100%复现缺陷。在理想的状况下，该测试工程师应该与团队的其他成员同心协力，以便其他成员也能复现这个缺陷。

如果由于时间或其他资源限制而无法复现缺陷，请将带有该缺陷的视频片段发送给开发团队；或者在最糟糕的情况下，安排复现缺陷的测试工程师到开发团队进行该缺陷的现场演示。这样做的资金成本和时间成本都很高，因为除了旅途费用，项目组还得承担测试工程师这段时间里的开销（包括非测试时间）。

总而言之，一个缺陷的复现率越高，它就越有可能被修复。所以，要努力成为一个"复现侠"。

2. 科学的方法

游戏测试工程师工作的地方通常被称为实验室，这并不是巧合。就像大多数实验室一样，这是一个使用科学方法研究和探索的地方。科学的方法包括以下步骤：

（1）观察某些现象；

（2）提出关于导致这种现象发生的理论和假设；

（3）用假设进行预测，例如，如果我这样做，它将会再次发生；

（4）通过回溯你假设中的步骤来测试该预测；

（5）重复步骤（3）和步骤（4），直到你合理地确信你的假设是正确的。

这些步骤为所有定向测试的研究提供了框架。假设你在 PC 游戏中遇到了一个奇怪的缺陷，并且似乎很难复现它。也许是你触发了某个条件，使得脚本被破坏，这会让你的角色卡在这个关卡的几何图形中，导致音频突然中断，或者游戏完全崩溃，弹回到电脑桌面。这时候，你应该像下面这样做。

第一，查看你的笔记。当你发现缺陷时，趁你记忆犹新，快速记下任何你正在做的事情。回顾一下视频，尽最大努力确定在游戏崩溃前你做的最后一件事情。

第二，处理所有这些信息，并对可能导致崩溃的输入的具体组合和顺序进行最合理的预测。在你重新开始你的步骤之前，你必须确定信息是什么，记下你认为最有可能导致崩溃的输入路径。

第三，阅读你路径中的步骤，直到你满意为止。确保只要你重复操作该步骤，就可以复现缺陷。

第四，现在重启你的计算机，重启游戏，并重复你之前的操作步骤。游戏再次崩溃了吗？如果你做到了，那真是太棒了！

第五，将步骤记录下来。如果你没有复现缺陷，那么在你的路径中更改一个（并且只有一个）步骤。再次尝试该路径，以此类推，直到你成功地复现这个缺陷为止。

很不幸的是，游戏可能非常复杂，如果没有外界的帮助，这个过程可能需要很长时间。别犹豫，与你的测试主管或其他测试工程师讨论这个问题。你能分享的相关信息越多，你能得到的启发就越多，你能排除的"嫌疑"就越多，你就会越快修复这个缺陷。

12.2　游戏可玩性测试

游戏可玩性测试（或"可玩性测试"）与本书目前讨论的测试类型完全不同。前几章涉及游戏测试的主要问题：游戏能正常运行吗？而可玩性测试本身就有一个不同但更重要的问题：游戏运行良好吗？

这两个问题之间的区别显而易见。"好"（well）这个词在短短 4 个字母中就蕴含着大量信息。第一个问题的答案是二元的，要么是肯定的（能正常运行），要么是否定的（不能正常运行）。第二个问题的答案远非二元可以表达清楚，因为它具有主观性，也会引出很多其他的问题，例如下列问题。

游戏是不是太简单呢？

游戏是不是太难呢？

游戏容易上手吗？

游戏的操控是不是直观呢？

游戏界面是不是一目了然并且易于浏览呢？

最重要的一个问题是：游戏有趣吗？

与目前为止所涉及的其他类型的测试不同，游戏可玩性测试涉及对游戏本身的主观判断，而不是客观事实。因此，这可能是你做过的最步履维艰的测试。

12.2.1　平衡的艺术

平衡是游戏设计中最扑朔迷离的概念之一，但它也是最重要的概念之一。平衡指的是在各种不同而且普遍矛盾的目标之间达到一种游戏平衡：

- 具有挑战性，但并不会让人过于愁眉不展；
- 入门容易，但要到达高阶就必须持续地玩；
- 简单但并不简化；
- 复杂但不会让人觉得莫名其妙；

- 较长但不会太长。

平衡也可以指游戏中不同竞争单位之间的大致平等状态：

- 近程战士与远程战士；
- 盗贼与魔法师；
- 狙击步枪与火箭发射器；
- 魔族与人族；
- Ken 与 Ryu（街霸游戏）；
- 植物与僵尸。

开发团队或项目经理可能会要求测试团队在项目生命周期的任何时间点进行平衡性测试。

小贴士

> 通常谨慎的做法是将任何游戏平衡性的评估推迟到 Alpha 测试之后，因为如果关键系统仍在开发中，就很难对游戏形成真知灼见。

一旦准备好进行游戏可玩性测试，测试反馈就需要像其他的缺陷报告一样，以具体的、有条理的和详细的方式呈现。有些项目经理可能会要求你将此类平衡性问题与其他缺陷一起报告为缺陷追踪数据库中的缺陷；另一些项目经理可能要求测试主管将可玩性和平衡性测试的反馈与其他缺陷分开。不论哪种情况，都要呈现出你的游戏观察结果，这样这些缺陷就可以被视为是基于事实的，听起来比较权威。

让我们来看一下测试工程师在《魔域帝国》（*Battles Realms*）游戏的平衡性测试中收集到的一些反馈，这是一款由美国液体娱乐公司（Liquid Entertainment）开发的 PC 实时战略（Real-Time Strategy，RTS）类游戏。在游戏测试的初期，很明显莲花族法师（Lotus Warlock，术士）过于出神入化了。一个测试工程师写道：

> 莲花族法师（术士）造成的伤害太高，应该被削弱。

如果你经常看互联网留言板，那么这样的评论应该看起来再熟悉不过了。这名测试工程师没写明确到底伤害程度有多大，相对于什么而言，如果削弱的意思是"变得不那么强了"那么到底削弱多少，是削弱为原来的50%，还是只削弱 50 点伤害。开发团队不会把这一评论太当一回事儿，会认为这是一种冲动的、情绪化的反应。［碰巧就是这样，这名测试工程师刚刚中了莲花族法师（术士）的控制技能。］

另一个测试工程师写道：

> 莲花族法师（术士）的攻击应该有 5 秒的冷却时间。

这名测试工程师过于明确了。他已经确认了这个问题［法师（术士）过于强大］，但把自己当成游戏设计师，并宣称解决方案是设置一个 5 秒的冷却时间（也就是说，对于在一个单位的本次攻击结束和下一次攻击的开始之间延迟 5 秒）。这条评论假设了 3 件事：魔法师确实过于强大；设计师们一致认为最好的解决方案是设置一个冷却时间；代码已经写好（或者可以写），以支持攻击之间的冷却时间。不过对于这种假设，开发团队有可能会不高兴（即使这是一个可行的解决方案）。

莲花族法师（术士）比其他 3 个种族的最高等级单位更强大。他们的攻击造成的伤害比神龙族幕府武士（Dragon Samurai）、巨蛇族浪人（Serpent Ronin）和恶狼族狼人（Wolf clan Werewolf）所造成的伤害大约多了 10%。他们能同时发动 3 次袭击，而其他种族的重型单位只能发动两次攻击。选择莲花族的玩家在游戏中的胜率达到了 75%，这让其他没选莲花族的玩家感到沮丧。

这个评论是具体并且以事实为依据的。它为制作人和设计师提供了足够的信息，让他们开始考虑重新平衡单位。然而，它并没有建议如何解决该问题。

■ 对设计师的采访

曾在一些工作室的大型游戏中担任内容设计师的 Karen McMullan 说，确定玩家在游戏中的情绪是游戏测试中的一个非常重要的部分。这位设计师设计过的游戏包括：《神话时代》（*Age of Mythology*）游戏、《帝国时代 III》（*Age of Empires III*）游戏和《光环战争》（*halo Wars*）游戏。

"作为一名设计师，对我来说无比珍贵的东西就是确切知道游戏玩家的感受。他们在想什么？做了什么决定？为什么做这个决定？"McMullan 女士建议采用"感觉先行，理由后行"的方式来表达游戏可玩性的反馈。例如，"我的长枪兵们输给了战车，这让我沮丧。步兵应该能打败骑兵，对吧？"（以上关于对 Karen McMullan 的采访内容，都是得到 Karen McMullan 本人许可后，再添加至此书内的。）

12.2.2 "这只是建议"

可玩性测试经常在缺陷测试期间执行。测试工程师不是机器人，他们会无意识地形成自己对游戏的观点和判断。测试工程师偶尔会灵光乍现，建议一些设计上的修改。在一些实验室中，这些被称为"建议性缺陷"，并且经常被忽略。因为缺陷会给程序员、美术设计师和项目经理带来压力，所以他们很少重视夹杂着建议性缺陷或者缺陷的严重级别为 S 的缺陷列表。

如果你确信自己对设计更改有一些有价值的（和合理的）想法，那么作为一名测试人员，可以采用如下几种方法，让你的建议被广泛采纳。

（1）问问自己这是不是值得改变的。例如，"佐罗的帽子应该是蓝色的"就不是一个值得的改变。

（2）积极地表达你的想法。例如，"指针的颜色太难看了"的注释远没有"把指针变成绿色会更容易让人看见"的注释有用。

（3）花一晚上再好好想想。在第二天早上，你也许就会觉得你的建议似乎不是一个好主意。

（4）和你的同事一起探讨问题。如果他们觉得是个好主意，那就和你的测试主管进行深入讨论。

（5）邀请你的测试主管与项目经理或首席设计师共同讨论你的建议。

（6）如果你的测试主管说服开发团队相信你的想法是有价值的，那么这时你可能会被要求将相关的建议或想法录入缺陷追踪数据库中，这样即可像其他任何更改一样能够查到它。只有当你被要求这样做的时候，你才能这样做。

通过和其他成员讨论来说服团队，在未进入缺陷追踪数据库之前和开发团队充分沟通，测试工程师经常能将他们建议的设计调整加入游戏中。

12.2.3　平衡游戏难易度是一项艰难的工作

有点讽刺的是，在开发周期的后期，游戏最难平衡的一个元素是难易度。游戏需要长年累月的开发时间。当一款游戏进入全面测试阶段时，游戏测试工程师们很有可能比最热情的玩家更频繁地通关游戏。设计和开发团队可能已经玩了一年多的游戏。在游戏开发过程中，会发生以下情况。

- 技能随着练习而提高。在你第一次测试一款动作体育游戏时，如果你能完成的滑板滑轨的长度不足 3 米，那么随着你测试的深入，现在你可以做数小时的滑板滑轨的动作，而且不费吹灰之力就能完成 20 次滑板技能连击。
- 人工智能（AI）模式、线路和策略都可以被记住。随着你花费数周的时间来对抗 AI，即使是面对最尖端的 AI 对手，你也可以预估到它们下一步的行为。
- 解谜不再伤脑筋。在冒险游戏或其他类型的带有捉迷藏的解谜元素的游戏中，一旦你学会解开一个谜底或者找到一个隐藏道具的方法，就不会再忘记解决思路。
- 教程不再教导人。如果你已经掌握了这个教程，那么就会很难继续评估教程的效率。
- 笑话已经过时了。
- 曾经的小说变得非常熟悉，以至于到了无聊的地步。（参见 12.1.2 小节的讨论。）

所有这一切的优点是，在游戏发布当天，开发和测试团队是地球上该款游戏的最顶尖玩家。但这不会持续太久，所以你应该享受这段在线"教育"新玩家的时间。

缺点是，随着游戏临近发布，你（以及项目团队的其他成员）失去了客观地评估难度的能力。对于玩家是新鲜的内容，但对你而言都不是新鲜的了。这就是为什么你需要另一组全新的测试工程师：外部的游戏可玩性测试工程师。

12.2.4　外部测试

外部测试从测试和开发团队之外的资源开始，但是仍在公司内部。意见和数据可以来自市场部门，也可以来自其他业务单位。从首席财务官到兼职接待员，让所有愿意的人对游戏进行可玩性测试，看看是否还有问题有待解决，这将会是个好主意。

在这里，我们必须小心谨慎，要记住 Werner Heisenberg 博士的警告："观察某事的行为会改变观察到的现实。"即使是小孩也知道他们正在参加一个焦点小组或游戏测试。因为他们（或他们的成年对手）经常渴望取悦他人，他们可能会告诉你他们认为你想听的东西。

尽管外部测试和意见收集是由开发团队或设计团队发起的工作，但它通常是由测试团队来实施和管理的。

1. 主题测试

如果你的游戏发生在真实世界、过去或现在，开发团队可能会明智地选择让主题专家来评审游戏的准确性。参见"真实性测试"部分，了解如何把经验丰富的战斗机飞行员的真实生活代入游戏，以便提升游戏的开发质量。

■ 真实性测试 ——————————————————————————

在 PC 端的喷气式战斗机的飞行模拟游戏《侧位》（*Flanker*）的开发过程中，制作发行方 SSI 利用互联网将一小部分美国和俄罗斯的战斗机飞行员集合在一起，他们从 SSI 拿到了游戏的公测（Beta）版本。他们对游戏真实性的反馈，从飞机的驾驶感到驾驶舱刻度盘上的俄语标签，都被证明是无价之宝。

这些专家将他们的评论发布到一个受密码保护的留言板上，他们的反馈被仔细地记录、验证，并交给了开发团队。这款游戏发布后好评如潮，并因其对苏联时期战斗机的真实描述而获得了很高的评价。

——

这样的专家小组规模往往相对较小，易于管理。更具挑战性的是如何有效地管理大量的公测版。

2. 外部 Beta 测试

外部 Beta 测试可以提供一些非常有用的数据。如果测试管理不当，它也可能提供大量一无是处的数据。

Beta 测试有两种类型：封闭式测试和开放式测试。先进行的是封闭式测试，并且被小心地控制。进行封闭式测试的工程师会被仔细甄别，并且通常在正式测试前，他们必须回答许多问题，这些问题的范围从他们的计算机技术水平到他们最近玩过的特定游戏。

最简单的封闭式测试类型发生在主机或其他脱机平台上。测试工程师招募过来后会拿到一款可以在用户设备上体验的公测版游戏。在测试工程师玩完游戏后，他们需要完成一份在线问卷或参与留言板上关于玩后感的讨论。他们还可能会被邀请去上报他们可能发现的任何缺陷。

在封闭式测试结束后将进行的是开放式测试，开放式测试对所有有兴趣参与的人开放。尽管开发者仍然会从这个更大的群体中征求一定程度的游戏反馈，但他们的作用主要是对网络负载进行压测，考验登录系统、配对模块、整体网络稳定性、游戏内的经济往来等方面的内容。

尽管开放式测试的测试工程师不会执行测试用例，但他们除了提供游戏体验反馈之外，还可以上报缺陷。大多数 Beta 版测试的测试经理会建立一个缺陷报告站点，可以让 Beta 版测试的测试工程师报告缺陷、发表评论和提出问题。

除了按照"正常"的方式玩游戏外，还有你作为个人 Beta 版测试的测试工程师可以采用的其他一些策略，如下所示。

- 尝试创建产生无限得分、金钱或经验的策略。
- 尝试找到在游戏环境中陷入困境的方法，例如一个弹球永远在左右挡板之间弹跳，或者一个落水却出不去的冒险家。
- 花些时间去查看游戏中所提供的每个功能、模式或位置。
- 投入全部精力去测试游戏中的一个功能、模式或位置，并充分探索其选项和功能。
- 尝试寻找进入禁止的模式或位置的方法。
- 尝试购买、获取或使用那些为比你等级高得多的角色设计的物品和能力，看看会发生什么。
- 试着在游戏中完成一些"第一"成就，例如成为第一"得分王"、第一个进入一个特定的城镇、以第一名赢得比赛、第一个组成一个种族等的角色。
- 一次穿戴、使用和激活尽可能多的增加属性的物品，例如护甲或能力提升。
- 试着成为游戏中拥有"最多"成就的玩家，例如最多的胜利、最多的技能点、最多的金钱、最多的战利品或最多的领地。

同样，你可以与其他 Beta 版测试的测试工程师一同创建游戏开发人员可能没有预见或无法测试的情况，例如：

- 让尽可能多的人出现在游戏同一个位置；
- 让尽可能多的人同时登录游戏；
- 让尽可能多的人同时加入同一场比赛；
- 让尽可能多的人同时给你发送一条游戏内的信息；
- 与尽可能多的人创建一个游戏内的聊天组；
- 尝试让多个人同时给你物品；
- 让尽可能多的人站在你的法术的"范围效果"内；
- 让尽可能多的人对你的角色施加可以增加或减少属性的法术（例如各种增益法术或减益法术）。

12.2.5 谁说了算

最终，游戏测试工程师无法左右这些决策，包括改变设计、重新平衡、添加（或删除）功能，甚至延迟发布以留出更多时间对游戏进行"优化"。测试工程师的职责是向决策者和相关人员提供最佳的事实和建议，以便做出他们认为的最好的决定。

随机测试是最能让你探索游戏的测试模式，让你像探索迷宫一样在游戏中探索。有两种主要类型的随机测试：第一种是自由测试，它允许专业的游戏测试工程师"脱离剧本"做即兴测试；第二种是定向测试，旨在解决一个特定的问题或者找出一个特定的解决方案。游戏可玩性测试侧重于了解玩家更主观的感受和"娱乐因素"。进行外部测试可能出于多种原因，包括游戏反馈，但是外部测试者作为非专业人员应该受到密切关注，并且他们的反馈要仔细检查，通过这种方式获得的最好的和最有用的信息才会交给开发团队。

12.3 练习

1. 判断题：在项目周期内，最好让同一位测试工程师执行相同的测试用例。

2. 游戏测试工程师将他们所做的工作称为"玩游戏"，为什么这个观点是不明智的？

3. 请讨论随机测试和游戏可玩性测试之间（方法和结果）的差异。

4. 表达缺陷复现率的两种方法是什么？

5. 你和其他 7 名测试工程师进入了你正在测试的在线射击游戏的死亡竞赛模式。一旦游戏开始，这是一场自由混战，而且所有的测试工程师都想方设法地赢得比赛。请问，这是游戏可玩性测试还是随机测试？为什么？

6. 你被指派对《漫威英雄对战卡普空》（*Marvel vs. Capcom*）类型的战斗游戏进行可玩性测试，并且怀疑其中一个战士的能力明显弱于其他战士。为了确认和量化你的怀疑，请问你可以进行哪些随机测试？

第 *13* 章

缺陷触发器

本章主要内容如下。

- 游戏的操作阶段;
- 6 种类型的缺陷触发器;
- 对缺陷进行分类;
- 在测试设计中添加缺陷触发器。

正交缺陷分类(Orthogonal Defect Classification,ODC)包含一组缺陷触发器(defect trigger)[①],用于对缺陷的出现方式进行分类。这些相同的触发器可以用来对测试和缺陷进行分类。如果测试套件没有把每个触发器考虑进来,那么将无法发现游戏中所有的缺陷。

13.1　操作阶段

游戏操作可以分为 3 个阶段:游戏开始(game start)阶段、游戏运行内(in-game)阶段和游戏后(post-game)阶段。这些阶段不仅仅适用于整个游戏,也可以对应到游戏中的其他体验,例如新任务、新赛季、新等级。此外,还有一个游戏前(pre-game)阶段,在这个阶段里游戏的运行环境,例如硬件、操作系统等已经可以操作,但是游戏还没有正式开始。图 13.1 展示了这些操作阶段之间的关系。

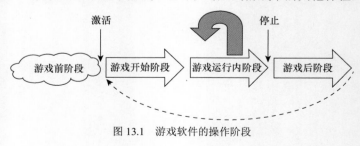

图 13.1　游戏软件的操作阶段

① 缺陷触发器指的是触发缺陷的原因。——译者注

13.1.1 游戏前阶段

游戏前阶段表示在开始游戏之前的时段，对主机来说，这是插入游戏盘之前的时间或者在游戏大厅里浏览要玩哪款游戏的时间。在个人计算机和手机上，就是启动游戏应用程序之前的一段时间。磁卡式游戏机就是插入游戏磁卡之前的这段时间。在每种情况下，用户都可以更改设置并使用设备进行操作，这可能会影响游戏的后续操作。

13.1.2 游戏开始阶段

游戏开始阶段是从玩家启动游戏到启动完毕的阶段。在这段时间内发生的某些活动可能会被中断，例如提供游戏功能或亮点介绍的动画。还有其他活动，例如屏幕显示的加载进度条不能被加快和中断。同时游戏软件在此期间还执行了一些对于玩家不可见但对游戏的正确操作至关重要的活动，在这个过程的最后，游戏会进入"准备就绪"状态，在此状态下，游戏等待玩家按下按钮或按键进入游戏。

13.1.3 游戏运行内阶段

游戏运行内阶段包含了玩家在玩游戏时可能执行的所有操作。有些功能在游戏过程中只能执行一次，而有些功能则可以在整个游戏中重复执行。还有一些功能只有当玩家满足某些条件时才能运行。在这一阶段，包含 NPC 的游戏也会对这些资源进行管理和控制。

13.1.4 游戏后阶段

玩家可以通过多种方式结束游戏或游戏会话。不保存游戏直接退出比保存游戏再退出需要做的处理少得多。玩家通常有机会在游戏结束前保存角色数据和游戏进度。在便携设备上玩的游戏可以通过关闭设备来结束。如果设备的关闭开关受到软件控制，那么游戏软件可以在切断电源前执行保存和关机操作。

基于故事的游戏在玩家完成整个游戏情节后会插播游戏动画，并在用户到达故事结尾时滚动得分。有些游戏会为到达终点的玩家解锁新的剧情，使玩家再次回到游戏中进行游戏。这可能会激活在第一次完成之前根本不会执行的代码。

13.2 缺陷触发器的类型

6 种缺陷触发器跨越 4 个游戏操作阶段。这些触发器描述了在测试期间导致不同类别的游戏缺陷出现的方法。这些触发器一起解释了所有可能发生的缺陷。

13.2.1 配置类型缺陷触发器

在运行游戏之前，某些游戏配置发生在游戏前阶段。其中包括在运行游戏之前建立的设备或环境设置，游戏平台的软件版本、日期和时间、屏幕分辨率、系统音量、操作系统版本、补丁和语言设置等都是配置类型缺陷触发器的示例。图 13.2 显示了 PC 游戏《质量效应 3》（*Mass Effect 3*）可用的视频配置设置。

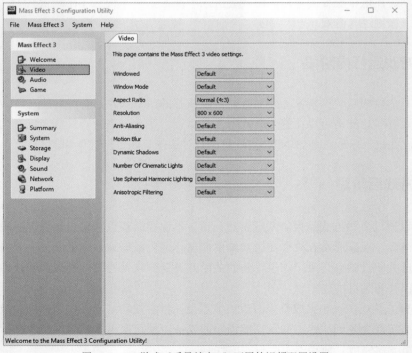

图 13.2　PC 游戏《质量效应 3》可用的视频配置设置

配置还涉及可以与游戏平台一起使用的外部设备。游戏手柄、键盘、鼠标、扬声器、显示器和网络连接都是测试配置的组成部分。这些设备通常通过各种连接器或无线接收器连接到游戏机的输入/输出（I/O）端口。Xbox One 的接口图如图 13.3 所示。

这些外部设备的本质是它们各自都有自己的设置、属性（例如版本）和物理连接。即使游戏手柄也有额外的设备和操作模式。任天堂 Wii U 游戏机可与 Wii Remote、Wii U 游戏板、Nunchuck、平衡板、Wiiwheel 或 MotionPlus 配件结合使用。Xbox One 用户可以使用标准游戏手柄进行游戏，或者使用聊天板和耳机组合。

图 13.3　Xbox One 的输入/输出端口

在游戏运行过程中断开一个或多个设备的连接也是一种配置的变更。对开发者来说，游戏软件无法做任何事情来阻止用户在游戏期间连接或断开外部设备，以及更改游戏平台上的设置或软件版本。任何游戏操作阶段都可能发生配置的变更。

连接设备可以处理意外断开的情况（例如狗把无线路由器的电源插头踢松掉）、更换电池、更换故障设备；或添加新功能，例如插入用于语音控制的耳机。游戏设计时应该考虑这些场景，并将其纳入游戏测试中。

不应该把配置变动的可能性排除在测试之外，你也许会惊讶于"为什么有人会这么做？"，很可能别人会和你有同样的反应，但不会费心去找出这种情况下会发生什么。当你有这种反应的时候，应该对这个操作域的这些测试点进行认真测试。

配置失败可能会作为一个配置操作的结果立即表现出来，或者在以后当游戏操作依赖于新配置时出现。表面上一些没关联的功能也可能会因为改变配置的副作用而失败。

13.2.2　启动类型缺陷触发器

启动类型缺陷触发器是在某些游戏函数处于启动过程中，或者在代码值和状态处于初始状态时立即进行操作。这是一个需要高度注意的行为，例如"正在加载请等待……"，或一系列更新启动过程中正在进行的加载消息。其他事件可能完全发生在"幕后"，例如等待游戏为你刚刚进入的房间加载图形内容，或者在远程服务器验证你的游戏内身份之前无法继续操作。

在启动阶段，会存在特定的代码缺陷。这些缺陷在游戏其他的运行阶段不会出现。因为代码变量正在被初始化，图形信息正在被加载、缓冲和呈现，信息从服务器或本地设备的内存中读取或者写入。

下面是一个例子，为了开始一个新的关卡在虚幻引擎 3 中发生的事件的总结：

（1）调用 GameInfo 的 InitGame()事件；

（2）调用 GameInfo 的 SetGrammar()事件；

（3）调用所有 Actor 的 PreBeginPlay()事件；

（4）初始化所有 Actor 的区域；

（5）初始化所有 Actor 的物理卷；

（6）所有 bScriptInitialized=false 的 Actor 都调用了他们的 PostBeginPlay()函数；

（7）在 bScriptInitialized=false 的所有 Actor 上调用 SetInitialState()函数；

（8）Actor 根据他们的进攻标记（AttachTag）、起始点（bShouldBaseOnStartup）、物理效果（Physics）和场景碰撞（world collisio）设置"附加"到关卡中。[①]

启动类型缺陷是由游戏启动阶段发生的操作触发的。这些操作可以由用户触发，也可以由游戏平台引起。中断启动顺序中的任何部分都可能会导致某些基本操作无法执行或根本无法运行。启动触发器导致的缺陷只会在游戏初始化和启动过程初始化的条件下出现。这意味着第一次使用游戏功能时出现的缺陷，例如新地图、物品、增强或法术，也应该被归类为启动缺陷。

13.2.3　异常类型缺陷触发器

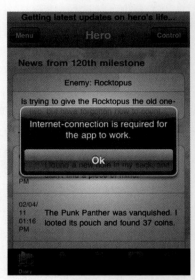

通过异常类型的缺陷触发器，可以执行到游戏代码的特殊部分。游戏中的异常处理通常由玩家识别，音频发出巨响或者弹出警告框通常是呈现游戏中异常的方法。有些异常是在游戏的可控范围内，例如限制用户输入的选择。其他的异常是由不受游戏软件控制的外部条件引起的，例如网络连接问题。图 13.4 展示了当你在玩《神之城》（*Godville*），手机网络连接异常时，弹出的一个特别的警告框。任何游戏操作阶段都可能发生异常。

图 13.4　《神之城》中连接异常的警告

13.2.4　压力类型缺陷触发器

压力类型缺陷触发器在极端条件下测试游戏，这些条件可以施加在硬件或者软件资源上，例如内存、屏幕分辨率、磁盘空间、文件大小和网络速度，可以通过用户或测试对这些游戏条件构成压力。只是简单地达到某个极限并不能构成压力条件。一旦受到压力，资源必须以某种方式被使用或操作，并触发压力行为。

13.2.5　正常类型缺陷触发器

正常的游戏操作属于游戏运行内阶段，指的是在没有任何压力、配置或异常情况下运行游戏，类似于编写脚本演示或在用户手册描述的游戏场景下操作。正常的代码不同于处理异常、处理配置更改以及压力条件下接管的代码。

大部分测试都能在正常触发下完成。因为这是游戏在大部分时间里的使用方式，测试不只是发现缺陷，还要证明游戏的运行方式与预期相符。但是，几乎只使用正常类型缺陷触发器的

---

① 可放入关卡中的对象都是 Actor。Actor 是支持三维转换（如平移、旋转和缩放）的泛型类。——译者注

测试只是训练代码遵循脚本，在实际情况下产生的许多用户故障，它都无法检测到。

13.2.6　重启类型缺陷触发器

重启类型缺陷触发器是由于退出、结束、关闭游戏设备、弹出游戏磁盘或以任何其他方式终止游戏而产生的一系列故障。有些游戏做得很好，在你退出游戏场景、任务、关卡或正在进行的战斗之前，会提醒保存当前数据。当结束游戏时，有些数据需要保存，而有些则不需要。如果做得不正确，玩家可能无法获得好处或者会丢失之前的进度。

> **注意**
>
> 有时，你可以在游戏结束期间注意到重启类型缺陷的影响，或者你下次进入游戏时才会注意到这些影响。以下是关于塔防游戏《泰坦的复仇》（*Revenge of the Titans*）的缺陷报告：
>
> "当我（在失败后）重新启动第13级（sinus edam），单击'工厂'时，那里似乎有某种缺陷，然后弹出一个'级别失败'的对话框。"
>
> "这个缺陷通常是在我多次重新启动一个关卡时发生。有一次，对方 boss 攻进我的基地，然后就发生了这个缺陷，或是其他时候，缺陷又突然出现了：关卡内不会生成任何泰坦，界面上的关卡选择有红点，但是游戏无法继续运行。"
>
> 你可以在各种情况下"重新启动"，例如当游戏带你回到关卡选择界面时，或者当你在失败后加载已保存的游戏时。验证测试游戏的各种不同重启方法，并在重新加载后继续玩游戏一段时间，以检测重启后是否存在问题。

13.3　缺陷分类

你现在就可以开始在测试中使用缺陷触发器，不必等到下一个项目。使用关键字来帮助划分新的或现有的测试和缺陷类型。根据这些信息你可以确定缺陷的来源，以及缺少什么测试。很明显，大部分被遗漏的缺陷都属于那些在游戏测试期间较少受到关注的缺陷触发器。

> **小贴士**
>
> 当某个触发器的缺陷开始出现时，你应该加强测试以更频繁地使用该触发器。

表13.1列出了根据6个缺陷触发器中的每一个对缺陷和测试进行分类的关键词列表。

以下是从《上古卷轴4：遗忘的任务》（*The Elder Scrolls IV: Oblivion*）更新列表中选取的一些例子。请记住，缺失的功能和不能正常工作的游戏功能都是缺陷。

"修复了如果玩家角色是女性，被盗物品将失去其被盗状态的问题。"

表 13.1　缺陷触发器的关键字

触发器	关键字
配置	配置、模型、类型、版本、环境、添加、删除、设置
启动	启动、初始、首要的、未初始化、创建、启动、热身、唤醒、加载、过渡
异常	异常、错误、违反、超过、空、意外的、恢复、预防、阻塞、禁止、不可用
压力	压力、负载、比率、最慢、最快、低、高、速度、容量、极限、长、短、少、多、空、满
正常	正常、典型、普通、通常、预期的、计划的、基本的、默认的、简便的、允许的、可获得的
重启	重新启动、重置、重新加载、清除、弹出、关闭、热启动、退出

因为角色性别是进入游戏世界之前建立的，所以这应该被确定是一个配置类型的缺陷。

"修复了在盗窃物品、退出并立即重新进入游戏之后的崩溃问题。"

在这种情况下，只有当重新进入游戏时才会出现问题。这应该被看作重启类型的缺陷。

"修复了多次坐在椅子上的内存泄漏问题。"

这里使用了压力类型的关键字"多"，它指的是一次又一次坐到椅子上时出现的一个问题，所以这是一个压力类型的缺陷。

"玩家在被麻痹时无法快速旅行。"

快速旅行是指游戏角色通过上古卷轴的地图在世界地标之间进行快速移动。被麻痹不是一种游戏配置，因为这种情况发生在角色配置完成后，并且在游戏世界（游戏中的操作阶段）中处于活动状态。快速旅行的能力和特定配置没有关系，这是一个正常类型的缺陷。

"修复了在门上的锁定/解锁状态偶尔会被不正确地存储在保存的游戏中的问题。"

在这种情况下，锁定和解锁是游戏世界里面一扇门的"生命周期"。加载游戏存档时，会"重新启动"玩家的角色以及所有游戏资产的状态。重新启动时丢失了门的正确状态，所以这是一个重启类型的缺陷。

"改善了景观的 LOD 视觉质量。"

不是只有游戏逻辑中发生的问题才是缺陷。这里改变了渲染景观的详细程度。解决方法与游戏的特定条件或配置无关。所以，这是一个正常类型的缺陷。

"修复了在进入/退出世界空间时 LOD 没有正确加载的问题。"

游戏地图也有一个生命周期：开始使用地图、使用地图、更改/重启地图等。由于地图重新启动，游戏世界以非预期的详细程度呈现。由于这个缺陷在重新启动后被激活了，因此这是一个重启类型的缺陷。

"加载屏幕期间不再播放拾取物品的音效。"

这里又展现了另一个"生命周期"。检查一个物品的周期：选择要检查的物品，把它捡起来，检查它，然后保留或丢弃它。这个缺陷出现在"加载"屏幕上，所以其属于启动类型。

"修复了进入战斗时，NPC 未被加载的偶然崩溃问题。"

在这种情况下，游戏引用了一个或多个"不可用"的资源，所以这是一个异常类型的缺陷。

"修复了在点燃龙火任务中，如果你关闭遗忘之门，会出现不正确记录的问题。"

不要将游戏任务或"配置"任务混淆。将任务视为游戏的一个特征或功能。尽管这个缺陷只出现在一个特定的任务中，但问题是出现在游戏操作阶段，并不依赖任何配置。所以这是一个正常类型的缺陷。

有时，你会碰到一些似乎属于多个触发器类型的缺陷。例如，某个异常在启动过程中没有得到处理。你必须要解决的是，确定到底哪个阶段为触发该缺陷负主要责任。如果这种情况被认为是仅仅发生在启动过程的"异常"，那它就是会触发错误的异常。理论上说，应存在一段特殊代码在启动时处理这个异常，一旦有异常情况出现，代码就会执行以捕获异常，但是却发现这段代码不存在或者发生了错误。反之，如果异常处理在整个游戏中很常见，而且只是在启动阶段无法正常运行，那么事实就是你在启动阶段触发的处理异常的代码没有运行或者没有正常运行。作为测试人员，你的职责就是在游戏的所有操作阶段中测试这种异常的处理情况，以帮助确定缺陷的类型。

13.4　缺陷触发器和测试设计

测试设计中的每个元素都表示了一种缺陷触发器。使用一种或多种测试技术不能保证所有缺陷触发器都在你的测试中得到充分体现。要将合适的触发器合并到你生成的任何类型的测试设计中，然后进行充分验证。所有的缺陷触发器都应该被包含在一个测试设计中，或一组与特定游戏特性、功能或功能相关的测试设计中。如果你有之前版本的数据，请查看哪种触发器能最有效地发现缺陷并把你所能想到的其他触发器都包括到你的设计中去。

每种触发器的有效性可以根据每次测试中发现的缺陷进行度量。你也可以将其视为游戏代码对每一种触发器的敏感度。对于每个触发器，用该触发器发现的缺陷数量除以测试数量，这个数字如果比其他触发器大，你就知道如何更加经济地寻找缺陷，同时也暗示着游戏平台设计或者实现中存在潜在的缺陷。如果在有限的时间和资源内进行测试，选择最有效的触发器进行测试会比随机选择触发器测试（通常是指正常类型缺陷触发器）发现更多的缺陷。

当你继续为最有效的缺陷触发器创建和运行更多的测试时，将会使缺陷触发器无法再发现新的缺陷，重复此过程使所有的缺陷触发器都无法再发现新的缺陷。

13.4.1　组合缺陷触发器设计实例

让我们回到表 8.24 所示的《光晕：致远星》控制器设置表，看看是否还需要添加其他触发器。对视角灵敏度的默认值、最小值、最大值进行测试。最小值和最大值可以看作压力值，因为无论操纵杆移动得快或慢，游戏都会正常响应。余下的参数值能够决定功能是开启还是关闭。这些都不涉及特定的配置或适用于启动、重启、异常或压力条件的情况。因此，大部分测试值表示正常行为。为了使这个测试更有效，除了考虑其他可能的压力值外还要包括其他缺少的触发器。

先确定与控制器选项相关的配置资源。在线玩家通常在使用游戏手柄的同时也会使用耳机。这将影响游戏音频是通过耳机输出还是通过游戏主机输出。根据设计，一些音频源将继续被传送到你的主扬声器，而其他音频源则被传送到耳机。手柄有些是无线的，有些是有线的。每个手柄按顺序分配到游戏主机上的唯一插槽。可能还会在选择选项的过程中移除手柄，然后将其重新连接到相同的位置或不同的位置。当无线手柄超出了主机的无线接收器范围、电池电量耗尽或玩家故意取出电池时，无线手柄会断开连接。断开连接到附件的手柄可能会产生意想不到的后果，例如重置赛车轮上的校准值。建议在组合表中为这些可能性添加新的参数和值。

更新后的表格如表 13.2 所示。因为引入了新的参数和值，所以表变得复杂了，可以用 Allpairs 工具生成此表格。

表 13.2　包括配置类型缺陷触发器的控制器设置组合

测试序号	视角灵敏度	视角反转	视角自动居中	蹲伏控制	握紧保护	移除手柄	更换手柄	配备耳机	手柄连接方式
1	1	反转	启用	保持蹲伏	启用	1	1	打开	有线
2	3	没有反转	禁用	切换蹲伏	禁用	1	2	关闭	无线
3	3	没有反转	启用	保持蹲伏	禁用	2	1	打开	无线
4	1	反转	禁用	切换蹲伏	启用	2	2	关闭	有线
5	10	没有反转	启用	切换蹲伏	启用	3	3	打开	有线
6	10	反转	禁用	保持蹲伏	禁用	3	4	关闭	无线
7	1	没有反转	禁用	保持蹲伏	禁用	4	3	打开	无线
8	3	反转	启用	切换蹲伏	启用	4	4	关闭	有线
9	10	没有反转	禁用	切换蹲伏	启用	1	1	关闭	无线
10	10	反转	启用	保持蹲伏	禁用	2	2	打开	有线

续表

测试序号	视角灵敏度	视角反转	视角自动居中	蹲伏控制	握紧保护	移除手柄	更换手柄	配备耳机	手柄连接方式
11	3	反转	禁用	保持蹲伏	启用	3	3	关闭	有线
12	1	没有反转	启用	切换蹲伏	禁用	3	4	打开	无线
13	10	反转	禁用	切换蹲伏	禁用	4	1	打开	有线
14	1	反转	启用	保持蹲伏	禁用	1	3	关闭	无线
15	3	没有反转	禁用	保持蹲伏	启用	2	4	打开	有线
16	1	没有反转	启用	保持蹲伏	启用	4	2	关闭	无线
17	10	没有反转	启用	切换蹲伏	启用	2	3	关闭	无线
18	10	反转	禁用	保持蹲伏	禁用	1	4	打开	有线
19	3	反转	启用	切换蹲伏	禁用	3	1	关闭	无线
20	1	没有反转	禁用	切换蹲伏	启用	3	2	打开	有线

　　还有一种方法，我们可以创建一个单独的表格来覆盖与配置相关的参数和值对。这种方法使你能够使用大部分"普通"表格作为"完整性测试"，然后一旦游戏通过完整性测试，就切换到其他缺陷触发器的表格。控制器设置的配置表如表 13.3 所示。

表 13.3　控制器设置的配置表

测试序号	移除手柄	更换手柄	配备耳机	手柄连接方式
1	1	1	打开	有线
2	1	2	关闭	无线
3	1	3	打开	无线
4	1	4	关闭	有线
5	2	1	关闭	无线
6	2	2	打开	有线
7	2	3	关闭	有线
8	2	4	打开	无线
9	3	1	打开	有线
10	3	2	关闭	无线
11	3	3	打开	无线
12	3	4	关闭	有线
13	4	1	关闭	无线
14	4	2	打开	有线
15	4	3	关闭	有线
16	4	4	打开	无线

　　下一步是找到异常触发的时机。因为选项是通过滚动选择的，所以无法输入"错误"的值，然而还是有破坏选择机制的操作。A 和 B 按钮用于接受选项或返回到之前界面。在选择测试值时，

试着按住 X、Y、左触发器（"L"）或右触发器（"R"）。接着，你可以为这些值添加新的一列，并把这些值以及"无"选项添加到单元格中，如表 13.4 所示。虽然表格又增加了一些，但这 28 种情况代表了这些值的 15,360 个可能组合的成对覆盖率。

表 13.4　包括配置和异常类型缺陷触发器的控制器设置组合

测试序号	视角灵敏度	视角反转	视角自动居中	蹲伏控制	握紧保护	移除手柄	更换手柄	配备耳机	手柄连接方式	同时按键
1	1	反转	启用	保持蹲伏	启用	1	1	打开	有线	无
2	3	没有反转	禁用	切换蹲伏	禁用	2	2	关闭	无线	无
3	10	反转	禁用	切换蹲伏	启用	1	2	关闭	有线	X
4	1	没有反转	启用	保持蹲伏	禁用	2	1	打开	无线	X
5	3	没有反转	启用	保持蹲伏	启用	3	3	有线	有线	Y
6	10	反转	启用	切换蹲伏	禁用	4	4	打开	无线	Y
7	1	没有反转	禁用	切换蹲伏	启用	3	4	打开	无线	L
8	3	反转	禁用	保持蹲伏	禁用	4	3	关闭	有线	L
9	10	没有反转	禁用	保持蹲伏	禁用	1	3	打开	无线	R
10	3	反转	启用	切换蹲伏	启用	2	2	关闭	有线	R
11	10	反转	禁用	切换蹲伏	禁用	3	1	关闭	无线	Y
12	1	没有反转	启用	保持蹲伏	启用	4	2	打开	有线	L
13	1	反转	启用	切换蹲伏	禁用	1	3	关闭	无线	无
14	10	没有反转	禁用	保持蹲伏	启用	2	4	打开	有线	无
15	3	没有反转	启用	切换蹲伏	启用	3	1	打开	无线	X
16	1	没有反转	禁用	保持蹲伏	禁用	1	2	打开	无线	Y
17	3	反转	禁用	切换蹲伏	禁用	1	1	关闭	有线	L
18	1	没有反转	禁用	切换蹲伏	启用	4	1	关闭	无线	R
19	10	反转	启用	保持蹲伏	禁用	3	2	关闭	有线	X
20	10	反转	禁用	保持蹲伏	启用	2	3	打开	有线	R
21	10	没有反转	禁用	保持蹲伏	启用	2	2	关闭	无线	L
22	3	没有反转	禁用	切换蹲伏	启用	4	3	打开	无线	X
23	1	反转	禁用	切换蹲伏	启用	3	2	打开	无线	R
24	3	反转	启用	保持蹲伏	启用	1	4	打开	无线	Y
25	10	反转	禁用	保持蹲伏	禁用	4	4	关闭	有线	无
26	1	没有反转	禁用	切换蹲伏	启用	3	3	关闭	有线	无
27	1	反转	禁用	切换蹲伏	禁用	2	4	关闭	有线	X
28	3	没有反转	启用	切换蹲伏	启用	2	2	关闭		Y

这样做的潜在危险是可能会导致大多数测试用例异常，这可能会影响对于其他测试值的判断。在表 13.4 中，只有 6 个测试（1、2、13、14、25 和 26）避开了可能的输入异常。解决这

个问题的方法是创建一个单独的表来隔离异常结果，如表 13.5 所示。同时按键参数的"无"值并没有包括在内，因为它不是异常触发器，并且在该功能的非异常表中体现了。

表 13.5　只添加异常类型缺陷触发器的控制器设置表

测试序号	视角灵敏度	视角反转	视角自动居中	蹲伏控制	握紧保护	同时按键
1	1	反转	启用	保持蹲伏	启用	X
2	3	没有反转	禁用	切换蹲伏	禁用	X
3	1	没有反转	启用	切换蹲伏	启用	Y
4	3	反转	禁用	保持蹲伏	禁用	Y
5	10	反转	启用	切换蹲伏	禁用	L
6	10	没有反转	禁用	保持蹲伏	启用	L
7	1	反转	禁用	切换蹲伏	禁用	R
8	3	没有反转	启用	保持蹲伏	启用	R
9	10	反转	启用	保持蹲伏	禁用	X
10	10	没有反转	禁用	切换蹲伏	启用	Y
11	1	没有反转	禁用	保持蹲伏	禁用	L
12	3	反转	启用	切换蹲伏	启用	L
13	10	反转	禁用	保持蹲伏	启用	R

　　视角灵敏度中的极端值被确定为压力触发器，但是这里还有其他类似的"压力"操作可以在选择选项时执行。对于这个特定的游戏，在游戏手柄上的左模拟摇杆和 D 键都可以用于垂直或水平地滚动浏览选项。同时操作它们可能产生有趣的结果。通过使用左模拟摇杆、D 键或同时使用二者可定义一个"滚动控制"参数，并将其添加到表格中。当决定是为该触发器创建一张单独的表格，还是添加这些参数和值到当前表格时，我们遵循和之前的触发器一样的原则。

　　剩下要做的就是确定控制器设置的启动和重启类型的触发器。这些特定的配置与单个玩家的配置文件关联。这样就有机会来测试一个全新的配置文件与已经被使用的配置文件。新的配置文件行为就是你的启动类型缺陷触发器。将"配置文件"参数添加到测试中，该参数有两个值：全新（启动类型缺陷触发器）或者已经存在（正常类型缺陷触发器）。

　　控制器设置选择过程可以通过多种方式重启：没有存档返回到上一个界面（BACK）、从游戏主机弹出磁盘（EJECT）或直接关闭游戏主机（OFF）。通过返回高级控制器设置屏幕来跟踪这些操作，以检查是否有任何异常，因为这些设置可以保存在内置存储或可移动存储体上。另一个进行"重启"的方法是将以前保存到外部储存卡的信息加载到内部存储卡上（LOAD EXTERNAL）。在表中用"重新输入"参数表示这些可能性，该参数对于正常类型的触发器可能值为"无"，对于重启类型的触发器可能值为 BACK、EJECT、OFF 和 LOAD EXTERNAL。

13.4.2 TFD 触发器实例

TFD 触发器根据流程来设定。附录 D 中提供的弹药 TFD 模板将用于说明如何将所有缺陷触发器并入 TFD 中。这次的模板比在第 11 章构建的 TFD 的流程更多，但从触发器的角度来看是否完整呢？下面针对《虚拟竞技场》（*Unreal Tournament*）来进行讲解。

首先，该模板包含几个正常类型的触发器的流程，例如当没枪没弹药（NoGunNoAmmo）时，获得枪（GetGun）和获得弹药（GetAmmo）。但是，相同的事件可以代表不同的触发器，具体取决于它的上下文与它退出和进入的状态之间的关系。例如，当你的弹药数量已经达到最大量时，执行获得弹药（GetAmmo）就是在资源（弹药）达到最大数量的时候执行功能的一种情况。我们认为这个是压力类型的触发器。没有弹药的情况下射击又是另外一种极端情况，此时弹药数量正处于最小值（0）。图 13.5 显示了这些压力类型的触发器被高亮显示的弹药 TFD 模板。

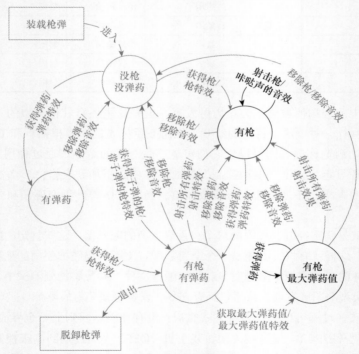

图 13.5　高亮显示的压力类型流的弹药 TFD 模板

现在我们添加一个启动类型的触发器。TFD 的输入流正好是玩家在游戏中处于活动的状态。事实上，这是"游戏前阶段"，玩家可以在单击"开火"按钮（通常是鼠标左键）启动比赛之前在竞技场内到处跑。这与测试的目的有关，因为玩家走过武器或弹药时不会收集任何物品。

在该 TFD 里，通过在"没枪没弹药"（NoGun NoAmmo）状态下执行"分裂"来表示这个启动过程。也就是说，把它分成两种关联的状态。一个状态保留原来的名称和连接（输入流除外），而另一个状态保留试运行和倒计时的行为。图 13.6 显示了该部分 TFD 的分裂过程。

新的"比赛前"（PreMatch）状态可以引入 TFD。首先，从"没枪没弹药"（NoGunNoAmmo）状态断开输入流，将输入流加到"比赛前"（PreMatch）状态。然后在比赛前通过添加流来尝试获得弹药（GetAmmo）和获得枪（GetGun）。这些流都是启动类型的触发器，如图 13.7 所示。

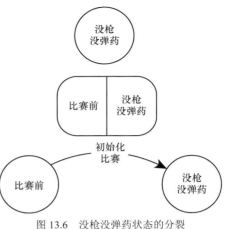

图 13.6 没枪没弹药状态的分裂

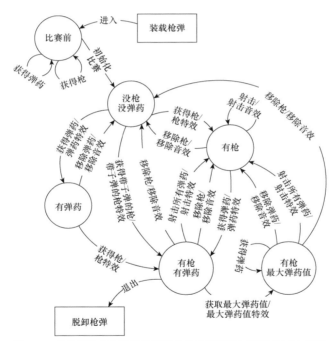

图 13.7 将比赛前状态和启动类型的触发器流添加到弹药 TFD 模板

接下来将重启类型的触发器添加到图中。在比赛中，你可以将自己的状态改为"观众"，然后再以"参与者"的身份重新加入比赛。观众模式将你的角色从游戏中移除，让你在控制摄像机角度时跟踪游戏中的玩家。当你加入仍在进行中的相同比赛时，在进入观众模式之前拾取的任何枪或弹药都将丢失。从观众模式可立即重新加入游戏，不需要像第一次开始游戏时进行倒计时。你可以在初始倒计时结束后的比赛期间的任何时间进行暂停和重新加入。给 TFD 中的每个游戏状态添加一个"从观众模式加入游戏"（SpectateAndJoin）的流，并将它绑回到"没枪没弹药"（NoGunNoAmmo）状态。不要忘记从"没枪没弹药"（NoGunNoAmmo）状态返回到自身的循环流。更新后的 TFD 如图 13.8 所示。

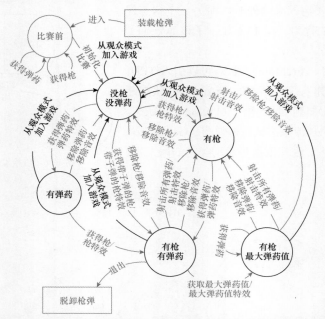

图 13.8　高亮显示的从观众模式加入游戏的重启类型的流的弹药 TFD 模板

请注意，"没枪没弹药"（NoGunNoAmmo）状态会受到更多"压力"，其周围有很多进入和退出的流，这就像一个繁忙的十字路口，它们往往比那些不那么忙碌的状态危险得多。这反映了这种状态对游戏功能良好性的重要性，以及其对变化的潜在敏感性。

我们的 TFD 开始变得较为适用，但还有一些触发器需要考虑。对于异常类型的触发器，有一个操作可以使用武器的交替射击模式。通常，鼠标左键用于正常发射，鼠标右键用于交替发射。某些武器，例如榴弹发射器，没有交替射击模式。当用户尝试交替射击时，它们不应该发射或减少弹药数量。你可以将其用作异常类型的触发器。因为这个"不支持交替射击"（UnsupportedAltFire）操作不会改变武器的弹药状态，所以将它作为一个循环添加到 TFD 中的"有枪有弹药"状态。你的结果应该类似于图 13.9。

脱卸枪弹后，TFD 中还应该包括配置。游戏中的武器设置之一允许玩家选择某款武器的复古皮肤。虽然这对拥有本系列早期头衔的玩家很有吸引力，但它也会产生额外的测试责任。你需要确认在游戏进行中改变武器的皮肤不会影响武器装载的弹药数量，也不会造成意料之外的音效，或是出现一个武器复制品。在玩家拥有武器的所有状态下添加切换武器皮肤（ToggleWeaponSkin）的流，因为这不应该影响弹药，所以这些流将循环回到它们起始的状态。图 13.10 显示了带有这些配置流的 TFD。

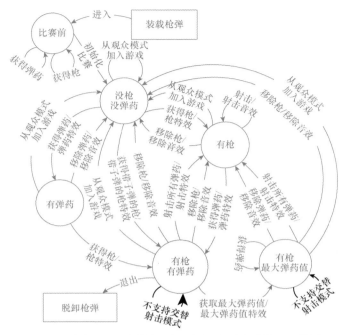

图 13.9　高亮显示的交替射击的异常类型的流的弹药 TFD 模板

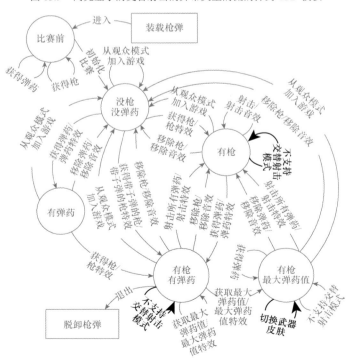

图 13.10　为弹药 TFD 模板添加了武器皮肤配置流

现在该 TFD 变得十分拥挤。请记住，组合测试中的这些相同选项同样适用于 TFD、测试树的设计，或者你在测试用例中用到的正式或者非正式的方法。你可以把缺陷触发器合并到一个单独的用例设计中或者创建的配套测试设计中。这些设计作为一个测试套件，用来保证你所需的触发器覆盖率。

你可能还发现，将每个测试元素的预期触发器记录下来很有用。一种简单的方法是在每条 TFD 流上的事件名称、组合测试的参数值或测试树设计的分支节点之后的括号中写上字母编号。你可以计算每个字母出现的次数，以查看每个触发器的使用次数。它还可以帮助你对运行测试时发现的缺陷进行分类。请注意，每当你移动或添加新的测试元素到设计时，都会带来重新评估触发器选定的维护负担。

在测试设计中加入额外的触发器带来的效果很明显。虽然这需要更多的工作，但效果非常好。你提高了在测试过程中发现缺陷的能力，所以当你的游戏通过运用了所有触发器的测试时，你对游戏就更有信心了。缺陷触发器在概念上没有创造特别的测试方法。无论你是在项目的开始还是结束时进行测试，无论你是否有详细的测试设计，或者只是在测试案例中输入内容，都是有效的。如果你选择不使用它们，则会增加重要缺陷被遗漏到游戏中的风险。

13.5 练习

看完本章后，你应该有能力提供自己的建议，并为你的团队的测试策略做出贡献。以下练习旨在为你提供一些实践。

1. 你最喜欢的缺陷触发器是什么？为什么？从测试执行和测试设计两方面来说，哪种缺陷触发器最难以纳入你的测试中？

2. 本章的前面提到了游戏手柄上的 D 键和操纵杆可以用于选择《光晕：致远星》的选项。描述你如何将这些选择合并到测试套件中。你是愿意把它们加入一张单独的大型表中，还是另外创建一张关注选项选择方法的单独的小型表？具体说明哪些因素会导致你改变答案。

3. 如果《虚幻竞技场》游戏开始时你刚好站在武器或者弹药上。倒计时 3 秒结束后，游戏会自动将你恢复到开始状态。描述你将如何更新弹药 TFD 以包含这种可能性，包括你将检查的效果和原因。

4. 在弹药的 TFD 中，描述如何添加或者改变流来说明电脑玩家可以使用操纵杆或鼠标左键来完成射击。把这看作游戏时鼠标和操纵杆同时连接的情况，指出这种情况属于哪种缺陷触发器。

5. 对于德州扑克的电子游戏，列出一个清单或者一份大纲，以说明你如何在假设的或者实际的扑克测试中考虑每一种缺陷触发器。

对于每种非正常类型的触发器，至少列出 3 个值、情况或事例。记住要包括对扑克规则的测试，而不仅仅是对操作方法和胜利条件的测试。如果你不熟悉这个扑克游戏的规则，在建立你的触发器列表前，请在网上搜索并阅读一些相关描述。

第 *14* 章

回归测试和测试复用

本章主要内容如下。

- 测试分配；
- 缺陷建模；
- 测试设计模式；
- 组合扩展。

14.1 回归测试

回归测试（regression testing）是一种策略，用于决定对每个版本的游戏运行哪些测试。回归测试适用于正在开发的代码和缺陷修复的版本。回归的意思在于检查近期代码的更改是否引起其他功能衰退。一个好的策略会减少你运行的测试次数，并且还能够帮助你捕捉新引入的和剩余的错误。

第 6 章描述了回归测试在发布稳定的版本中所起的重要作用。一旦测试开始，当游戏代码或素材因为缺陷修复或需求变更而更新时，你需要能够实时做出反应。同时你还需要能够调整测试内容以覆盖代码或规范中的新更改。

14.1.1 ABC 测试集

回归测试需要做的不仅仅是重新运行先前失败的测试，这样做的根本原因在于处理“软件腐化”（software rot）的现象。软件腐化可分为以下两类。

休眠腐化（dormant rot）指的是软件中某部分代码一直得不到使用，随着应用程序的其他部分的更新，这部分代码容易变得无用。

活动腐化（active rot）会在不断修改和缺陷修复逐渐影响原始功能或代码库的完整性时发生。

每当你对新的代码进行测试时，你会得到一组未被触及的代码、有意更改的代码，以及可能无意中受到更改影响的代码。

兼容软件腐化的一种方法是将测试分成 3 部分，每当你拿到新代码时，将测试分成新的 3 部分。与其将整个测试集分成顶部、中部和底部 3 部分，不如将每个主要函数或功能分成 3 部分。这有助于重新确定每个功能在每个构建中都能正常工作，证明代码功能没有明显衰退，并防止测试结果过时。

这里有一个例子，演示了在一个移动卡牌大战游戏中分配测试的方法，其中有一个购买卡牌的界面，另一个界面用于组装套牌，还有一个界面用于与 AI 对手进行战斗并决定一个胜利者。

在这个虚拟的测试设计里，有 40 个用于购买卡牌的组合测试用例，两个 TFD 包含 20 条用于组装卡牌组的路径，一个 TFD 包含有 6 条路径和 15 个手动编写的测试用例来测试卡牌战斗过程。表 14.1 展示了如何将这些内容分布到称为 A、B 和 C 的 3 个测试集。

表 14.1　卡牌大战测试的 A-B-C 分布

卡牌大战功能	测试类型	"A" 测试集	"B" 测试集	"C" 测试集
购买卡牌	组合的	13	13	14
组装卡牌组	测试流程图	7	7	6
决定胜利者	测试流程图+手动操作	7	7	7

为了更有效地分布测试，每个功能都要进行测试分解。如果 3 个购买卡牌组合设计分别产生 12 个、12 个和 16 个测试用例，那么 "A" 测试集应该使用第一个组合表中的 4 个测试，第二个测试中的 4 个，第三个测试中的 5 个。如果两组卡牌形成的 TFD 设计分别有 11 条和 9 条路径，则使用第一个 TFD 中的 4 条路径和第二个 TFD 中的 3 条路径。对卡牌大战继续进行测试，然后对 "B" 和 "C" 周期重复该过程，以便全部测试用例都计划在 3 个周期中运行。

表 14.2 展示了购买卡牌组合测试用例的详细分解和 A-B-C 分布，这些测试用例由单独的设计产生，用于选择要购买的卡牌包、支付卡牌包以及更新卡牌库存。

表 14.2　购买卡牌的组合测试用例的详细分布

测试设计	A 测试周期	B 测试周期	C 测试周期
选择卡牌包	Test1		
	Test2		
	Test3		
	Test4		
		Test5	
		Test6	
		Test7	

续表

测试设计	A 测试周期	B 测试周期	C 测试周期
		Test8	
			Test9
			Test10
			Test11
			Test12
支付卡牌包	Test1		
	Test2		
	Test3		
	Test4		
		Test5	
		Test6	
		Test7	
		Test8	
			Test9
			Test10
			Test11
			Test12
更新库存	Test1		
	Test2		
	Test3		
	Test4		
	Test5		
		Test6	
		Test7	
		Test8	
		Test9	
		Test10	
			Test11
			Test12
			Test13
			Test14
			Test15
			Test16

　　每当你得到一个包含缺陷修复的版本时，一个好的方法就是运行以前失败的测试以及你为该缺陷创建的新测试，而不管你处于哪个周期。接下来，运行你在当前周期中确定的测试，以保持对剩余功能质量的信心。

14.1.2   缺陷建模

除了决定运行哪些测试之外，回归测试还包括修改现有的测试或创建新的测试内容。如果你没有针对在 Alpha 版、Beta 版、发布后或补丁中出现的新问题或优化进行特定测试，则可以提供有针对性的测试用例，来模拟特定的缺陷或变更。像你之前在项目中创建的测试一样，新的测试应该以周期运行，以确定变更能够按照预期继续工作。举个例子，在《战争机器 2》（*Gears of War 2*）中，我们将创建一个测试来模拟一个缺陷（该缺陷已经在补丁中被修复）：

在放大、缩小和射击时，可能导致玩家的视角灵敏度改变为变焦灵敏度的问题。

《战争机器 2》使玩家能够配置 3 个独立的武器使用灵敏度参数。当玩家使用武器观察周围环境时，视角灵敏度会影响来回转身的速度。瞄准灵敏度决定了你操作的角色在举起武器和通过瞄准镜寻找射击目标时旋转武器的速度。变焦灵敏度决定了玩家在举起武器并拉近镜头以放大目标时角色转身的速度。例如，当玩家举着狙击步枪时，你希望能够快速地环顾四周寻找射击目标，并且在选择一个遥远的射击目标时有更多的控制权，当你放大瞄准镜时，可以慢慢调整十字准星以进行精准射击。在这种情况下，你应该设置"视角灵敏度=高"（Look Sensitivity = High）、"瞄准灵敏度=中"（Target Sensitivity = Medium）和"变焦灵敏度=低"（Zoom Sensitivity = Low）。当有一个缺陷把视角灵敏度变成变焦灵敏度时，就会减慢玩家在没有瞄准目标的情况下发现敌对目标的速度，而这与最初的设置相反。

我们开始绘制 TFD，首先画上气泡和连接线，这些元素应该与缺陷报告中描述的游戏的不同状态完全匹配。报告里明确提到了 3 个事件：放大、缩小和射击。按照逻辑，用"放大的"状态和"缩小的"状态对其进行建模。像"射击"和"放大"这样的事件提供了转换和循环。图 14.1 显示了视角灵敏度回归场景中的第一个切入点。

图 14.1   视角灵敏度的缺陷修复验证的 TFD 的第一阶段

这是一个很好的开始，但是到目前为止，TFD 的设计中没有关于视角灵敏度参数使用的任何状态或流，这个参数是在打补丁前被损坏的部分。因为视角灵敏度会影响玩家放下武器时的转向速度，所以这个测试需要一个"未瞄准"状态。这将是一个开始验证失败场景（复现缺陷）的地方，同时也是一个返回的地方，用来检查当玩家放下武器时，视角灵敏度是否会根据玩家的设置而变化。"未瞄准"状态也是连接"出口"框的好地方，因为在每次测试结束时，它都会强制检查视角灵敏度。

最后，这个 TFD 需要考虑当到达每个缩放的状态时应该验证什么，此设计生成的测试必须检查每个缩放状态是否应用了适当的灵敏度设置。每次测试到达"放大的"或"缩小的"状态时，都可以通过执行"观察"操作以进行检查，所以这些状态的数据字典定义必须指导测试工程师查找并检查是否使用了适当的灵敏度——"放大的"状态使用变焦灵敏度，"缩小的"状态使用瞄准灵敏度，"未瞄准"状态使用视角灵敏度。

图 14.2 显示了完整的验证 TFD，其中添加了动作、流序号和完成退出状态。

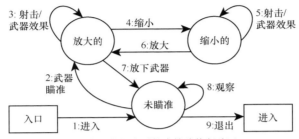

图 14.2 完整的视角灵敏度缺陷修复验证 TFD

一旦图表和检查准备就绪，你需要设法定义一组测试路径。这里的情况与你为尚未测试的内容创建全新 TFD 有些差别。在这种情况下，你必须测试与错误报告中描述的故障情况相匹配的特定路径。如果导致故障的方法不止一种，则必须为该测试定义每条路径。完成之后，定义额外的路径以确保每个流程至少被测试过一次。对于当前的设计，缺陷验证路径应包括放大、缩小、射击顺序，这与流 4、流 6 和流 3 相对应，并且在放下武器后进行"观察"操作，以确保视角灵敏度没有改变。所以，基本的错误验证路径为：1、2、4、6、3、7、8。此路径图也应该作为此 TFD 的基准路径。

除了基准路径，你至少还需要有一条包含流 5 的路径，但是还要考虑其他路径将做什么，以确保原始的缺陷不会继续潜伏在代码里。一定要定义一条或多条循环路径，在基准路径中循环，然后选择一条或两条长路径。下面是一些适用于当前示例的路径。

循环：（a）放大时多次射击，然后缩小，放下武器以检查视角灵敏度；（b）按照基准路径进入"放大的"状态，然后在"缩小的"状态射击之前进行多次放大和缩小；（c）进入之后，多次观察"未瞄准"状态，然后继续执行基准路径的其余部分。

基准路径循环：遵循基准路径并返回到"未瞄准"状态，但不是从那里退出，而是再次回到基准路径。

长途径：以不同的顺序通过每个流 3 次。

对缺陷进行建模并设计新的测试而不是运行"某种程度"涵盖缺陷场景的现有测试的好处是，你会更好地发现可能存在但在最初的测试中未发现的相关缺陷，或由于修复错误而引入的新缺陷。其目的是创建一个安全的测试环境，以增强你对原始问题已经被修复并且修复未引入新问题的信心。

14.1.3　时间的累积

有些游戏似乎有玩家一直在玩。尤其是成功的体育类游戏，通过更新名单、制服、日程安排、体育场馆等，可以在多年的时间里发展壮大。你可以在游戏的一个版本里玩多个赛季或购买该游戏的新版本。当游戏的同一部分一次又一次地运行，意外的副作用可能会出现。不是每次重新运行测试时清除内存和删除已保存的文件，而是使用一台机器或驱动器来保存已保存的文件，这样可以积累信息以使游戏老化直到开始崩溃。

花点时间停下来思考一下，长时间玩游戏或测试游戏可能导致哪些有害情况？

你有想过这个问题吗？这里有一些合理的例子：

- 武器店用完了库存；
- 游戏不再允许你种植更多的树木；
- 你的角色积累钱或积分，直到没有更多的数字位数来表示数量的增加；
- 所有车辆受损严重，不能使用，阻碍进入下一个区域或空间；
- 你的统计数据被放大，所以增益效果（buff）和奖金没有效果。

一个真实的老化问题的例子出现在 *FIFA 11* 中，在玩家带领他的虚拟职业球队经过了很多个赛季之后。当最初的球员没有续约或从游戏中退役时，会生成新球员来模拟现实生活中发生的事情，新球员会用新生成的名字逐渐并入每个球队中。新球员的一个影响是，他们名字的发音没有音频资源，所以游戏中的广播员继续使用名单上原始球员的名字的音频。另外一个副作用是，一些新球员被分配空名。这个现象发生在许多地方，球员的名字在各种游戏画面和报告上都是空白的。图 14.3 显示了一个展示比赛阵容的屏幕，从中可以看到波希米亚俱乐部的左中前卫（LCM）的名字是空白的。

图 14.3　*FIFA 11* 比赛阵容中出现了一个没有名字的球员

在游戏界面经常会提到球员姓名，例如当球员得分或获得黄牌时，你只会看到一个空白区域或球员的球衣号码。纵观游戏中的所有球队，可以发现其他许多球队也有同样的问题，有些球队中不止一个球员没有名字。这里最重要的一个教训就是，如果你只在一个赛季后就结束了测试，或者从来没有多次玩过游戏，那么就有可能会遗漏随时间的累积而产生的缺陷。

14.1.4　扩展可能性

　　回归测试也适用于在出现新增功能（如扩展包或者在线商店中的新增物品）的情况下检查原先的游戏功能，但是将它们与现有的测试集成可能并不总是可行的。《战争机器 2》的"所有战线"扩展包增加了 19 张地图、一个新的单人游戏章节和 13 个新的成就，其中一些成就要求将原有的游戏功能或成就与新内容相结合。例如，"别轻易许愿"成就要求你在多人游戏中达到 8 级并且在部落的公路地图上击败 1～10 波部落大军。之前已经达到 8 级或更高等级的玩家应该能够只通过击败 10 波部落大军来获得这一成就。然而，同时购买游戏和扩展包的玩家在获得成就之前必须满足这两个要求。但是玩家有可能在击败第 10 波部落大军之前达到所需的等级，也有可能在达到第 8 级之前已经击败了第 10 波部落大军。在安装扩展包之前，已经达到 8 级的玩家只需在新地图上击败第 10 波部落大军。这种情况是使用测试树来表示满足成就条件的各种方法的好时机。

　　图 14.4 显示了"别轻易许愿"成就的测试树。测试树考虑了相对目标（等级 8）玩家的等级，当目标等级或者目标所击败部落大军波数的标准被满足时，测试树也考虑了同时满足和一个标准满足之后，另一个标准也满足的情况。到达树中任何终端节点，玩家都应该成功达成成就。

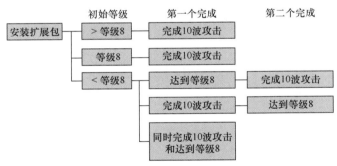

图 14.4　"别轻易许愿"成就的测试树

14.2　测试复用

　　测试复用（test reuse）是一种创建测试的策略，这些测试的设计和结构可以扩展和适应游戏的发展。你为测试设计或脚本开发而付出的努力可以反复用于多个功能、多个版本、多个游戏或所有这些内容。要做到测试复用，需要你从一开始设计测试时，就考虑如何复用。

14.2.1   TFD 设计模式

当你获得测试游戏的经验后，你就能够识别每个游戏中反复出现的场景，以及常见的出现在多种游戏类型中的情况。这就提供了一个机会来优化你设计新的游戏测试的方式。这些情况中的大多数都可以由两个或 3 个主要游戏状态来表示，每个状态之间都可以转换。测试流程图是基于这些模式进行测试的好工具。每个新的测试都可以通过更改状态名称和流来创建，而不必每次重新考虑图表的结构。图 14.5 显示了双态模式的框架。

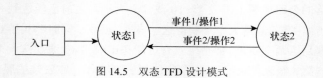

图 14.5   双态 TFD 设计模式

以下是在第一人称射击游戏中使用该模式来测试武器切换的方法。状态 1 是使用默认武器的状态，因此可以称这个状态为武器 1。状态 2 是使用替换的武器的状态。通过切换武器可以从状态 1 到状态 2，同样也可以从状态 2 回到状态 1。这种模式也可以用于从库存中切换武器，或者为了得到一个新的武器而不得不放下现有武器。图 14.6 展示了使用双态模式实现武器切换的场景。

图 14.6   使用双态设计模式实现武器切换

要在不同平台上运行的相同游戏中复用该模式，需要考虑平台的特定事件。例如，一款在 PC 或移动设备上运行的游戏，和其在游戏主机上发布的版本相比，游戏操控方式可能会大相径庭。切换武器可以通过敲击键盘数字或点击屏幕来完成。差异可以反映在你给每个事件的命名中，或者也可以为每个事件使用通用名称；并且可以灵活地定义是用于每个事件的相同按钮，还是完全不同类型的控制方式。一个简单的表格可以为每个支持的平台提供单独的事件和操作定义，而不需要你创建任何新的图表。表 14.3 提供了在各种平台上切换武器 1 事件的一些示例的定义：

表 14.3   各种平台中的切换武器 1 事件的定义

平台	切换 1 事件的定义
个人计算机	按数字键盘上的 1 键
主机	按手柄上的 X 键
移动设备	按左下方的 1 键

同样，由于为每种武器类型或平台设计的动画或声音效果不同，每次切换产生的动作可能也会有所不同。请记住，这不仅适用于武器，如果你要切换小猫、小球或高尔夫球杆，也可以采用相同的方法。使用这些模式可以快速开始，并通过添加测试目的和游戏特定的相关流程和状态，将其转换为设计良好的 TFD。在前面章节中描述的相关技术，例如专家构建的路径和流程使用概要，将帮助你完成设计。通过添加"出口"（OUT）状态为流编号，并提供每条流的使用百分比（如果你正在进行基于使用的测试）来完成 TFD。一旦路径完成，你的新测试就准备好了。图 14.7 描绘了一些适合双态模式的示例场景。这不是一个详尽的列表，但是它能帮助你识别哪些场景能够使用这些模式，来更有效地测试你的游戏功能。请注意，有些场景是以负面状态（例如未中毒的）开始的，而另一些场景则以正面状态（有球）开始。你从哪里开始测试完全取决于你想要模拟的初始状态，而这要么是测试设计人员的选择，要么是为了反映游戏的自然进程。例如，在狼人的例子中，游戏故事开始于人形英雄且还未到月圆之时。

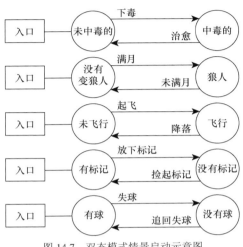

图 14.7 双态模式情景启动示意图

还有一些游戏场景可以使用三态模式进行测试，其原理与双态模式相同。三态模式和双态模式不同的是其中一个状态只有一个方向的转换，另一个状态总有两个流返回到起始状态。该模式可能不是百分之百适用，但它可以从基本模式开始并寻找可以放到每个流上的信息。在建立基本模式后，进行增加或者删除等工作，从而使你的测试完整和正确，同时保持该模式相对简单。图 14.8 显示了三态模式的框架。

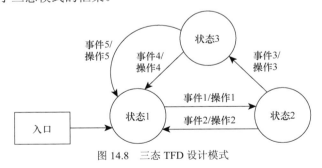

图 14.8 三态 TFD 设计模式

与双态模式一样，对于在不同平台上运行的同一游戏，你可以设置不同的事件、操作或状态定义，但不必改变图表来适应这种情况。图 14.9 显示了应用于一些通用游戏场景的三态模式。

无论是双态模式列表，还是三态模式列表，都不可能详尽无遗，而且模式本身也不可能代表你将遇到的每种游戏场景。作为一名测试工程师，在你的职业生涯中，请关注在你的测试设计中出现的模式，并把它添加到你的模式集合中去。重复使用它们并进行优化改进，从而得到更多的收益。同时，抵制住这种基于模式的测试带来的满足感，因为这种测试可能不是当前最好的测试手段。将这种模式视为起点而不是终点。这并不是故意约束你，而是为了让你快速掌握基本的东西，这样可以将精力集中在所有特殊部分的测试上。

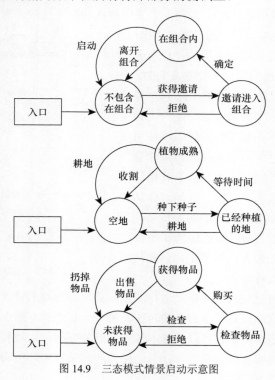

图 14.9   三态模式情景启动示意图

14.2.2   回顾和前瞻

回顾为《战争机器 2》灵敏度缺陷所创建的 TFD，进行一个彻底而有效的测试工作意味着要复用一个设计来测试游戏中具有变焦能力的 5 种武器中的每一种：兽族机枪（hammerburst assault rifle）、狙击枪（longshot sniper rifle）、兽族爆裂手枪（boltok pistol）、高冈手枪（gorgon pistol）和史纳制式手枪（snub pistol）。在不进行编辑、创建其他图表或添加路径的情况下处理此问题的有效方法是对每个可变焦武器重复测试。当以这种方式复用测试时，每个变量都需要在测试库存中显示为一个单独项目，以便跟踪结果，并将其中的每一个包含在 A-B-C 执行周期中。在这种情况下，最好将武器和路径混合到每个循环中，这样你就不会对单个武器或路径发生的故障视而不见。表 14.4 显示了为视角灵敏度 TFD 定义 3 条路径的示例。

在本章的前面部分，为了测试通过扩展包添加到《战争机器 2》的特殊成就，我们使用一个测试树作为测试设计。即使主要的测试开发活动已经完成，你仍然可以从采取复用测试的方式中获益。扩展包共有 7 个需求相似的新成就，因玩家达到的级别、必须清除的敌人波数以及必须使用的地图而有所不同。根据每个成就不同的数据需求，制作一个可以被测试工程师理解和运行的通用版本，而不是创建 7 个类似的测试树。图 14.10 显示了一个通用测试用例树，以适应以相同方式构建的现有的和未来的成就。

表 14.4　可变焦武器的视角灵敏度的测试计划

测试设计：视角灵敏度		
A 测试周期	B 测试周期	C 测试周期
路径 1-兽族机枪		
路径 2-狙击枪		
路径 3-兽族爆裂手枪		
路径 1-高冈手枪		
路径 2-史纳制式手枪		
	路径 3-兽族机枪	
	路径 1-狙击枪	
	路径 2-兽族爆裂手枪	
	路径 3-高冈手枪	
	路径 1-史纳制式手枪	
		路径 2-兽族机枪
		路径 3-狙击枪
		路径 1-兽族爆裂手枪
		路径 2-高冈手枪
		路径 3-史纳制式手枪

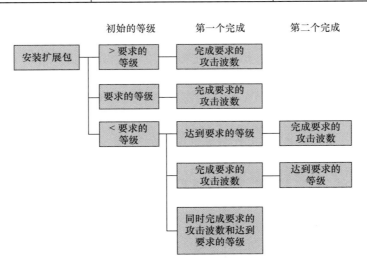

图 14.10　通用的完成攻击波数成就树

14.2.3　组合扩展

随着游戏的发展和更新，其复杂性将不断增加。从头开始重做测试不是一个有效的策略。而组合测试是一个很好的方法，可以用来更新你的测试以满足新增或更新的功能，因为组合测试可以在增加新的参数和值的同时，给测试列表带来最低的增长。

艺电公司的 *FIFA* 系列盛行已久，每年都在更新更多的玩法来满足足球迷不断增长的期望。Xbox 360 上的 *FIFA 2007* 在游戏设置中的视觉设置中提供了以下选项。

时间/分数显示：关闭、打开。

镜头：动态的、动态 V2、电视、点对点。

雷达：2D、3D、关闭。

比赛介绍：关闭、打开。

使用由 Allpairs 工具生成的组合设计可以把这些值减少到 12 个测试，如表 14.5 所示。

表 14.5　*FIFA 2007* 视觉设置组合表

序号	镜头	雷达	战术选择显示	比赛介绍
1	动态的	2D	关闭	
2	动态的	3D	打开	打开
3	动态 V2	2D	打开	关闭
4	动态 V2	3D	关闭	打开
5	电视	关闭	关闭	关闭
6	电视	2D	打开	打开
7	点对点	关闭	打开	打开
8	点对点	3D	关闭	关闭
9	动态的	关闭	关闭	打开
10	动态 V2	关闭	关闭	关闭
11	电视	3D	打开	关闭
12	点对点	2D	关闭	打开

2008 版本删除了比赛介绍的设置，并添加了两个新设置：HUD 和球员指示标。HUD 选项包括"球员名称栏"和"球员指示标"，球员指示标选项包括"球员名称"和"球员号码"。此外，镜头选项已移动到游戏设置中的镜头设置，并添加了"专业的"镜头选项。可以为不同的游戏模式（单人模式、多人模式、职业玩家模式、在线团队模式）选择不同的镜头设置。但在这个例子中，我们将它们视为单一设置。当需要测试的时候，请仔细检查每个不同模式的表格，利用另外一种方法复用这个测试设计。

我们可以从头开始构建 2008 版本的表格，但只需要对使用 Allpairs 工具生成的 2007 版本的文件进行修改并重新生成一个新表。列表 14.1 显示了 Allpairs 输入文件的 *FIFA 2008* 数据，

表 14.6 显示了为 *FIFA 2008* 生成的新视觉设置组合表。现在 120 种组合减少到 16 个测试用例。

列表 14.1 *FIFA 2008* 视觉设置更改的 Allpairs 输入文件

镜头	雷达	战术选择显示	HUD	球员指示标
动态的	2D	关闭	球员名称栏	球员名称
动态 V2	3D	打开	球员指示标	球员号码
电视	关闭			
点对点				
专业				

表 14.6 *FIFA 2008* 视觉设置组合表

序号	镜头	雷达	战术选择显示	头部显示栏	球员指示标
1	动态的	2D	关闭	球员名称栏	球员名称
2	动态的	3D	打开	球员指示标	球员号码
3	动态 V2	2D	打开	球员名称栏	球员号码
4	动态 V2	3D	关闭	球员指示标	球员名称
5	电视	关闭	关闭	球员名称栏	球员号码
6	电视	关闭	打开	球员指示标	球员名称
7	点对点	2D	关闭	球员指示标	球员号码
8	点对点	3D	打开	球员名称栏	球员名称
9	专业的	2D	打开	球员指示标	球员名称
10	专业的	3D	关闭	球员名称栏	球员号码
11	动态的	关闭	关闭	球员指示标	球员名称
12	动态 V2	关闭	打开	球员名称栏	球员号码
13	电视	2D	关闭	球员名称栏	球员名称
14	电视	3D	打开	球员指示标	球员号码
15	点对点	关闭	关闭	球员指示标	球员号码
16	专业的	关闭	打开	球员名称栏	球员名称

注意

本书配套资源里包含所有 *FIFA* 组合更新示例的文件。

FIFA 2009 在视觉设置方面只做了一个小的补充：镜头选项里增加了"广播"选项。这很容易被合并到列表 14.2 所示的 Allpairs 输入文件中的一个附加行中，该文件生成了表 14.7 所示的测试。将"广播"选项添加到表格中的成本很低，只需再进行 3 次测试。

列表 14.2 *FIFA 2009* 视觉设置更改的 Allpairs 输入文件

镜头	雷达	战术选择显示	HUD	球员指示标
动态的	2D	关闭	球员名称栏	球员名称
动态 V2	3D	打开	球员指示标	球员号码

电视	关闭
点对点	
专业	
广播	

表 14.7 *FIFA 2009* 视觉设置组合表

序号	镜头	雷达	战术选择显示	HUD	球员指示标
1	动态的	2D	关闭	球员名称栏	球员名称
2	动态的	3D	打开	球员指示标	球员号码
3	动态 V2	2D	打开	球员名称栏	球员号码
4	动态 V2	3D	关闭	球员指示标	球员名称
5	电视	关闭	关闭	球员名称栏	球员号码
6	电视	关闭	打开	球员指示标	球员名称
7	点对点	2D	关闭	球员指示标	球员号码
8	点对点	3D	打开	球员名称栏	球员名称
9	专业	2D	打开	球员指示标	球员名称
10	专业	3D	关闭	球员名称栏	球员号码
11	广播	关闭	关闭	球员指示标	球员名称
12	广播	2D	打开	球员名称栏	球员号码
13	动态的	关闭	打开	球员名称栏	球员号码
14	动态 V2	关闭	关闭	球员名称栏	球员名称
15	电视	2D	关闭	球员指示标	球员号码
16	电视	3D	打开	球员名称栏	球员名称
17	点对点	关闭	打开	球员指示标	球员号码
18	专业	关闭	关闭	球员名称栏	球员名称
19	广播	3D	关闭	球员指示标	球员号码

由于 *FIFA 2009* 只扩展了镜头参数列表，因此生成一个全新的表的替代方法是在表中"附加"额外的行，这将覆盖添加的"广播"选项所需的组合。这样做的好处是，你可以继续使用已经生成的测试，不需要再更新测试管理系统或重新进行这些测试的自动化。测试套件将根据新的参数而扩展。在这种情况下，新的镜头参数只增加了 3 个测试，因为这是其他参数中选择最多的。为了形成所需的配对，新的选择必须与测试中其他参数的每个选择组合在一起。如果添加了新值到 HUD 而不是镜头，则需要进行 5 次新测试，以将新的 HUD 值与 5 个镜头选项（动态的、动态 V2、电视、点对点和专业）中的每一个配对。表 14.8 显示了附加到 *FIFA 2008* 表末尾的测试用例 17～19。

FIFA 2010 保留与 *FIFA 2009* 相同的选项，因此你可以保留这些测试而不做任何更改。现在让我们来看看在 *FIFA 2011* 中的变化。首先，将"HUD"视觉设置重命名为"球员指示标"，

并添加"玩家 ID 指示标"的开或关设置。其次，添加"网络张力"设置，允许你在"默认""常规""松""紧"之间进行选择。最后，"动态 V2"镜头设置被重新命名为"合作"（Co-Op）。当你更新 Allpairs 输入文件时，确保每一行总共有 7 列（6 个标签）来说明这两个添加的参数。列表 14.3 显示了 *FIFA 2011* 视觉设置的 Allpairs 输入数据。

表 14.8 *FIFA 2009* 视觉设置附加到 *FIFA 2008* 表

序号	镜头	雷达	战术选择显示	HUD	球员指示标
1	动态的	2D	关闭	球员名称栏	球员名称
2	动态的	3D	打开	球员指示标	球员号码
3	动态 V2	2D	打开	球员名称栏	球员号码
4	动态 V2	3D	关闭	球员指示标	球员名称
5	电视	关闭	关闭	球员名称栏	球员号码
6	电视	关闭	打开	球员指示标	球员名称
7	点对点	2D	关闭	球员指示标	球员号码
8	点对点	3D	打开	球员名称栏	球员名称
9	专业	2D	打开	球员指示标	球员名称
10	专业	3D	关闭	球员名称栏	球员号码
11	动态的	关闭	关闭	球员指示标	球员名称
12	动态 V2	关闭	打开	球员名称栏	球员号码
13	电视	2D	关闭	球员名称栏	球员名称
14	电视	3D	打开	球员指示标	球员号码
15	点对点	关闭	关闭	球员指示标	球员号码
16	专业	关闭	打开	球员名称栏	球员名称
17	广播	2D	关闭	球员名称栏	球员名称
18	广播	3D	打开	球员指示标	球员号码
19	广播	关闭	关闭	球员名称栏	球员名称

列表 14.3 *FIFA 2011* 视觉设置更改的 Allpairs 输入文件

镜头[1]	雷达	战术选择显示	HUD	球员指示标	玩家 ID 指示标	网络张力
动态的	2D	关闭	球员名称栏	球员名称	关闭	默认
合作	3D	打开	球员指示标	球员号码	打开	常规
电视	关闭					松
点对点						紧
专业						
广播						

---

[1] Tele 就是方方正正的视角，默认机位较高，镜头转动较慢，默认下玩家整体视野有限，需要自定义。Co-Op 就像智能调整的 Tele 一样，球在近端和远端的整体视野自动变化，对大局的掌握比较好。——译者注

这次更改对测试套件的影响更大。表 14.9 显示还需要进行 6 次以上的测试，所以现在该表已经增长到第一次为 *FIFA 2007* 生成表格的长度的两倍以上。你还需要考虑到设置、运行、自动化和检查这些测试结果的时间，这些将使表格变得更加复杂，因为必须考虑到其他参数。

表 14.9 *FIFA 2011* 视觉设置组合表

序号	镜头	雷达	战术选择显示	HUD	球员指示标	玩家 ID 指示标	网络张力
1	动态的	2D	关闭	球员指示标	球员名称		默认
2	动态的	3D	打开	球员名称栏	球员号码		常规
3		3D	打开	球员指示标	球员号码		默认
4		2D	关闭	球员名称栏	球员名称		常规
5	电视	关闭	打开	球员指示标	球员名称		松
6	电视	关闭	关闭	球员名称栏	球员号码		紧
7	点对点	2D	打开	球员名称栏	球员号码		松
8	点对点	3D	关闭	球员指示标	球员名称		紧
9	专业	关闭	打开	球员名称栏	球员名称		默认
10	专业	2D	关闭	球员指示标	球员号码		常规
11	广播	3D	关闭	球员名称栏	球员名称		松
12	广播	2D	打开	球员名称栏	球员号码		紧
13	动态的	关闭	打开	球员名称栏	球员名称		常规
14		关闭	关闭	球员指示标	球员号码		松
15	电视	2D	关闭	球员名称栏	球员号码		默认
16	电视	3D	打开	球员名称栏	球员名称		常规
17	点对点	关闭	关闭	球员指示标	球员号码		默认
18	专业	3D	打开	球员名称栏	球员名称		紧
19	广播	关闭	打开	球员指示标	球员名称		默认
20	动态的	~3D	关闭	球员指示标	球员号码		松
21		~2D	打开	球员名称栏	球员名称		紧
22	点对点	~ 关闭	打开	球员名称栏	球员名称		常规
23	专业	~2D	关闭	球员指示标	球员号码		松
24	广播	~3D	关闭	球员名称栏	球员号码		常规
25	动态的	~关闭	关闭	球员指示标	球员号码		紧

为游戏的每一次增量更改都运行所有测试的成本非常高，因此选择正确的测试集合可以让团队重新测试和重新验证新代码的速度大幅度加快。良好的回归测试是安全性、历史性和直觉的组合。正确的配方将在更高的质量和较短的时间之间保持平衡，让你把产品带给热情的客户。

以一致和合理的方式构建测试，使测试人员更容易有效地维护、更新和执行测试。像现实世界中精心打造的耐用物体一样，可复用的测试应该在很长一段时间内适用，以及在许多情况下都有用，并且只需要很少或不需要维护就能继续运行。

14.3 练习

1. 为以下《战争机器 2》问题创建一个缺陷修复的 TFD：

"如果肉盾已经损坏，玩家不能用链锯锯开敌人的肉盾。"

2. 使用双态模式为在吸血鬼角色扮演游戏中可能发现的至少 3 个场景提供测试。从吸血鬼的角度和游戏中可能出现的其他角色的角度考虑情况。

3. 本书配套资源包含了图 14.3 所示两队比赛的录像片段。写下你在视频中发现的所有左中前卫（LCM）名字应该出现但没有出现的情况。

4. 更新表 14.9 以考虑"3DTV"玩家 ID 指示标，添加维持完全成对覆盖所需的最少数量的新测试用例。

第 15 章

探索式游戏测试

本章主要内容如下。

- 探索式测试概述；
- 记录探索式测试；
- 基于会话的测试。

15.1　探索式测试概述

　　到目前为止，我们专注于使用结构化方法创建测试用例。这些方法依赖于对需求和规范的严格解释，测试用例就是由此而来。当检测产品时，判断产品是否正确。尽管这种方法是正规的，但是大量的缺陷仍然在各种各样的游戏中存在。

　　探索式测试将试图通过一种方法来填补空白，这种方法使测试人员能够根据整个产品的不同路线探索产品的规格和要求。探索式游戏测试的目标是：

- 了解游戏或游戏功能的工作原理、游戏元素在游戏中的交互方式以及用户玩游戏时游戏的功能；
- 使游戏软件展示其功能；
- 寻找游戏中的错误。

　　在《探索式软件测试》（*Exploratory Software Testing*）一书中，James A. Whittaker 建议并描述了测试工程师在各种"区域"进行检查和探索的"旅行"。以下是基于各种不同游戏类型的一些有效的测试方法。

15.1.1　体育

1．体育场测试法

当你去体育场馆时，你期望看到什么？球迷、拉拉队队员、记分牌、横幅、比赛天气、歌曲、裁判或裁判的声音，以及比赛广播员都是大型体育赛事的一部分。如果缺少这些元素，游戏将失去真实性。球队可能永久性地迁往一个新的体育馆，或者到外国参加特殊活动，例如世界杯、斯坦利杯、NBA 总决赛、超级碗或世界系列赛等比赛。天气也在户外活动中发挥作用。

2．球员测试法

FIFA 系列和 *Madden* 系列不断更新球员和裁判的名单，从一个版本更新到另一个版本。在所有移动版、主机版和 PC 版中，检查名单或名卡选择库中是否有缺失，或者是否有不完整的元素。图 15.1 所示是 *FIFA 15* 终极球队新赛季的左后卫球员图像空白的示例。

图 15.1　空白球员图像

同时也要检查球员或球队临时比赛对其他体育场馆的影响，如世界杯或锦标赛。球队可能晋升到更高级别的联赛或降级到更低级别的联赛。球员的状态也可能随着赛季的变化而变好或变坏，特殊的球员可能暂时或永久地出现。

3．经理角色测试法

当你担任球队经理时，你可能需要处理日程变更、锦标赛、伤病、罚款、预算、停职和球员名单变更等情况。留意特殊的日期，如假期可能会改变预定比赛的时间或日期。确保你能够接手另一个球队的工作或者转移到另一个联盟。资金可能会暂停，并且在交易完成后进行调整。罚款、提高工资或奖金颁发时，检查你的银行账户。

15.1.2　战斗

1. 军事测试法

例如，《光晕：致远星》《虚幻竞技场》《质量效应》这样的战争游戏依赖于武器、车辆、弹药和治疗。玩家必须能够拿起和使用与其等级和技能相适应的武器和弹药，并根据他们的等级和能力使用，还要验证是否对环境中的物体造成损坏。这将是决定车辆或武器能否继续运行的一个因素。

2. 卷轴游戏测试法

《漫威：格斗冠军》（*Marvel Contest of Champions*）、《真人快打》（*Mortal Kombat*）和其他卷轴游戏必须考虑到玩家进入另一个级别或比赛的能量。各种因素可能会延迟参与战斗的能力，例如"眩晕"或"睡眠"效果、能量不足、属于适当的阶级或派系，以及等待队友或其他对手加入比赛。

3. 治疗测试法

达到所需等级的治疗者玩家可以或不可以自我治疗。非治疗者玩家在配备适当的治疗元素时应该能够进行治疗。检查治疗者是否能够在适用的情况下治疗其他治疗者。治疗的持续时间和恢复时间也应该根据治疗者的等级和属性来考虑。

4. 能量测试法

许多战斗游戏在比赛或事件之间有等待时间。有时可能会购买能量或相应物品来加速进入下一场战斗。可能会有限制，例如所需的能量类型。确保检查最大能量、低能量警告和"无能量"状况。消耗信用值或付款（游戏货币或实际货币）可以恢复能量以继续战斗。

除了基于电子游戏类型的巡视，还可以基于对可能的玩家行为的巡视。

15.1.3　懒汉测试法

懒汉只做必要的工作。这通常涉及将可选字段留空或保留为其默认值。卡牌战斗玩家可以使用懒汉测试法（couch potato tour）进行最小的行动或交易，例如等待每日免费卡片，不做任何其他事情，而是耐心地在以后出售或交易卡片。

懒汉行为的一个例子来自《漫威：格斗冠军》，其中显示了可用于提升游戏角色水平的水晶的可能选择，如图 15.2 所示。懒汉会选择消耗一个具有最高值（1300）的水晶，而不是选择消耗多个较低价值的水晶，即使消耗多个水晶将为额外的水晶腾出空槽。

另一个懒汉的例子来自 *FIFA 15* 终极球队。在这种情况下，懒汉必须决定如何补充球员的体力。与其执行 3 次独立的交易来让 3 名球员保持 100%的体力，懒汉更愿意使用昂贵的球队健身卡来进行一次交易，如图 15.3 所示。

图 15.2　选择最高价值的水晶

图 15.3　使用昂贵的球队健身卡

在球员受伤的情况下，懒汉将派出替补球员完成比赛，并继续在后面比赛的首发阵容中使用替补队员，而不是通过多个步骤申请一张治疗卡并重新安置受伤的球员。

当懒汉进入 *FIFA 15* 终极球队的转会市场并等待时，所有的候选人都将自动过期，如图 15.4 所示，而不应发生任何交易。

图 15.4　过期的转会候选人

15.1.4　取消测试法

取消测试法是基于在完全完成一项活动之前停止它。这对于识别耗时的操作也很有用，例如等待奖励出现在玩家的库存中，或者等待配对为你找到在线对手。例如，确认在游戏世界或"真实"世界中取消或取消物品列表后，你没有收到卡或硬币。

当取消的时候，你可能会丢失过期的物品或奖励，因此需要注意在测试用例中指定的时间和数量。

15.1.5　出租车测试法

在游戏中，通常有不止一种方法去实现一个特效或功能。在最近一次坦帕的商务旅行中，我有幸遇到了一位出租车司机，他向我介绍了沿途有趣的地标和特色。这条风景秀丽的路线提供了一个有趣的旅程，司机也可靠地将我送到酒店。同样，要测试你的游戏，你需要考虑不同的可能的路线，以实现同一个目标。回顾图 15.2 中《漫威：格斗冠军》的水晶库存示例，玩家还可以从库存的选项卡、IOS-8 屏幕以及冠军升级栏访问水晶库存界面，如图 15.5 所示。

图 15.5　从冠军升级栏访问水晶库存界面

15.1.6　上一版测试法

当游戏的更新、续集、奖励内容、衍生产品或新版本是从上一版构建时，请运行你现有的测试用例以快速确定已更改的内容。尝试公开之前版本中存在的各种功能。识别应该被移除的旧功能、车辆、武器、位置或角色，并确保没有遗留物品或副作用。还可以使用仍然有效的旧方法以及新版本引入的功能来测试产品。

15.1.7　强迫症测试法

这个测试方法是关于重复的测试方法，专注于游戏的一个方面并反复地执行相同的策略。这可以同时适用于 AI 和真人对手。

塔防类游戏：专注于建立和升级一种类型的进攻（坦克、部队、火炮、忍者等）或一种类型的防御（护城河、城墙、电子围栏、陷阱等）。

格斗类游戏：在不使用"格挡"按键的情况下，快速或者反复出击。

足球：重复玩同一场比赛。这在球员状态和信息被设计用来进行比赛的情况下效果最好。

棒球：将所有的分数都放在投手的手臂速度统计中，并在整个游戏中投掷快速球。或者，只投掷蝴蝶球或曲线球。

篮球：创建一支由三分球投篮专家组成的队伍，每次控球进攻时都取得三分。

大型多人在线角色扮演游戏：反复制作相同的物品。

15.2　记录探索式测试

与存储和管理测试的方式相同，你可以使用工具来定义和管理你的测试方法和结果。

Chrome 网上应用商店提供了一些有用的测试和开发工具，包括来自微软的"探索式测试（预览）"［Exploratory Testing （Preview）］应用程序，你将需要此工具来完成本章剩余部分的练习。

转到 Chrome 网上应用商店并搜索"扩展程序"类别，单击"+ 添加到 CHROME"（+ ADD TO CHROME）按钮，然后单击"添加扩展"（Add Extension）按钮。

接下来，在 Chrome 浏览器中打开一个标签页。探索式测试工具的功能包括"独立"模式和"连接"模式，详细描述如下。

人人都会探索式测试：捕获、创建和协作

探索式测试现在分为 3 个简单的步骤，即捕获、创建和协作。团队中的每个人，包括产品所有者、开发工程师、测试工程师、用户体验设计师等，都可以在任何平台（Windows、Mac 或 Linux）的 Chrome 浏览器上对网络应用程序执行探索式测试。

- 捕获：使用各种捕获格式，如笔记、带注释的屏幕截图、图像操作日志（用户操作）和屏幕录制；使用 Perfecto 等云提供商在真实设备上测试应用程序，或者在基于浏览器的模拟器上测试应用程序。
- 创建：快速创建缺陷、任务和测试用例，并自动附加所有捕获的信息。
- 协作：在独立模式下导出会话报告，并与团队的其他成员分享你的发现；此外，连接到你的 Team Foundation Server 或者 Visual Studio Team Services 账户，以充分利用端到端（E2E）可追溯性的集成体验，避免重复的缺陷，简化对问题的跟踪和分类，并在探索式测试阶段收集丰富的建议。

你可以在以下两种模式下使用扩展。

在"独立"模式下，你可以：

- 在浏览你的网络应用程序时，捕捉屏幕截图（可选择对其进行注释）并记下笔记；
- 使用自动附加捕获的笔记和屏幕截图轻松创建缺陷；
- 将你的发现以报告的形式与你的团队分享，报告中应包含创建的所有缺陷的详细信息。

切换到"已连接"模式以访问所有功能，如下：

- 直接从包含自动附加的捕获的屏幕截图、笔记、图像操作日记（用户操作）、屏幕录制和浏览器信息的浏览器创建缺陷或任务；
- 查看类似的缺陷，并选择性地用你的发现更新现有的缺陷，以避免重复的问题；
- 探索工作项目，在创建的缺陷或任务与正在探索的工作项目之间建立端到端可追踪性；

- 利用简化的问题对缺陷进行跟踪和分类；
- 使用基于浏览器的模拟器或在云服务提供商的设备上测试你的应用程序。

本章的剩余部分将使用"独立"模式的探索式技术来获取关于射击气球游戏《气球塔防 5》（*Bloons TD 5*）的信息（见图 15.6）。你可以在 Chrome 网上应用商店中找到该游戏。

图 15.6　《气球塔防 5》的地图

15.2.1　探索提示

为了充分利用你的探索式测试会话，请经常使用记录（Notes）控件。记录控件是浏览游戏界面的右上角的图标栏左侧的第三个图标。我们将讨论的另外两个控件是"创建错误"和"屏幕截图"图标。"创建错误"图标看起来像一张带感叹号的纸，而"屏幕截图"图标看起来像一个相机，如图 15.7 所示。

图 15.7　进行备注、创建错误和屏幕截图的图标栏

一旦你准备好探索，在图 15.7 所示的浏览器窗口的右上角找到一个看起来像烧瓶的图标。如果你不确定是哪个图标，将鼠标指针悬停在每个图标上，直到显示"探索式测试"工具提示。单击该图标，你的会话就会开始。在探索游戏过程中，你可以使用图像、注释或视频按钮来捕获有趣的事件和观察结果。

　　探索游戏或游戏功能的一种方法就是至少通关游戏 3 遍。第一遍是你最初的发现阶段。在你开始游戏之前，请先看看屏幕上的四周，看看你可以探索哪些元素。屏幕上有明显的金钱和健康值计数、蜿蜒的路径，以及"开始"和"保存"按钮。举个例子，屏幕上还有一排神秘的"特工"（special agent）位置，它没有给我们足够的信息，所以这需要在探索时解决。

　　不同的测试人员在游戏的一次探索中可能会做出非常不同的观察。如果你是负责整个游戏的唯一测试工程师，那么可以分解游戏的主要功能，并对这些功能分别进行探索。如果你的团队中还有其他测试人员，请与他们合作，并考虑对不同的功能进行轮换，以便在紧要关头作为备份。

　　无论你是独自工作还是在一个团队中工作，一个好的策略都是至少通关游戏 3 遍，以彻底了解你所负责的功能。第一遍让你对游戏有个初步了解，并提出一些你将要进一步探索的问题。第二遍用来进一步探索在第一遍中引起你注意的意外行为。第三遍可以用来思考组合或替代方式，以实现游戏的一个或多个主要任务或目标。

　　例如，当我在比赛场上引进一个飞镖投掷器时，我发现当另一个投手在飞镖投掷器的路径上时，飞镖会被阻挡。

　　我在第二轮探索中的另一个发现是：每个"投手"的描述都有一个相关的热键，这将加快我将一个新的投手投入比赛的时间。同样，我也会本能地使用快进，来观察这是否会影响性能。这些功能都为可能的"压力"测试打开了大门，正如第 13 章所讨论的那样。

　　完成会话后，单击红色方块图标关闭会话。然后，你将可以访问"XT 会话报告"。你的每个记录、图像和视频捕获都显示在时间轴上。

　　以下是测试《气球塔防 5》的第一个会话的记录：

XT 会话报告

探索式测试
　　会话附件：
　　注释-1　5/27/2016 02:56 PM
　　记下第一个绿色气球
　　注释-2　5/27/2016 02:57 PM
　　首先出现"特工"角色
　　注释-3　5/27/2016 02:58 PM
　　解锁更快的射击
　　注释-4　5/27/2016 02:59 PM
　　使用飞镖投掷器
　　注释-5　5/27/2016 03:00 PM
　　注意到飞镖投掷器会被阻挡

注释-6　5/27/2016 03:01 PM

等级未变化

注释-7　5/27/2016 03:02 PM

快进工作正常

注释-8　5/27/2016 03:03 PM

玩剩下的游戏，等待输掉

注释-9　5/27/2016 03:04 PM

没有添加忍者猴子

注释-10　5/27/2016 03:05 PM

再次快进

接下来，进入第二个探索阶段，合并我们在第一阶段没有想到的新"向量"，并跟进第二阶段的建议。由于我们以前检查过飞镖投掷器可能被狙击手阻挡，因此第二阶段的目标之一应该是捕获被阻挡的狙击手的图像并将其报告为"缺陷"。我们还应该检查是否有任何类型的投掷器可以被任何其他类型的投掷器挡住。为了简洁，我们将检查狙击手阻挡 1 只或 2 只猴子的行为。我们也打算详细了解关于"特工"的情况。由于这是一个漫长的游戏，因此第二阶段将使用保存功能结束。

准备进行屏幕捕获，请再次单击"探索式测试"图标，并准备单击"屏幕截图"图标以捕获被阻挡的狙击手。单击游戏的"开始！"按钮后，只花了一点时间就抓住了狙击手。一个屏幕截图被全屏捕获；另一个屏幕截图是在游戏窗口中手动选择和调整大小，如图 15.8 所示。

关于特工，将鼠标指针悬停在唯一的特工上，会显示工具提示"购买特工……"，因此在这方面没有进一步的发现。

图 15.8　手动选择和调整大小的屏幕截图

当保存游戏的时候，我们收到了一个对话框，上面写着"登录以保存你在这个关卡的进度！"，我们不打算注册，但是请求对话框事件应该添加到会话时间线的备注中。

最后，会话时间轴中添加了两个新的屏幕截图和一个注释：

截图-3.png

5/28/2016 10:43 PM

截图-4.png

5/28/2016 10:47 PM

注释-11

5/28/2016 10:48 PM

阻挡狙击手的截图

15.2.2　提交错误报告

我们的最后一个业务是记录一个阻挡狙击手问题的错误。测试过程中的任何时候，都可以创建一个新的错误。单击"创建错误"图标，如图 15.9 所示，将显示一个"新建错误"对话框。"新建错误"对话框中包含测试会话期间所做注释的历史列表。

测试完成并生成报告后，单击"时钟"（计时器）图标左侧的图标。在会话报告中记录错误，并将错误提交的数量添加到 XT 会话报告中。

图 15.9　记录新错误

15.3　基于会话的测试

基于会话的测试是另一种流行且有效的探索式测试。

当执行基于会话的测试时，每个测试工程师被分配一个"章程"，它定义了测试工程师应该测试的功能的范围。例如，一个测试工程师可能负责评分功能测试，而另一个测试工程师可能负责性能测试。章程在"会话"中进一步划分或组织，通常时间为 45 至 60 分钟。根据测试应涵盖的领域定义和准备测试，并根据测试的重要性对测试进行排序。这样可以确保最重要的测试在测试继续进行到会话结束时被优先考虑。对团队成员来说，在最终确定并执行计划的测试之前，同行评审彼此测试并更新测试也是一个很好的实践。

《精灵宝可梦 GO》（*Pokémon GO*）游戏为一个团队提供了各种各样的功能。以下是一份潜在的章程。

外观章程：选择/更改外观功能和配件。

■ 性别。

■ 肤色。

■ 头发。

■ 眼睛颜色。

■ 帽。

■ 衬衫。

■ 裤子。

■ 鞋子。

■ 背包。

图鉴章程：检查神奇宝贝数量。

■ 抓住神奇宝贝。

- 看到神奇宝贝。
- 尚未被捕获的神奇宝贝在网格中显示的数字。

项目章程：使用每种可用物品。

- 药水。
- 超级药水。
- 复活。
- 幸运蛋。
- 香熏。
- 精灵球。
- 大球。
- 超级球。
- 诱饵模块。
- 蔓莓果。
- 相机。
- 蛋孵化器。

购物章程：购买各种物品。

- 精灵球。
- 香薰。
- 幸运蛋。
- 诱饵模块。
- 蛋孵化器。
- 升级包。
- 神奇宝贝的存储升级。

孵化章程：在不同的条件下孵化蛋。

- 填满所有的蛋槽。
- 孵化 5.0 千米的蛋。
- 孵化 10.0 千米的蛋。
- 从无限的孵化器孵化蛋。
- 从购买的孵化器孵化蛋。

奖章章程：获得不同类别的奖牌。

- 获得铜牌。
- 获得银牌。
- 获得金牌。

附录 *A*

序号为奇数的练习题答案

第 1 章 游戏测试的两条规则

本章无练习题。

第 2 章 成为一名游戏测试工程师

1. 不要相信任何人。

3. c。

5. 检查空气炮子弹是否仍然在你的物品栏中，以及你随身携带的其他物品是否消失了。检查在其他等级、其他角色类型以及穿着其他盔甲时是否会发生此问题。检查当你没有随身携带除了刀以外的其他武器，或者根本没有武器，而只有空气炮子弹时是否会发生这种问题。当子弹位于不同的物品栏位置时，检查是否会发生此错误。放下空气炮，在你仍有子弹的时候再捡起它，看看是否依然显示"0 子弹"。尝试手动重新装填空气炮。当你使用空的空气炮时，试着拾取更多的空气炮子弹。获取两个空气炮子弹包，然后捡起空的空气炮。

7. 大纲文本：

进入城镇

编辑骑兵

通过滑动选择下一个角色

通过滚动选择下一个角色

通过滑动选择之前的角色

通过滚动选择之前的角色

滑动到骑兵列表的末尾

滚动到骑兵列表的开头

滚动到骑兵列表的末尾

滑动到骑兵列表的开头

优点：更短，在编写和执行测试时产生错误的机会更少，跨版本和平台的复用更容易，不同的测试人员以不同的方式执行测试可以发现不同的缺陷。

缺点：没有详细描述每个步骤应该检查的所有细节，如果没有关于每个步骤的更多详细信息，开发人员可能无法复现问题，每次自己或由不同的测试人员执行时，可能无法以完全相同的方式复现。

注意最后一个优点与最后一个缺点都是由于每次执行测试的方式不同而导致的。

第 3 章 为什么测试很重要

1．是的。

3．这个问题正确的答案大致是这样的：当你处于游戏世界中的一个特定场景时，当你在游戏中输入一个名字（玩家、城镇、宠物等）时，当你改变一个游戏选项（语言、难度等）时，当你获得一项新的能力（技能、等级、职业、解锁物品等）时，当你设置一个物品的售价时。

5．重生物品（RespawnItem）缺陷类型因素如下。

功能——1～19（随机选择）、20～24（设置和使用标志位）、25～26（播放重生声音）。

赋值——9、10（2 个实例）、12（2 个实例）、15（2 个实例）、17（2 个实例）、20、27。

校验——2、6、11、16。

时间控制——26。

构建/打包/合并——21。

算法——14、22、23。

文档——7（一个文字字符串被用于报告错误）。

接口——0、7、24、26。

第 4 章 软件质量

1．你的线上缺陷总数为 35+17=52，表 4.1 中有一列的值代表了 100,000 但不是 200,000，因此将 100,000 这一列中的缺陷计数值加倍。缺陷数量 66 代表西格玛水平值为 4.9，缺陷数量 48 代表西格玛水平值为 5，你的 52 个缺陷计数达不到 5 西格玛水平值，所以你的游戏代码处于 4.9 西格玛水平值。

3．需求阶段的新 PCE 为 0.69。新设计的 PCE 为 0.73。新代码的 PCE 为 0.66。

第 5 章 测试阶段

1．测试主管的主要职责是：管理测试团队，设计和实施总体项目测试计划，并且"掌管"

缺陷追踪数据库。

3．错。

5．错。

7．错。

9．简而言之，测试计划定义了测试周期的总体结构，测试用例是操作和评估代码所依据的一个特定问题或条件。

第 6 章 游戏的测试流程

1．预期结果是游戏应该按照其设计规范工作的方式。实际结果则是在你玩游戏时观察到的由软件缺陷引起的异常行为。

3．删除旧版本和所有相关的保存数据。验证并修改你的硬件设置以符合新版本的规格。安装新版本。

5．否。

7．否。

9．是。

11．你的答案应该遵循下面的顺序，检查在你的回答中遗漏的步骤或细节。

（1）看一下床边的桌子，你会发现一个一侧有盘绕绳子的奇怪的塑料盒，这是一部"电话"。

（2）环形绳连接着电话顶部的支架型配件，支架的末端是两个圆形杯子的形状，这是"听筒"。

（3）拿起听筒，注意其中一头比另一头有更多的孔，把孔少的那头放在你耳边。你将会听到一个响亮的、持续不断的嗡嗡声。

（4）按以下顺序拨号：5-5-5-1-2-3-4。当你听到语音应答时，开始说话。

第 7 章 使用数据度量测试

1．最初的两名测试工程师 B 和 Z 正在以平稳的速度推进，这还不足以达成目标。测试工程师 D 于 1 月加入，但是团队的总产出并没有得到改善。这可能是由于转移了一部分精力为 D 提供帮助或验证他的测试是否正确。1 月 8 日，在 B 休假期间，C 和 K 加入。我们假定 C 和 K 知道他们在做什么，随着团队产出提高，他们几乎赶上了目标线。之后 K 和 Z 没有参与，所以即使 B 回来产出也会下降。最终只有 D 留在项目中，据推测，其他人员被重新分派到更重要的测试中。D 在 12 号完成了 7 次测试，但他是否能继续保持这样的产出效率并且作为其他人的代理，直到这个项目的测试人员都回到他们的本职岗位，这还有待观察。这里的两个重要观察是：你不能将每个测试工程师视作其他测试工程师的完全替代者，他们每人都有各自的长处和能力；增加更多的测试工程师并不能保证团队产出成比例增加，尤其是在最初的几天内。

3．测试工程师 C 充分利用他的测试机会，每次测试中都能找到最多的缺陷。然而，其他测试工程师（如 B 和 Z）能够执行更多的测试并发现更多的缺陷。因为"最佳测试工程师"是基于对已完成测试和发现缺陷的综合贡献，所以 C 没有获胜的希望。但对于 C 的成果的确定和认同也仍然很重要。如果 B 和 Z 可以像 C 一样有效率，他们各自能多发现 6 个以上的缺陷，这将是一个很可观的数量。

5．正面影响：有些人如果知道他们自己正在被"监视"，会表现得更好，在项目进行的过程中，一些人将利用自己的数据记录作为改进他们团队的动机，这为选择"精英"测试工程师进行晋升或参与特殊项目（不是"开后门"哦！）提供了可衡量的基准，寻求更好数据的测试工程师或许可以与开发工程师进行更多的互动，以便查找缺陷可能出现的位置。

负面影响：需要全力以赴地收集和报告测试工程师的相关信息数据，它可以作为对某些测试工程师的"表现参考"，但也可能会不公正地降低那些在其他方面做出重要贡献的测试工程师的感知价值，例如，如果一个人不断获胜，可能会造成其他人的嫉妒心理，测试工程师可能会为了某些缺陷得分而争论（这将妨碍协同合作），而一些测试工程师会想办法超越团队其他成员，但这种方法不会真正提高团队的整体测试能力（例如选择测试简单的项目）。

第 8 章　组合测试

1．完整组合表提供了一组值之间的所有可能组合。这样一张表的大小是通过乘以每个参数被考虑（经测试）的选择数量来计算的。配对组合表不必将每个值的所有组合与所有其他值合并，这个表是"完整的"，因为表中的某个地方将至少有一个实例与任何其他值在同一行中配对。配对组合表通常要比完整组合表小得多。

3．使用附录 C 中的 3 个有三个值的参数和 4 个有两个值的参数的模板得出表 A.1。带有"*"的单元格可以具有"是"或"否"值，且你的表格仍然会是正确的配对组合表。

表 A.1　*FIFA 15* 带有 7 个参数的比赛设置测试表

行	半场时间	裁判	天气	难度	草地磨损状况	游戏速度	越位
1	4 分钟	宽容的	晴天	初学者	无	慢	打开
2	10 分钟	平常的	雨天	传奇	严重	慢	打开
3	20 分钟	严厉的	阴天	初学者	严重	快	打开
4	4 分钟	平常的	阴天	传奇	无	快	关闭
5	10 分钟	严厉的	晴天	传奇	无	快	*
6	20 分钟	宽容的	雨天	传奇	无	快	*
7	4 分钟	严厉的	雨天	初学者	严重	慢	关闭
8	10 分钟	宽容的	阴天	初学者	严重	慢	关闭
9	20 分钟	平常的	晴天	初学者	严重	慢	关闭

5．如果你为 Allpairs 工具提供了正确的参数和值，则应该得到表 A.2 所示的测试表（"配对"列已被省略）。如果输入表中的参数的顺序与此解决方案中使用的顺序不同，请核实你是

否有与表 A.2 相同的测试用例数。540 个完整组合已减少到了 23 个成对测试。如果你的结果看起来不正确，请参照练习 3 中出现的参数的相同顺序重新创建输入表，然后重试。

表 A.2 《王国战争》游戏选项设置

用例	声音	难度	永久淘汰赛	手势缩放
1	打开	轻松胜利	打开	缓慢的
2	关闭	轻松胜利	关闭	缓慢的
3	关闭	经典	打开	缓慢的
4	打开	经典	关闭	缓慢的
5	打开	战略家级	打开	正常速度
6	关闭	战略家级	关闭	快速的
7	关闭	大师级	打开	正常速度
8	打开	大师级	打开	快速的
9	打开	国王级	关闭	最快的
10	关闭	国王级	打开	缓慢的
11	关闭	轻松胜利	打开	最快的
12	打开	轻松胜利	关闭	缓慢的
13	打开	经典	打开	缓慢的
14	关闭	经典	关闭	正常速度
15	关闭	战略家级	打开	缓慢的
16	打开	战略家级	关闭	最快的
17	关闭	大师级	打开	最快的
18	打开	大师级	关闭	缓慢的
19	打开	国王级	打开	正常速度
20	关闭	国王级	关闭	快速的
21	打开	轻松胜利	打开	快速的
22	关闭	轻松胜利	关闭	正常速度
23	打开	中等	关闭	快速的
24	关闭	中等	打开	最快的
25	关闭	战略家级	关闭	最慢的
26	打开	大师级	打开	缓慢的
27	关闭	国王级	关闭	缓慢的

第 9 章 测试流程图

1. 你的答案应至少描述以下几种变化。

（1）把"子弹"改为"箭"，把"枪"换成"弓"。

（2）"移除音效"对于箭（木头的咔哒声）与弓（在草地上轻轻"砰"的一声，在鹅卵石上"叮当"一声）是不同的，因此需要两个不同的事件来处理"移除箭声音"和"移除弓声音"。

（3）如果你同时拥有弓和一些箭，丢弃弓不会导致你失去箭，所以流 8 应该连接到"有弹药"状态。

（4）不可能真正意义上获得一把箭在弦上的弓（译者注：枪有上膛的状态，而弓没有，弓必须在外力干预的情况下，才能保持随时可射击的状态），所以要删除"获得带子弹的枪"流（9）。

（5）如果没有箭，"射击枪"（现在称为"射击弓"）可能会发出更多的"砰"或"呼"声，因此将"咔哒声的音效"更改为"没有箭的声音"或类似的描述。

（6）射击弓箭比射击枪需要更多的步骤。你可以为从箭筒中取出箭的步骤添加部分或全部的状态和流，例如搭箭、开弓、瞄准、脱弦。你这么做的理由应该与 TFD 的目的保持一致。例如，使用弓和箭，可以搭箭以进入"弓箭加载"状态，取下箭以返回"有弓有箭"状态，以确保没有射出的箭不会从拥有的箭中扣除。

3．从练习 2 开始，你更新的 TFD 应该至少有一个"获得错误子弹"的流，从"有枪"到一个新的"有枪错误子弹"状态。根据这个状态，你会有一个"移除错误弹药"的流返回到"有枪"状态和一个"射击枪"流，有一个"咔哒声的音效"动作循环返回到"有枪错误子弹"状态，与"有枪"状态的流 3 相同。你的最小路径必须包含所有通过"有枪错误子弹"状态的新流。你可以选择适用于图 9.10 所示的相同基线，或者定义不同的基线来生成基本路径。某一时刻，你需要有一个派生路径到达"有枪错误子弹"状态并通过"射击枪"流循环。与朋友交换测试用例，并一步步地验证彼此的结论，会有助于你得出画龙点睛之笔。

第 10 章 净室测试

1．本题答案因人而异，此处省略。

3．在净室测试中，相同的测试用例可能出现不止一次。这通常涉及使用概率高的值，但就像彩票一样，也有可能在净室表中重复不经常出现的值组合。

5．在练习 4 中，你应该为休闲玩家的配置文件生成以下逆向使用的值。

视角灵敏度：1——32%、3——4%、10——64%。

视角反转：反转——90%、没有反转——10%。

视角自动居中：启用——70%、禁用——30%。

蹲伏控制：保持蹲伏——20%、切换蹲伏——80%。

握紧保护：启用——75%、禁用——25%。

为了生成表 10.12 所示的随机数集生成了以下逆向使用的测试数据：

（1）视角灵敏度=1，视角反转=反转，视角自动居中=启用，蹲伏控制=切换蹲伏，握紧保护=启用；

（2）视角灵敏度=10，视角反转=反转，视角自动居中=启用，蹲伏控制=切换蹲伏，握紧保护=启用；

（3）视角灵敏度=1，视角反转=反转，视角自动居中=启用，蹲伏控制=切换蹲伏，握紧保护=启用；

（4）视角灵敏度=10，视角反转=反转，视角自动居中=启用，蹲伏控制=切换蹲伏，握紧保护=启用；

（5）视角灵敏度=3，视角反转=反转，视角自动居中=禁用，蹲伏控制=切换蹲伏，握紧保护=禁用；

（6）视角灵敏度=10，视角反转=反转，视角自动居中=启用，蹲伏控制=切换蹲伏，握紧保护=启用；

（7）逆向使用值生成的路径取决于你生成的随机数。请一个朋友或同学检查一下你的路径，并主动提出检查他们的路径作为回报。

第 11 章 测试树

1．缺陷修复会影响"音效""兽人""武器"，因此你应该运行与树上的以下节点相关联的测试用例集。

选项：声音。

游戏模式：冲突-种族（兽人）。

种族：兽人。

3．这里的关键是在你的图表上表明每个新课程需要多少符咒，并注意同一个符咒在哪里解锁不同的课程。图 A.1 中绘制了一个纵向的准确无误的树。

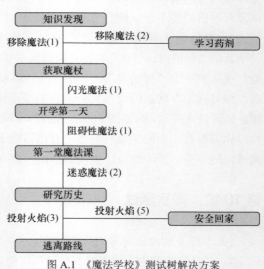

图 A.1 《魔法学校》测试树解决方案

第 12 章 随机测试和游戏可玩性测试

1．错误。

3．自由测试是对软件缺陷的非结构化搜寻，它会使额外的缺陷被发现。游戏可玩性测试是一种结构化的尝试，用来判断游戏的质量、平衡性和趣味性，它所产生的建议和反馈可以被游戏策划团队用来调整和完善游戏。

5．这是游戏可玩性测试，测试工程师在体验游戏而不是测试游戏。

第 13 章　缺陷触发器

1．本题答案因人而异，此处省略。

3．在 TFD 上表示"复位"行为需要用一个状态来表示你的虚拟角色的起始位置，用另一个状态来表示你的虚拟角色在枪或弹药的位置。"向枪移动"流会将你从"赛前预匹配"位置带到"预备"位置。一个带有"赛前倒计时"事件的流会将你从"预备"位置带到"没枪没子弹"状态，并伴有描述"复位"到起始位置的动作。对于不从起始出生点（译者注：一场比赛开始时，玩家虚拟角色会被传送到游戏场景中的起始点位置）移动的情况，将"赛前倒计时"流从"赛前预匹配"位置添加到"没枪没子弹"状态，但不执行"复位"操作。

5．除了你习惯的常规触发测试，这里还有一些方法可以利用其他缺陷触发器来进行这个假想的扑克游戏测试。

启动类型缺陷触发器： 在介绍和启动画面期间做一些事情，尝试第一手投注所有筹码，尝试在不看游戏教程的情况下玩游戏。

配置类型缺陷触发器： 将游戏桌上的玩家数量设置为最少或最多，将下注限制值设置为最小或最大，在每个可用的难度设置下进行游戏，在不同的比赛配置下进行游戏。

重启类型缺陷触发器： 在一手牌打到一半的时候退出游戏并重新登录，看一下你是否有原来的全部筹码；创建一个分注情况，其中一个玩家下注所有筹码，其他玩家继续下注；保存游戏，然后在输掉所有钱后重新加载。

压力类型缺陷触发器： 玩扑克，所有玩家压了他们所有的筹码，鏖战了很久赢到巨额现金，花很长的时间或者很快地压筹码，输入一个较长的玩家名或者一个空的玩家名（0 字符）。

异常类型缺陷触发器： 尝试投入超出自己金额上限的筹码，尝试提高筹码直至超过游戏房间的额度上限；试着在你的昵称中使用非字母数字字符。

第 14 章　回归测试和测试复用

1．正如图 A.2 所展示的，缺陷模型的第一阶段应该包含未损坏的肉盾、损坏的肉盾和被链锯毁坏的肉盾的状态。

另外，你应该添加一些状态和流来检查如果肉盾被丢弃和捡起会发生什么，并确认实际上可以摧毁肉盾。图 A.3 显示了包含这些添加元素的 TFD。将动作放在最恰当的地方会锦上添花。

3．以下事件或情况缺少球员的姓名。显示的信息为空或仅显示球员的球衣号码（8）。

（1）0:59，队长在中场与裁判见面后，波西米亚队的阵容出现了。8 号球员没有显示名字。

（2）1:03，呈现波西米亚队的阵型图，但 8 号球衣下面没有名字。

（3）1:32，滚动球队名单显示 8 号球员戴着队长袖标，但他的名字并未显示。

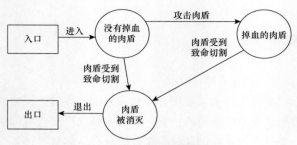

图 A.2 基本肉盾缺陷模型的 TFD

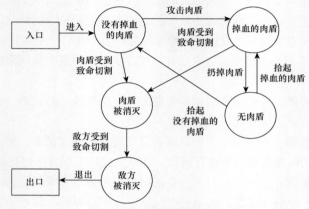

图 A.3 增强型肉盾缺陷模型 TFD

（4）随着比赛的开始，带球的球员名字会显示在他的上方。1:50～1:55，8 号球员带球冲向球门，他的名字没有显示。当他在 1:58～2:00 试图射门时也会出现同样的情况。

（5）2:35，8 号球员再次接球，随后被犯规。获得一个任意球，当滚动球员改变主罚球员时，8 号球员的名字是空的。

（6）当 8 号球员从 2:55 踢到 3:00 时，他的名字仍旧没有显示。

（7）3:20，8 号球员在中场接球，直冲球门，3:28 破门得分。屏幕上弹出一个标志显示得分选手，但仅仅显示数字 8。

（8）一旦比赛在 3:42 恢复，得分通知就会出现在记分板上。得分时间显示正确，但得分选手名字没有显示，你可以将其与对方球队 4:30 时的得分所显示的内容进行比较。

（9）这段视频跳到了比赛的最后，8 号球员的名字再次从他的得分中消失了。

（10）比赛结束后，5:28，球员评分屏幕显示球员的名字在他们的肖像下方，除了 8 号球员（在守门员的右上方）。

第 15 章 探索式游戏测试

本章无练习题。

基本的测试计划模板

游戏名称

- 版权信息

目录

第 1 部分：QA 团队（及职责范围）

1．QA 主管
（1）办公室电话；
（2）家庭电话；
（3）移动电话；
（4）电子邮件/即时通信/网络电话。
2．内部测试工程师
3．外部测试资源

第 2 部分：测试程序

1．一般方法
测试团队的基本职责如下。
i．缺陷。
（a）进入构建后尽快检测缺陷。

（b）研究缺陷。

（c）和开发团队沟通缺陷。

（d）帮助解决缺陷。

（e）追踪缺陷。

ii．保持每日构建。

iii．沟通级别。除非测试结果以某种方式传达，否则测试没有意义。QA 有一系列越来越正式的可能的输出，分别如下。

（a）谈话。

（b）ICQ/即时通信/聊天。

（c）给个人发送电子邮件。

（d）给群组发送电子邮件。

（e）每日最高等级缺陷列表。

（f）开发站点上的统计/信息转储区域。

（g）正式进入缺陷跟踪系统。

2．日常活动

（1）构建。

i．生成一个每日构建。

ii．运行日常回归测试，如接下来"日常测试"里所描述的。

iii．如果一切正常，发送构建，这样每个人都可以获取构建。

iv．如果存在问题，给整个开发团队发送电子邮件，告诉他们新的构建不能分发出去，并联系可以解决这个问题的开发工程师。

v．决定当天是否需要运行一个新的构建。

（2）日常测试。

i．运行预先确定的一组单人关卡，执行指定的一组活动。

（a）关卡 #1。

※ 活动 #1。

※ 活动 #2。

※ 依此类推。

※ 最后的活动通常是运行一个自动化的脚本，报告各种测试的结果，并将其上传到内部网站的 QA 部分。

（b）关卡 #2。

（c）依此类推。

ii．运行预先确定的一组多人关卡，执行指定的一组活动。

（a）关卡 #1。

※ 活动 #1。

※　活动 #2。

※　依此类推。

※　最后的活动通常是让参与多人游戏的每位测试工程师运行一个自动化的脚本，报告各种测试的结果，并将其发送到内部网站的 QA 部分。

（b）关卡 #2。

（c）依此类推。

iii．向整个团队发送包含崩溃或关键错误的邮件。

iv．把崩溃或关键错误上传到日常缺陷排行列表中（如果这个列表一直被维护）。

3．日常报告

将前一日的日常测试的自动化报告上传到内网的 QA 部分。

4．每周活动

（1）每周测试。

i．运行游戏中的每一个关卡（不仅仅是使用在日常测试中预设的），执行一组指定的活动，生成一组预先确定的追踪统计信息。每周应该使用同一台计算机。

（a）关卡 #1。

※　活动 #1。

※　活动 #2。

※　依此类推。

（b）关卡 #2。

（c）依此类推。

ii．每周在缺陷跟踪系统中评审缺陷。

（a）验证被开发团队标记为"已修复"的缺陷是否被修复。

（b）检查与在开发中的项目关联的缺陷排名是否合适。

（c）可以在讨论中将游戏当前的状态传达给制作人和部门负责人。

（d）生成已关闭的缺陷的周报告。

（2）每周报告。

跟踪每周测试中生成的统计数据。

5．随机测试

（1）根据制作人、技术主管或开发团队其他成员的要求执行专门的测试。

（2）确定适当的沟通级别，报告这些测试的结果。

6．集成外部测试组的报告

（1）如果可能的话，确保所有的测试组都使用相同的缺陷跟踪系统。

（2）确定哪个组负责维护主列表。

（3）确定互相协调缺陷列表的频率。

（4）确定向开发团队报告的缺陷的统一形式。

7．聚焦测试（如果适用）

（1）招募方法。

（2）测试位置。

（3）谁监视招募的人？

（4）谁和他们交流？

（5）如何记录他们的反馈？

8．兼容性测试

（1）外部供应商的选择。

（2）对结果的评价。

（3）将过滤后的结果集成到缺陷跟踪系统中的方法。

第 3 部分：生成测试需求的方法

（1）有些需求是根据计划生成的。

（2）需求也可以在项目会议期间或者评审当前优先级（例如在日常测试中使用的预先确定的关卡）的其他正式会议上生成。

（3）需求也可以从缺陷跟踪系统中的缺陷状态变化中得到。例如，当一个缺陷被开发工程师标记为"已修复"的时候，就会生成一个需求来验证它是否真的被修复并且可以被完全关闭。其他的状态变化包括"需要更多信息"和"不能复制"，每一个都创建了为 QA 进一步调查缺陷的需求。当开发工程师希望 QA 检查游戏的某一部分时，会生成一些需求（参见 12.1 节"随机测试"）。

第 4 部分：缺陷追踪软件

（1）软件包名称。

（2）这个项目需要多少个座位？

（3）申请访问权限的步骤（团队中的每个人都应该可以访问这个缺陷列表）。

（4）使用系统时"如何上报一个缺陷"的说明。

第 5 部分：缺陷分类

（1）"A"类缺陷和其定义。

（2）"B"类缺陷和其定义。

（3）"C"类缺陷和其定义。

第 6 部分：缺陷追踪

（1）谁给缺陷分类？

（2）谁来分配缺陷？

（3）当缺陷被修复时，会发生什么？

（4）当缺陷被验证时，会发生什么？

第 7 部分：调度和加载

（1）循环的计划。如何让测试工程师参与或退出项目，以便一些测试工程师在项目整个生命周期中都停留在项目上，同时定期引入"新鲜的视角"。

（2）加载资源计划。资源计划显示了在项目生命周期的不同阶段需要多少测试工程师。

第 8 部分：设备预算和成本

1. 拥有硬件和软件工具的 QA 团队人员

（1）团队成员 #1。

i. 硬件。

（a）测试用的计算机。

※ 规格。

（b）控制台调试工具。

※ 附件（电视、控制器等）。

（c）记录/捕获的硬件或软件。

ii. 需要的软件工具。

（a）缺陷追踪工具。

（b）其他。

（2）团队成员 #2。

（3）依此类推。

2. 设备采购计划和成本（谁需要什么、什么时候需要，以及需要多少成本的总结）

附录 C

组合测试模板

C.1 具有两个测试值的参数表

表 C.1 3 个参数，每个具有两个值

测试	参数 A	参数 B	参数 C
1	A1	B1	C1
2	A2	B1	C2
3	A1	B2	C2
4	A2	B2	C1

表 C.2 4 个参数，每个具有两个值

测试	参数 A	参数 B	参数 C	参数 D
1	A1	B1	C1	D1
2	A2	B1	C2	D1
3	A1	B2	C2	D2
4	A2	B2	C1	D1
5	A2	B2	C1	D2

表 C.3 5 个参数，每个具有两个值

测试	参数 A	参数 B	参数 C	参数 D	参数 E
1	A1	B1	C1	D1	E1
2	A2	B1	C2	D1	E1
3	A1	B2	C2	D2	E2
4	A2	B2	C1	D1	E2
5	A2	B1	C1	D2	E2
6	A*	B2	C*	D2	E1

表 C.4　6 个参数，每个具有两个值

测试	参数 A	参数 B	参数 C	参数 D	参数 E	参数 F
1	A1	B1	C1	D1	E1	F1
2	A2	B1	C2	D1	E1	F1
3	A1	B2	C2	D2	E2	F1
4	A2	B2	C1	D1	E2	F2
5	A2	B1	C1	D2	E2	F2
6	A1	B2	C2	D2	E1	F2

表 C.5　7 个参数，每个具有两个值

测试	参数 A	参数 B	参数 C	参数 D	参数 E	参数 F	参数 G
1	A1	B1	C1	D1	E1	F1	G1
2	A2	B1	C2	D1	E1	F1	G2
3	A1	B2	C2	D2	E2	F1	G2
4	A2	B2	C1	D1	E2	F2	G2
5	A2	B1	C1	D2	E2	F2	G1
6	A1	B2	C2	D2	E1	F2	G1

表 C.6　8 个参数，每个具有两个值

测试	参数 A	参数 B	参数 C	参数 D	参数 E	参数 F	参数 G	参数 H
1	A1	B1	C1	D1	E1	F1	G1	H1
2	A2	B1	C2	D1	E1	F1	G2	H2
3	A1	B2	C2	D2	E2	F1	G2	H1
4	A2	B2	C1	D1	E2	F2	G2	H2
5	A2	B1	C1	D2	E2	F2	G1	H1
6	A1	B2	C2	D2	E1	F2	G1	H2

表 C.7　9 个参数，每个具有两个值

测试	参数 A	参数 B	参数 C	参数 D	参数 E	参数 F	参数 G	参数 H	参数 J
1	A1	B1	C1	D1	E1	F1	G1	H1	J1
2	A2	B1	C2	D1	E1	F1	G2	H2	J2
3	A1	B2	C2	D2	E2	F1	G2	H1	J2
4	A2	B2	C1	D1	E2	F2	G2	H2	J1
5	A2	B1	C1	D2	E2	F2	G1	H1	J2
6	A1	B2	C2	D2	E1	F2	G1	H2	J1

表 C.8　10 个参数，每个具有两个值

测试	参数 A	参数 B	参数 C	参数 D	参数 E	参数 F	参数 G	参数 H	参数 J	参数 K
1	A1	B1	C1	D1	E1	F1	G1	H1	J1	K1
2	A2	B1	C2	D1	E1	F1	G2	H2	J2	K2

测试	参数 A	参数 B	参数 C	参数 D	参数 E	参数 F	参数 G	参数 H	参数 J	参数 K
3	A1	B2	C2	D2	E2	F1	G2	H1	J2	K1
4	A2	B2	C1	D1	E2	F2	G2	H2	J1	K1
5	A2	B1	C1	D2	E2	F2	G1	H1	J2	K2
6	A1	B2	C2	D2	E1	F2	G1	H2	J1	K2

C.2 具有 3 个测试值的参数表

表 C.9 3 个参数，每个具有 3 个值

测试	参数 A	参数 B	参数 C
1	A1	B1	C1
2	A2	B2	C2
3	A3	B3	C3
4	A1	B2	C3
5	A2	B3	C1
6	A3	B1	C2
7	A1	B3	C2
8	A2	B1	C3
9	A3	B2	C1

表 C.10 两个具有 3 个值的参数，一个具有两个值的参数

测试	参数 A	参数 B	参数 C
1	A1	B1	C1
2	A2	B2	C1
3	A3	B3	C1
4	A1	B2	C2
5	A2	B3	C2
6	A3	B1	C2
7	A1	B3	C*
8	A2	B1	C*
9	A3	B2	C*

表 C.11 一个具有 3 个值的参数，两个具有两个值的参数

测试	参数 A	参数 B	参数 C
1	A1	B1	C1
2	A2	B2	C1

续表

测试	参数 A	参数 B	参数 C
3	A3	B1	C1
4	A1	B2	C2
5	A2	B1	C2
6	A3	B2	C2

表 C.12 4 个参数，每个具有 3 个值

测试	参数 A	参数 B	参数 C	参数 D
1	A1	B1	C1	D1
2	A2	B2	C2	D1
3	A3	B3	C3	D1
4	A1	B2	C3	D2
5	A2	B3	C1	D2
6	A3	B1	C2	D2
7	A1	B3	C2	D3
8	A2	B1	C3	D3
9	A3	B2	C1	D3

表 C.13 3 个具有 3 个值的参数，一个具有两个值的参数

测试	参数 A	参数 B	参数 C	参数 D
1	A1	B1	C1	D1
2	A2	B2	C2	D1
3	A3	B3	C3	D1
4	A1	B2	C3	D2
5	A2	B3	C1	D2
6	A3	B1	C2	D2
7	A1	B3	C2	D*
8	A2	B1	C3	D*
9	A3	B2	C1	D*

表 C.14 两个具有 3 个值的参数，两个具有两个值的参数

测试	参数 A	参数 B	参数 C	参数 D
1	A1	B1	C1	D1
2	A2	B2	C2	D1
3	A3	B3	C3	D1
4	A1	B2	C3	D2
5	A2	B3	C1	D2
6	A3	B1	C2	D2

测试	参数 A	参数 B	参数 C	参数 D
7	A1	B3	C2	D*
8	A2	B1	C3	D*
9	A3	B2	C*	D*

表 C.15 一个具有 3 个值的参数，3 个具有两个值的参数

测试	参数 A	参数 B	参数 C	参数 D
1	A1	B1	C1	D1
2	A2	B2	C2	D1
3	A3	B1	C2	D2
4	A1	B2	C2	D2
5	A2	B1	C1	D2
6	A3	B1	C1	D1

表 C.16 3 个具有 3 个值的参数，两个具有两个值的参数

测试	参数 A	参数 B	参数 C	参数 D	参数 E
1	A1	B1	C1	D1	E1
2	A2	B2	C2	D2	E2
3	A3	B3	C3	D1	E2
4	A1	B2	C3	D2	E1
5	A2	B3	C1	D2	E1
6	A3	B1	C2	D2	E1
7	A1	B3	C2	D1	E2
8	A2	B1	C3	D1	E2
9	A3	B2	C1	D1	E2

表 C.17 两个具有 3 个值的参数，3 个具有两个值的参数

测试	参数 A	参数 B	参数 C	参数 D	参数 E
1	A1	B1	C1	D1	E1
2	A2	B2	C2	D2	E1
3	A3	B3	C1	D2	E2
4	A1	B2	C2	D1	E2
5	A2	B3	C2	D1	E2
6	A3	B1	C2	D1	E2
7	A1	B3	C1	D2	E1
8	A2	B1	C1	D2	E1
9	A3	B2	C1	D2	E1

表 C.18 一个具有 3 个值的参数，4 个具有两个值的参数

测试	参数 A	参数 B	参数 C	参数 D	参数 E
1	A1	B1	C1	D1	E1
2	A2	B2	C2	D1	E1
3	A3	B1	C2	D2	E1
4	A1	B2	C2	D2	E2
5	A2	B1	C1	D2	E2
6	A3	B2	C1	D1	E2

表 C.19 3 个具有 3 个值的参数，3 个具有两个值的参数

测试	参数 A	参数 B	参数 C	参数 D	参数 E	参数 F
1	A1	B1	C1	D1	E1	F1
2	A2	B2	C2	D2	E2	F1
3	A3	B3	C3	D1	E2	F2
4	A1	B2	C3	D2	E1	F2
5	A2	B3	C1	D2	E1	F2
6	A3	B1	C2	D2	E1	F2
7	A1	B3	C2	D1	E2	F1
8	A2	B1	C3	D1	E2	F1
9	A3	B2	C1	D1	E2	F1

表 C.20 3 个具有 3 个值的参数，4 个具有两个值的参数

测试	参数 A	参数 B	参数 C	参数 D	参数 E	参数 F	参数 G
1	A1	B1	C1	D1	E1	F1	G1
2	A2	B2	C2	D2	E2	F1	G1
3	A3	B3	C3	D1	E2	F2	G1
4	A1	B2	C3	D2	E1	F2	G2
5	A2	B3	C1	D2	E1	F2	G*
6	A3	B1	C2	D2	E1	F2	G*
7	A1	B3	C2	D1	E2	F1	G2
8	A2	B1	C3	D1	E2	F1	G2
9	A3	B2	C1	D1	E2	F1	G2

附录 D

测试流程图模板

D.1 能力提升包

能力提升包是赋予你的角色某种临时奖励的物品，你可能需要开车碾过它们，朝它们跑过去，在智力游戏中触发一个特殊的物品，或者在游戏控制器或键盘上按一个特殊的顺序。图 D.1 所示的 TFD 模板包括获取能力提升包、使用它的功能、取消能力提升、检查能力提升有效时间和能力提升叠加。该模板也可以用于 RPG 和冒险类游戏，玩家可以触发武器的临时效果，获得暂时的提升，或者从其他角色获得暂时的"增益效果"法术。

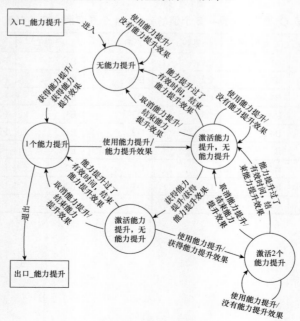

图 D.1　TFD 模板：能力提升包

D.2　制作物品

　　在游戏世界里制作一件物品需要玩家拥有制作特定类型物品的材料和技能。除了接受正确的技能训练，这个角色还必须提高自己的技能到足够的等级来对目标物品进行制作。无论这个物品制作是否成功，部分或全部的材料都会被消耗掉，这些因素被纳入图 D.2 所示的 TFD 模板中。

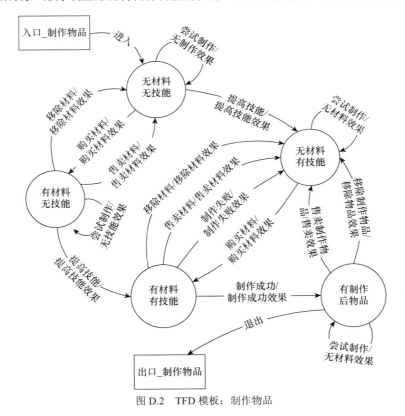

图 D.2　TFD 模板：制作物品

D.3　治疗角色

　　无论是医疗、魔法，还是应得的休息，都比不上及时的治疗更能让你度过艰难的任务、关卡或战斗。找个朋友让你复活或者重新开始。如果是你的汽车或机器人遭受攻击，你也可以将"治疗"改成"修理"，并使用图 D.3 所示的 TFD 模板。

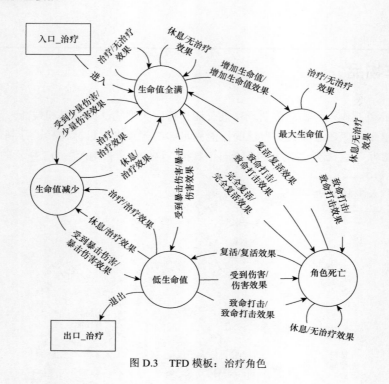

图 D.3 TFD 模板：治疗角色

D.4 创建/保存

游戏中充满了自定义元素，你可以创建角色、队伍、战术、歌曲列表和滑板。如果你想在下次启动游戏时看到它们，还需要保存它们。图 D.4 所示的 TFD 模板用于创建、删除、存储元素，并在不保存更改的情况下重新启动游戏。如果你使用的是除了创建"角色"的其他内容，请将"角色"替换为要测试的元素名称。

D.5 解锁和购买物品

模拟、角色扮演、冒险，甚至体育游戏往往都有特殊的物品，当你已经解锁购买物品的能力并且有足够的积分去购买的时候，你就可以购买它。"物品"可以是武器、法术、衣物、家具、迷你游戏、新车或新的关卡。要解锁它们，你可能必须完成一个特殊任务或使命，例如击败一个特定的对手、提高你的角色等级，或者在特殊情况下达到某个结果。使用图 D.5 所示的 TFD 模板测试你的购买功能，其中一些标准记录在游戏中，有些则隐藏。嘘……不要告诉别人。

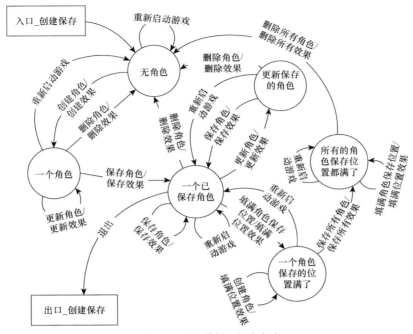

图 D.4 TFD 模板：创建/保存

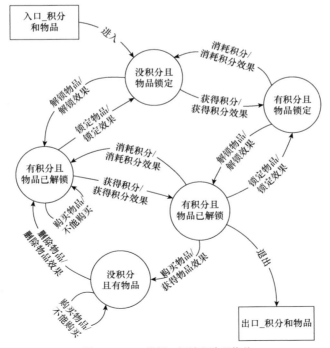

图 D.5 TFD 模板：解锁和购买物品

D.6 更新歌曲列表

将游戏纳入流行音乐是非常有效的，你可能会发现今天的流行音乐是从汽车收音机或街头篮球场传出来的。音乐也是游戏中不可或缺的一部分，例如在舞蹈、乐器或卡拉 OK 游戏中。图 D.6 所示的 TFD 模板反映了玩家添加和删除歌曲的功能，对它们进行排序，将它们映射到游戏事件，并在游戏中触发它们。根据不同的游戏，触发机制可能是由用户控制（例如调到一个特定的在游戏中的电台）或事件驱动的（例如主队触地得分时的音乐）。记住，TFD 上的"新顺序"指的是列表中的歌曲顺序，而不是那个电子音乐超级乐团。

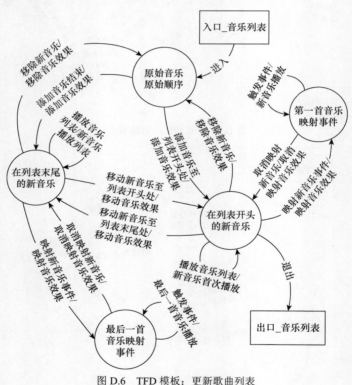

图 D.6 TFD 模板：更新歌曲列表

D.7 完成一个任务或探索

如果你可以完成一个特定的任务、探索或其他指定的目标，许多游戏会奖励积分、金钱、物品或游戏新部分的访问权。任务通常被分成多个目标，必须单独完成，才能获得成功并获得奖励。这些目标可以是诸如征服一片领地或抓获一批恶人，赢得一系列比赛，或完成一系列额外的对话。图 D.7 所示的 TFD 模板是针对 3 个目标构建的，但是你也可以通过移除目标 3 的状态和流来将该模板用于两个目标。

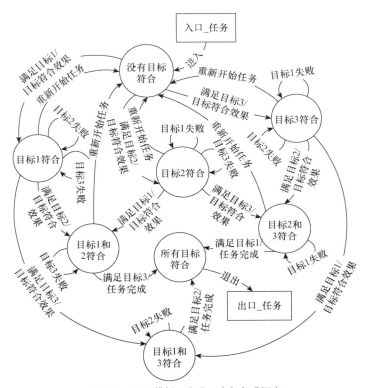

图 D.7　TFD 模板：完成一个任务或探索

D.8　获得武器和弹药

图 D.8 所示的 TFD 模板是第 9 章走查中图表的增强版。该模板已经增加了一个状态和流来处理"有枪有最大弹药数"状态。你也可以将这种 TFD 的结构应用到有类似关系的游戏元素上，例如汽车、燃料、魔法和法力，只需用相应的元素替换"枪"和"弹药"。

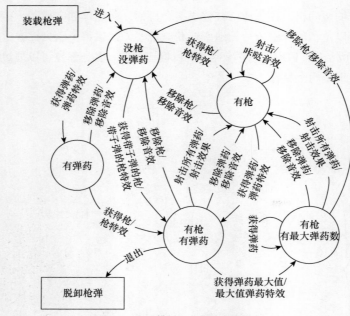

图 D.8 TFD 模板：获得武器和弹药